一流本科专业一流本科课程建设系列教材
工程管理与工程造价专业新形态教材

施工企业财务管理

第4版

主编 宋晓巍 任凤辉
参编 景亚平 荀 杨 窦雨田

机械工业出版社
CHINA MACHINE PRESS

本书是以我国社会主义市场经济条件下的施工企业会计制度和财务管理制度为指导编写而成的。本书以企业财务管理的基础知识为主线，紧密结合施工企业财务管理的特点，突出体现现行施工企业财务制度的基本精神。

本书共 10 章，主要内容包括施工企业财务管理总论、施工企业财务管理的基本价值观念、施工企业资金的筹集和管理、施工企业资金成本与资本结构决策、施工企业流动资产管理、施工企业固定资产管理、施工企业证券投资管理、施工企业利润及其分配、施工企业财务分析、施工企业财务预算等。

本书理论联系实际，内容充实，特色鲜明。为满足扩充知识结构和提升实际应用能力的教学需要，本书在各章设置了大量例题、复习思考题和习题（配有参考答案），并通过配套重要知识点和重难点的微课视频，增强本书的实用性和可读性，读者扫描书中二维码，即可实现深入学习。

本书主要作为工程管理专业、工程造价专业及其他相关专业的本科教材，也可供从事财务管理的专业人士学习参考。

图书在版编目（CIP）数据

施工企业财务管理 / 宋晓巍，任凤辉主编. -- 4版. -- 北京：机械工业出版社，2025.5. -- （一流本科专业一流本科课程建设系列教材）（工程管理与工程造价专业新形态教材）. -- ISBN 978-7-111-78705-1

Ⅰ. F407.967.2

中国国家版本馆CIP数据核字第2025B1U133号

机械工业出版社（北京市百万庄大街22号　邮政编码100037）
策划编辑：冷　彬　　　　　　责任编辑：冷　彬　施　红
责任校对：曹若菲　张　薇　　封面设计：张　静
责任印制：单爱军
保定市中画美凯印刷有限公司印刷
2025年8月第4版第1次印刷
184mm×260mm・16.75印张・391千字
标准书号：ISBN 978-7-111-78705-1
定价：53.00元

电话服务　　　　　　　　　网络服务
客服电话：010-88361066　　机　工　官　网：www.cmpbook.com
　　　　　010-88379833　　机　工　官　博：weibo.com/cmp1952
　　　　　010-68326294　　金　书　网：www.golden-book.com
封底无防伪标均为盗版　　　机工教育服务网：www.cmpedu.com

前　言

随着我国经济的迅速发展，工程建设领域对复合型高级管理人才的需求逐渐增加。施工企业是从事建筑安装工程类产品生产，以盈利为目的的生产单位，财务管理是企业管理的重要内容之一，企业财富最大化是企业一切工作的主要目标，因此，当前施工企业对高级财务管理人才的需求非常旺盛。这一市场需求也对高校相关专业人才培养提出了新的要求。本书正是针对工程管理这一专业领域的本科人才培养目标，为满足复合型财务管理人才知识结构和能力提升的时代需要，结合当前专业教学的实际需要与课程教学特点，本着"概念准确、基础扎实、突出应用"的原则而编写的。

本书编写过程中充分考虑到工程管理专业学生财务管理基础知识不足的实际情况，以施工企业财务管理知识为理论基础，紧密结合施工企业财务管理的特点，突出体现现行施工企业财务制度的基本精神。此次第4版修订，编者根据以往教学反馈意见和当前相关专业的课程设置情况，在前一版的基础上重新分配了章节内容，在整体结构上增加了1章，并对部分章节内容进行了补充和调整，使得本书的结构体系更加合理，加强了教学内容的连续性和完整性。同时，各章的内容编排、例题、习题均进行了更新，并用二维码链接了相关知识点及重难点的微课视频，方便学生课前预习、巩固课堂内容以及开展自学。

本书第1、2、6、7章由吉林工商学院宋晓巍编写，第3、4、5章由长春工程学院任凤辉编写，第8章由宋晓巍和长春工程学院荀杨共同编写，第9章由宋晓巍和长春工程学院窦雨田共同编写，第10章由长春工程学院景亚平编写。全书由宋晓巍负责统稿。

本书在编写过程中参考了有关专家和学者的著作，汲取了其中的思想和理论精华，在此向文献的作者致以诚挚的谢意。

由于编者水平有限，书中难免存在不足和疏漏之处，恳请读者批评指正。

编　者

目 录

前言

第 1 章 施工企业财务管理总论 / 1

1.1 施工企业财务管理概述 / 1
1.2 施工企业财务管理的目标 / 6
1.3 施工企业财务管理的原则 / 7
1.4 施工企业财务管理的环节 / 9
1.5 施工企业财务管理的环境 / 10
复习思考题 / 17

第 2 章 施工企业财务管理的基本价值观念 / 19

2.1 资金的时间价值 / 19
2.2 风险价值观念 / 32
复习思考题 / 40
习题 / 40

第 3 章 施工企业资金的筹集和管理 / 41

3.1 施工企业资金筹集概述 / 41
3.2 权益资金的筹集 / 47
3.3 负债资金的筹集 / 56
复习思考题 / 72
习题 / 72

第 4 章 施工企业资金成本与资本结构决策 / 73

4.1 资金成本的计算 / 73
4.2 不同筹资方式资金成本的计算 / 75

4.3　杠杆原理与杠杆效应　/ 80
4.4　最佳资本结构决策　/ 86
复习思考题　/ 92
习题　/ 93

第5章 施工企业流动资产管理　/ 95

5.1　流动资产管理概述　/ 95
5.2　现金管理　/ 98
5.3　应收账款管理　/ 108
5.4　存货管理　/ 115
复习思考题　/ 127
习题　/ 128

第6章 施工企业固定资产管理　/ 130

6.1　固定资产管理概述　/ 130
6.2　固定资产投资决策　/ 139
6.3　固定资产的更新改造　/ 146
复习思考题　/ 149
习题　/ 150

第7章 施工企业证券投资管理　/ 151

7.1　施工企业证券投资概述　/ 151
7.2　股票投资　/ 154
7.3　债券投资　/ 159
7.4　基金投资　/ 164
7.5　证券投资组合　/ 169
复习思考题　/ 170
习题　/ 170

第8章 施工企业利润及其分配　/ 172

8.1　施工企业利润概述　/ 172
8.2　施工企业目标利润　/ 176
8.3　施工企业利润的分配　/ 182
8.4　股份制施工企业利润的分配　/ 184
复习思考题　/ 193
习题　/ 193

第 9 章 施工企业财务分析 / 195

9.1 财务分析概述 / 195
9.2 财务分析的基础 / 200
9.3 财务能力分析 / 212
9.4 施工企业财务分析案例 / 228
复习思考题 / 234
习题 / 234

第 10 章 施工企业财务预算 / 236

10.1 财务预算概述 / 236
10.2 财务预算的编制方法 / 238
10.3 现金预算与预计财务报表的编制 / 243
10.4 预算的执行与考核 / 252
复习思考题 / 254
习题 / 254

附录 / 256

附录 A 复利终值系数表 / 256
附录 B 复利现值系数表 / 257
附录 C 年金终值系数表 / 258
附录 D 年金现值系数表 / 259

参考文献 / 260

第1章 施工企业财务管理总论

学习目标
- 了解施工企业财务管理环境
- 熟悉施工企业财务管理的内容及基本环节
- 掌握施工企业的财务活动、财务关系和管理目标

1.1 施工企业财务管理概述

施工企业又称建筑施工企业，是以从事土木工程为主，为国民经济提供建筑产品或工程劳务的经济组织。施工企业财务管理既受一般企业财务管理基础理论和基本方法的指导，又具有该行业自身的特点。

1.1.1 施工企业财务管理的含义

施工企业在施工过程中，实物性资产不断运动，其价值形态也不断发生变化，由实物形态转化为货币形态，再转化为实物形态，周而复始，不断循环，形成了资金的运动。资金运动是企业再生产过程的价值体现，它以价值形式综合地反映着企业的再生产过程。施工企业财务管理在国家方针、政策指导下，根据国民经济发展的客观规律和企业资金活动的特点，对施工企业的资金运动进行决策、计划、组织、监督和控制，对施工企业的财务关系进行协调，它是基于企业再生产过程中客观存在的财务活动和财务关系而产生的，是施工企业组织财务活动、处理各方面财务关系的一项经济管理工作。

1.1.2 施工企业财务管理的内容

1. 投资决策

投资是指以回收现金并取得收益为目的而发生的现金流出。在投资过程中，企业产生货币的流出，并期望更多的现金流入。投资决策的基本要求是建立科学的决策程序，充分论证投资在技术上的可行性和经济上的合理性，以期降低风险，提高收益。投资决策要着手解决投资时机、投资对象、投资报酬和投资风险等问题。

企业投资决策，按不同标准可以分为以下类型：

（1）**直接投资和间接投资**

1）直接投资是指把资金直接投放于生产经营性资产，以便获得利润的投资。

2）间接投资又称证券投资，是指把资金直接投放于金融性资产，以便获取股利或者利息收入的投资。

这两种投资决策所使用的一般性概念虽然相同，但是决策的具体方式却不同。证券投资只能通过证券分析与评价，从证券市场中选择企业需要的股票和债券，并组成投资组合。而直接投资则是事先拟定一个或几个备选方案，通过对方案的分析和评价，从中进行选择。

（2）**长期投资和短期投资**

1）长期投资是指一年以上的投资。长期投资又称为资本性投资。用于股票和债券的长期投资，在必要时可以出售变现，而较难变现的是生产经营性的固定资产投资。

2）短期投资是指一年以下的投资。短期投资又称为流动资产投资或营运资产投资。

长期投资和短期投资的决策方法不同。由于长期投资涉及的时间长、风险大，决策分析时应更重视资金时间价值和投资风险价值的计量。

2. 筹资决策

筹资是指筹集资金，如企业发行股票、发行债券、取得借款等。筹集资金要解决的问题是如何取得企业所需要的资金，包括向谁、什么时间、筹集多少资金等。筹资决策和投资、股利分配有密切的关系，筹资数量要考虑投资需要，在股利分配时加大保留盈余可减少从外部筹集资金。筹资决策的关键是决定各种资金来源在总资金中所占的比重，即确定资本结构，以使筹资风险和资本相匹配。

可供企业选择的资金来源有许多，按不同标准可以分为以下类型：

（1）**权益资金和债务资金**

1）权益资金是指企业股东提供的资金。它不需要归还，筹资风险小，但其期望的报酬率高。

2）债务资金是指债权人提供的资金。它需要归还，有一定风险，但其要求的报酬率比权益资金低。

（2）**长期资金和短期资金**

1）长期资金是指企业可长期使用的资金，包括权益资金和长期负债。权益资金不需要归还，企业可以长期使用。此外，长期借款也属于长期资金。

2）短期资金一般是指一年内需要归还的短期借款。一般来说，短期资金的筹集应主要解决临时性的资金需要。如在生产经营旺季需要的资金比较多，可借入短期借款，度过生产经营旺季再归还。

长期资金和短期资金的筹资速度、筹资成本、筹资风险以及借款时企业所受的限制均有区别。合理安排长期资金和短期资金筹资的比重，是筹资决策要解决的另一个重要问题。

3. 股利分配决策

股利分配是指在公司挣得的利润中，有多少作为股利发放给股东，有多少留在公司作为再投资。过高的股利支付率,影响企业的再投资能力,会使未来收益减少,造成股价下跌;过低的股利支付率,可能引起股东不满,股价也会下跌。

股利分配决策的制定受多种因素影响,包括税法对股利和出售股票收益的不同处理、未来公司的投资机会、各种资金来源及其成本、股东对当期收入和未来收入的相对偏好等。每个公司应根据具体情况做好最佳股利分配决策,这是财务决策的一项重要内容。从另一个角度上来看,股利分配决策也是保留盈余决策,是企业内部筹资问题。

1.1.3 施工企业财务管理的对象

施工企业财务管理的对象着眼于财务管理的客体,反映了企业经济活动中价值形态的变化过程。简言之,就是施工企业的资金运动。施工企业财务管理的对象直接与施工企业的财务活动和财务关系相关联。财务活动体现出财务管理的形式特征,财务关系揭示出财务管理的内容实质。

1. 施工企业的财务活动

施工企业资金的筹集、投放、运营、耗费、收回和分配等一系列资金运作行为,构成了施工企业的财务活动。财务活动具有周期性与增值性等基本特征。财务活动是循环往复、周而复始地进行的,资金价值的垫支与增值是财务活动的内涵。例如,企业通过筹资活动取得初始资本及后续资金,企业的内部与外部投资活动担负着资金运用的职责,资金的增值则需要收益分配活动予以支持。财务活动的有序进行是通过资金周转来实现的,资金周转的完成建立在资金循环的基础之上,而资金的增值则取决于资金的有效循环与不断周转。资金运作行为构成了企业现实中财务活动的具体内容。资金运动的循环与周转体现出财务活动的常规状态。

资金筹集是企业生产经营活动的先导和起点。施工企业初始建立,必须筹集到法定资本金,然后再根据生产经营的需要,向银行等金融机构举债或向社会发行债券筹集债务资金。通过吸收所有者投资或者发行股票,以及举借债务等方式,由各种渠道取得所需的资本数额,形成货币形态的资金准备并启动企业的生产经营活动。施工企业用货币资金添置各种生产资料,购入建筑机械、运输设备,购入建筑材料、结构件等劳动资料和劳动对象,为施工建设提供必要的物质供应条件,施工企业资金由货币形态转化为固定资产、存货等实物形态。在施工生产过程中,施工企业资金又由机械设备、材料等物质供应状态经过未完施工转化为已完工程的竣工形态。施工圆满完成,施工企业将已完工程交给发包建设单位,并按合同造价(或合同标价)结算工程价款,取得工程结算收入。随着工程告竣、实现收入,施工企业资金从竣工形态又还原为货币形态。按照竣工结算或者非竣工预支结算办法,工程施工的全部价值由工程结算收入取得补偿,它不仅补偿物化劳动和活劳动的耗费,而且为施工企业赢得利润和积累。当企业资金由货币的初始形态经过供应、生产和销售(施工企业表现为获得劳务收入)还原为货币形态时,即完成了生产经营资金的一次循环,生产经营资金不断往复地循环则构成了资金周转。企业的生命力就建立在这种资金的循环与周转之中。

从总体上考查,企业资金运动的规律主要表现为以下两种情况:

(1) 资金运动具有并存性和继起性

如上所述，各种资金在空间上总是同时处于周转的不同环节，以不同的资金占用形态表现出来，这就是资金运动的并存性；每种形态的资金都必须依次在循环的各个阶段相继转换，这就是资金运动的继起性。各种资金形态的并存性是不同资金继起性的结果，如果相继转化受到阻碍，资金的并存性就会受到影响和破坏。这就是说，如果资金过多地集中于某一形态或阶段，而其他形态或阶段资金短缺或空白，循环过程就会出现障碍，周转环节就会断裂。因此，企业应合理投放与配置资金，减少资金的积压与沉淀，防范资金的不足与断供，保证资金循环的畅通无阻，加快资金周转速度。

(2) 资金运动同物资运动既相互依存又相互分离

一方面，物资运动是资金运动的基础，资金运动反映着物资运动，两者具有相互一致的关系，体现了再生产过程的实物形态和价值形态本质上的必然联系；另一方面，资金运动又可能与物资运动相分离，呈现一定的独立性。例如，预付款项、赊购物资等业务形成的货品实物和货币资金在流量上的不一致；固定资产折旧使其价值逐渐转移而其实物形态依然保持长期存在等。因此，从事财务管理既要着眼于物资运动，保证生产经营活动的顺利进行；又要充分利用上述背离性，合理调配资金，以较少的价值投入获取较多的使用价值。

2. 施工企业的财务关系

施工企业财务关系是指施工企业在组织财务活动过程中与有关各方所发生的经济利益关系，施工企业资金筹集、投放、使用、收入和分配，与企业各方面都有广泛联系。施工企业的财务关系可概括为以下几个方面：

(1) 企业与政府之间的财务关系

中央政府和地方政府作为社会管理者，担负着维持社会正常秩序、保卫国家安全、组织和管理社会活动等任务，行使政府行政职能。政府依据这一身份，无偿参与企业利润的分配。企业必须按照税法规定向中央和地方政府缴纳各种税款，包括所得税、流转税、资源税、财产税和行为税等。这种关系体现一种强制和无偿的分配关系。

(2) 企业与投资者之间的财务关系

这主要是指企业的投资者向企业投入资金，企业向其投资者支付投资报酬所形成的经济关系。企业的所有者主要包括国家、法人和个人。企业的所有者要按照投资合同、协议、章程的约定履行出资义务以便于工作及时形成企业的资本。企业利用资本进行营运，实现利润后，应该按照出资比例或合同、章程的规定，向其所有者支付报酬。一般而言，所有者的出资不同，他们各自对企业承担的责任也不同，相应对企业享有的权利和利益也不相同。但他们通常与企业发生以下财务关系：①投资者能对企业进行何种程度的控制；②投资者对企业获取的利润能在多大的份额上参与分配；③投资者对企业的净资产享有多大的分配权；④投资者对企业承担怎样的责任。投资者与企业均要依据这四个方面合理地选择接受投资企业和投资方，最终实现双方之间的利益均衡。

(3) 企业与债权人之间的财务关系

这主要是指企业向债权人借入资金，并按借款合同的规定按时支付利息和归还本金所形成的经济关系。企业除利用资本进行经营活动外，还要借入一定数量的资金，以便降低企业资金成本，扩大企业经营规模。企业的债权人主要有债券持有人、贷款机构、商业信用提供者、其他出借资金给企业的单位和个人。企业利用债权人的资金，要按约定的利息率，及时向债权人支付利息；债务到期时，要合理调度资金，按时向债权人归还本金。企业同其债权人的财务关系在性质上属于债务与债权关系。

(4) 企业与债务人之间的财务关系

这主要是指企业将其资金以购买债券、提供借款或商业信用等形式出借给其他单位所形成的经济关系。企业将资金借出后，有权要求其债务人按约定的条件支付利息和归还本金。企业同其债务人的关系体现的是债权与债务关系。

(5) 企业与受资者之间的财务关系

这主要是指企业以购买股票或直接投资的形式向其他企业投资所形成的经济关系。随着市场经济的不断深入发展，企业经营规模和经营范围不断扩大，这种关系将会越来越广泛。企业向其他单位投资，应按约定履行出资义务，并依据其出资份额参与受资者的经营管理和利润分配。企业与受资者的财务关系是体现所有权性质的投资与受资的关系。

(6) 企业内部各单位之间的财务关系

这主要是指企业内部各单位之间在生产经营各环节中相互提供产品或劳务所形成的经济关系。企业内部各职能部门和生产单位既分工又合作，共同形成一个企业系统。只有这些子系统功能的执行与协调，整个系统才能具有稳定功能，从而达到企业预期的经济效益。因此，企业在实行企业内部经济核算制和经营责任制的条件下，企业供、产、销各个部门及各个生产单位之间，相互提供劳务和产品也要计价结算。这种在企业内部形成的资金结算关系，体现了企业内部各单位之间的利益关系。

(7) 企业与职工之间的财务关系

这主要是指企业向职工支付劳动报酬过程中所形成的经济关系。职工是企业的劳动者，他们以自身提供的劳动作为参加企业分配的依据。企业根据劳动者的劳动情况，用其收入向职工支付工资、津贴和奖金，并按规定提取公益金等，体现着职工个人和集体在劳动成果上的分配关系。进一步分析，企业和职工的分配关系还将直接影响企业利润并由此影响所有者权益，因此职工分配最终会导致所有者权益的变动。

1.1.4　施工企业财务管理的特点

施工企业生产经营活动的复杂性决定了施工企业管理必须包括多方面内容，如施工生产管理、技术管理、质量管理、设备管理、人力资源管理、财务管理等。各项管理工作是相互联系、紧密配合的，同时又有科学分工，具有自己的特点。就财务管理的特点而言有以下几个方面：

(1) 广泛性

财务管理是对企业财务活动和财务关系进行的管理，企业中一切涉及资金的经济业务活动都属于财务管理的管辖范围。在企业内部的每一个部门都或多或少地与资金有联系，从而都会和财务部门产生关联。为保证企业经济效益的提高，各部门在合理使用资金和节约资金支出等方面都要接受财务部门的指导，受到财务制度的约束。由此可见，企业财务管理的范围是很广泛的。

（2）综合性

在企业管理体系中，有的属于单项管理，如劳动人事管理、设备管理等，它们只能控制某一领域的生产经营活动，不能控制其他领域；有的虽是综合性管理，如质量管理，却只能从使用价值的角度促进企业全面改善生产经营管理，而财务管理则是通过价值形式对施工企业的一切物质条件、经营过程和经营成果进行综合规划和控制，以达到不断提高经济效益的目的。另外，企业各项工作的质量和数量都能通过财务管理所运用的成本与费用、收入和利润等价值指标反映出来。因此，财务管理既是企业管理的一个独立方面，又是一项综合性工作。

（3）信息反馈的灵敏性

在施工企业的生产经营活动中，决策是否得当、经营是否有方、技术是否先进、施工组织是否合理都能够迅速地在各项财务指标上反映出来。财务部门通过对财务指标的经常性计算、整理和分析，能及时掌握企业各方面的信息，了解企业生产经营情况，发现存在的问题。企业各项工作的质量和效果都能在财务指标上灵敏地反映出来，为企业经营管理和决策人员及时反馈信息以便掌握企业运行状况，预测企业经济前景，采取相应对策以提高企业经济效益。

1.2　施工企业财务管理的目标

财务管理目标是组织财务管理活动、处理财务关系、开展财务工作所要达到的根本目的。财务管理目标既是财务管理工作的起点和归宿，也是财务管理方法赖以实施和财务决策有效评价的共同指南。施工企业财务管理的目标是指导施工企业财务运行的驱动力。财务管理作为施工企业管理的核心，其目标与一般企业财务管理的整体目标大致相同。

1. 利润最大化

利润最大化是指企业通过财务管理以实现利润最大的目标。利润代表了企业新创造的价值，利润增加代表着企业财富的增加，利润越多，代表企业新创造的财富越多，只有每个企业都最大限度地创造利润，整个社会的财富才可能实现最大化，从而带动社会的进步和发展。企业追求利润最大化，就必须讲求经济核算，加强管理，改进技术，提高劳动生产率，降低产品成本。这些措施都有利于企业资源的合理配置，有利于企业整体经济效益的提高。

但是，以利润最大化作为财务管理目标也存在缺陷，主要体现在以下几方面：①没有考虑利润实现时间和资金的时间价值；②没有考虑风险的对比问题，因为不同企业具有不同的风险，不能简单对比；③没有反映创造的利润与投入资本之间的关系；④可能导致企业财务决策的短期倾向，影响企业长远发展。由此，企业开始寻找其他目标来取代利润最大化的目标。

2. 每股收益最大化（或权益资本净利率最大化）

每股收益是指公司税后净利润扣除优先股股利后的净额与发行在外的普通股股数的比值。它是衡量上市公司盈利能力的主要指标之一。对于非上市公司来说，则主要采用权益资本净利率，它是公司一定时期的净利润额与其权益资本总额的比值，说明了权益资本的盈利能力。这两个指标在本质上是相同的，用公司的普通股股数乘以每股净资产就可以得到权益资本总额。在实践中，许多投资人把这两个指标作为评价公司业绩的重要指标之一，但是它们并不能弥补利润最大化目标的其他缺陷。

3. 股东财富最大化

股东财富最大化是指企业通过财务管理以实现股东财富最大的目标。对于上市公司，股东财富是由股东所拥有的股票数量和股票市场价格两个方面决定的。在股票数量一定时，股票价格达到最高，股东财富也就达到最大。

与利润最大化不同，股东财富最大化考虑了风险因素，因为股价会对风险做出敏感反映。同时在一定程度上避免了企业的短期行为，不仅目前的利润会影响股票价格，预期未来的利润同样会对股价产生重要影响。但是，股东财富最大化只适用于上市公司，非上市公司无法像上市公司一样及时准确地获得企业股价。股价也受到众多因素的影响，特别是企业外部的因素，股价并不能完全反映企业的财务管理状况，更多强调的是股东利益，而其他相关者的利益并没有引起足够重视。

4. 企业价值最大化

企业价值最大化是指企业通过财务管理以实现企业价值最大的目标。企业价值可以理解为企业所有者权益和债权人权益的市场价值，它等于企业所能创造的预计未来现金流量的现值。因为未来现金流量的预测包含了不确定性和风险因素，而现金流量的现值是以资金的时间价值为基础对现金流量进行折现计算得出的，因此企业价值最大化考虑了风险因素和资金的时间价值。企业价值最大化要求企业通过采用最优的财务政策，充分考虑资金的时间价值和风险与报酬的关系，在保证企业长期稳定发展的基础上使企业总价值达到最大。但对于非上市公司而言，只有对企业进行专门的评估才能确定其价值，而在评估企业的资产时，由于受评估标准和评估方式的影响，很难做到客观和准确。

1.3 施工企业财务管理的原则

财务管理原则是组织企业财务活动及处理各种财务关系所应遵循的基本规范。在市场经济条件下，企业财务管理的共性决定了企业财务管理应遵循的一般原则，有以下几点：

（1）企业价值最大化原则

企业价值最大化是施工企业财务管理的目标，同时也是施工企业日常财务管理活动中应遵循的基本原则，财务管理活动在某种意义上是对资金运作的专业化管理，它遵循资金运动的基本要求和规律，运用价值管理的一系列方法，对整体资金运动进行统筹安排。在生产经营中，施工企业要严格控制各项产出和耗费，促使其在经营、投资和筹资等资金运作中能够最高效地运行，确保企业价值最大化目标的实现。

（2）财务自理原则

财务自理具有两层含义。

第一层含义是，在市场经济条件下，作为施工企业，应独立地组织其财务活动和处理财务关系，包括资金筹集的管理、资金分配运用的管理、利润分配的管理及成本的管理，都应该由企业自行处理。同时企业财务管理的一切职能，包括财务预测、决策、计划、组织、控制及分析等，都应该由企业自己行使。

第二层含义是，企业应对财务成果（盈亏）和财务安全负责。企业财务成果无论是盈亏，企业的财务状况无论是安全、稳定、危险、波动，都应由企业自己负责。

（3）目标统一原则

目标统一原则首先是指财务目标应与企业目标协调统一，其次是指财务上的子目标应与总目标协调统一。财务，一方面表现为企业生产经营的综合结果，另一方面又对企业生产经营具有巨大的反作用，所以，只有当财务目标与企业生产经营的总体目标协调一致时，财务才可能起积极的作用。企业目标的确定，不仅要受企业内部条件的制约，更要受企业外部环境因素的影响。所以，不同的企业及同一企业的不同阶段所追求的目标并不完全相同，对此，财务目标应做出相应的调整。否则，如果财务目标有悖于企业目标，财务就会对企业总体目标的实现产生不利影响。

随着社会经济的发展，企业规模越来越大，企业组织结构也越来越复杂。因此，多数企业的管理都要划分成若干层次。在每一层次及同一层次的每一部门之间，必须将总目标划分为子目标才能具体落实。只有各子目标与总目标相吻合时，各子目标的实现才能保证总目标的相应实现。

（4）责权利结合原则

责权利结合是指一定的财务责任应与一定的财务权力和财务利益相结合。责权利结合是保证企业内部各部门、各层次努力追求并完成其财务目标的基本前提。贯彻这一原则，责任的适当划分是关键，而给予相应的权力和利益也是必不可少的。责任的划分应该明确、具体，对于那些不便划分的责任，不宜勉强划分，而应由较高层次来承担。在分清各层次及各部门责任的前提下，只有给予相应的权力，才能要求它们完成其承担的责任。各层次及各部门是否具有完成责任的积极性，则取决于是否给予相应的利益。

（5）动态平衡原则

在动态过程中保持现金流入与流出在时间和数量上的协调平衡是施工企业财务管理的基本要求。企业现金流入与流出的发生，既是因为营业收入与营业支出，同时又受到企业融资与投资活动的影响。获取收入以发生支出为前提，投资以融资为前提，负债本息的偿还及红利分配均要求企业经营获利或获得新的资金来源。企业就是要在这一系列的复杂业务关系中始终保持现金的收支平衡，用公式可表示如下：

$$期初现金余额 + 预期现金流入 - 预期现金流出 = 期末预期现金金额 \qquad (1-1)$$

显然，从这一平衡公式可以看出，财务管理所要求的"收支平衡"并不是机械的收支相等，而是留有余地的平衡，即保持财务的合理弹性。这是因为，有限量的现金余额给企业带来的资金成本负担是有限的，而现金短缺对企业而言是不能允许的。环境的多变性也决定了财务预算只能是一种大致的估算，不可能完全准确无误。因此，企业财务管理中只有保持有一定弹性的平衡，才能把企业出现财务拮据乃至破产的风险降低到最小限度。

(6) 风险与利益权衡原则

风险与利益兼顾是指在财务管理过程的各个方面、各个环节，既要追求较高的利益，又要避免太大的风险。无论是资金的筹集，还是资金的分配运用，财务管理的所有问题，归根结底无非是如何适当权衡风险和利益两者之间的关系，以求风险和利益的最佳匹配。一般地，风险和利益总是相互矛盾的：为了求得较大的利益，往往需要冒较大的风险，如果风险过大，会减弱企业未来获利的能力；如果利益过小，也会增加企业未来的风险。因此，一般来说，企业财务管理既不能过于冒进，片面地追求最大利益，也不能过于保守，片面地强调财务安全。冒进会因为风险过大而遭受重大损失，保守则会使企业裹足不前，错失良机。需要指出的是，这里所指的收益是预期收益而非实际收益。我们只能"预期"未来的收益，而不能预先确切得知其实际发生的情况。所以，风险与收益权衡原则的把握，总是建立在预测和概率估算的基础之上的。

1.4 施工企业财务管理的环节

财务管理环节是企业财务管理的工作步骤与一般工作程序。一般而言，企业财务管理包括三个环节。

1. 财务预测与预算

（1）财务预测

财务预测是根据企业财务活动的历史资料，考虑现实的要求和条件，对企业未来的财务活动做出较为具体的预计和测算的过程。财务预测可以测算各项生产经营方案的经济效益，为决策提供可靠的依据；可以预计财务收支的发展变化情况，以确定经营目标；可以测算各项定额和标准，为编制计划、分解计划指标服务。

财务预测的方法主要有定性预测和定量预测两类。定性预测法主要是利用直观材料，依靠个人的主观判断和综合分析能力，对事物未来的状况和趋势做出预测的方法；定量预测法主要是根据变量之间存在的数量关系建立数学模型来进行预测的方法。

（2）财务计划与预算

财务计划是根据企业整体战略目标和规划，结合财务预测的结果，对财务活动进行规划，并以指标形式落实到每一计划期间的过程。财务计划主要通过指标和表格，以货币形式反映在一定的计划期内企业生产经营活动所需要的资金及其来源、财务收入和支出、财务成果及其分配情况。财务预算是根据财务战略、财务计划和各种预测信息，确定预算期内各种预算指标的过程。财务预算是财务战略的具体化，是财务计划的分解和落实。

2. 财务决策与控制

（1）财务决策

财务决策是指按照财务战略目标的总体要求，利用专门的方法对各种备选方案进行比较和分析，从中选出最佳方案的过程。财务决策是财务管理的核心，决策成功与否直接关系到企业的兴衰成败。

财务决策的方法主要有两类：一类是经验判断法，是根据决策者的经验来判断选择，常用的方法有淘汰法、排队法、归类法等；另一类是定量分析法，常用的方法有优选对比法、概率决策法等。

（2）财务控制

财务控制是指利用有关信息和特定手段，对企业的财务活动施加影响或调节，以便实现计划所规定的财务目标的过程。

3. 财务分析与评价

（1）财务分析

财务分析是指根据企业财务报表等信息资料，采用专门方法，系统分析和评价企业财务状况、经营成果及未来趋势的过程。

（2）财务评价

财务评价是指将报告期实际完成数与规定的考核指标进行对比，确定有关责任单位和个人完成任务的过程。财务评价与奖惩紧密联系，是贯彻责任制原则的要求，也是构建激励与约束机制的关键环节。

1.5　施工企业财务管理的环境

企业财务管理总是与一定的环境相联系、存在和发展的，不同时期、不同国家、不同领域的财务管理有着不同的特征，都是因为影响财务管理的环境因素不尽相同。企业财务管理不可能独立于环境之外。对企业而言，环境的变化既可能带来威胁，也可能带来机会，因此要求企业提高适应环境变化的能力，趋利避害，促进企业健康发展。

1.5.1　财务管理环境的概念

施工企业财务管理环境是指施工企业财务管理以外的，并对施工企业财务管理系统有影响作用的一切系统的总和。例如，国家的政治经济形势、国家经济法规完善程度、企业所面临的市场状况、企业的生产条件等都会对施工企业的财务管理产生重要影响。

1.5.2　施工企业财务管理的内部环境

施工企业财务管理的内部环境是指存在于施工企业内部并对财务活动产生影响的客观因素。这些因素包括企业的组织形式、企业内部财务管理方式等。其中，企业的组织形式是最主要的因素。

1. 施工企业的组织形式

财务管理的主体是企业。企业是指依法设立的以盈利为目的的、从事生产经营活动的独立核算的经济组织。企业有多种组织形式。与一般制造业和商品流通业大体相同，施工企业的组织形式按投资主体可分为三种，即个人独资企业、合伙企业和公司制企业。

（1）个人独资企业

个人独资企业是指由一个自然人投资兴办的企业，其业主享有全部的经营所得，同时对债务负完全责任。个人独资企业的优点是：①企业开办、转让、关闭的手续简便；②企业主自负盈亏,对企业的债务承担无限责任,因而企业主会竭力把企业经营好;③企业税负较轻,只需要缴纳个人所得税;④企业在经营管理上的制约因素较少,经营方式灵活,决策效率高;⑤没有信息披露的限制,企业的技术和财务信息容易保密。

个人独资企业也存在无法克服的缺点:

1) 风险大。企业主对企业承担无限责任,在影响企业预算约束的同时,也带来了企业主承担风险过大的问题,从而限制了企业主向风险较大的部门或领域进行投资,这对新兴产业的形成和发展极为不利。

2) 筹资困难。因为个人资金有限,在借款时往往会因信用不足而遭到拒绝,限制了企业的发展和大规模经营。

3) 企业寿命有限。企业所有权和经营权高度统一的产权结构意味着企业主的死亡、破产、犯罪都有可能导致企业不复存在。

基于以上特点,个人独资企业的财务管理活动相对来说比较简单。

(2) 合伙企业

合伙企业是指由两个以上的自然人订立合伙协议,共同出资、合伙经营、共享收益、共担风险,并对合伙企业债务承担无限连带责任的企业。为了避免经济纠纷,在合伙企业成立时,合伙人需订立合伙协议,明确每个合伙人的权利和义务。与个人独资企业相比,合伙企业资信条件较好,容易筹措资金和扩大规模,经营管理能力也较强。

按照合伙人的责任不同,合伙企业可分为普通合伙企业和有限合伙企业。普通合伙企业的合伙人均为普通合伙人,对合伙企业的债务承担无限连带责任。有限合伙企业由普通合伙人和有限合伙人组成,有限合伙人以其出资额为限对债务承担有限责任。但是,有限合伙制要求至少有一人是普通合伙人,而且有限合伙人不直接参与企业的经营管理活动。

合伙企业具有设立程序简单、设立费用低等优点,但也存在责任无限,权利分散、产权转让困难等缺点。

由于合伙企业的资金来源和信用能力比独资企业有所增加,盈余分配也更加复杂,因此合伙企业的财务管理要比独资企业复杂得多。

(3) 公司制企业

公司制企业是依照国家相关法律集资创建,实行自主经营、自负盈亏,由法定出资人(股东)组成的具有法人资格的独立经济组织。公司制企业的主要特点包括以下几个方面:

1) <u>独立的法人实体</u>。公司一经宣告成立,法律即赋予其独立的法人地位,具有法人资格,能够以公司的名义从事经营活动,享有权利,承担义务,从而使公司在市场上成为竞争主体。

2) <u>具有无限的存续期</u>。股东投入的资本长期归公司支配,股东无权从公司财产中抽回投资,只能通过转让其拥有的股份收回投资。这种资本的长期稳定性决定了公司只要不解散、不破产,就能够独立于股东而持续、无限期地存在下去。这种情况有利于企业实行战略管理。

3) <u>股东承担有限责任</u>。这是指公司一旦出现债务,这种债务仅是公司的债务,股东仅以其出资额为限对公司债务承担有限责任,这就为股东分散了投资风险,从而有利于吸引社会游资，扩大企业规模。

4) **所有权与经营权分离**。公司的所有权属于全体股东，经营权委托给专业的经营者，管理的专门化有利于提高公司的经营能力。

5) **筹资渠道多元化**。股份公司可以通过资本市场发行股票或发行债券筹集资金，有利于企业的资本扩张和规模扩大。

公司制企业与个人独资企业和合伙企业相比，其突出优点是股东承担有限责任、股权可以转移、公司经营寿命长、筹资渠道宽等；其缺点是设立程序较严格、复杂，容易产生内部人控制问题，公司和股东双重税负等。

公司制企业包括有限责任公司和股份有限公司两种基本形式。

1) **有限责任公司**。有限责任公司简称有限公司。有限公司的股东以其认缴的出资额为限对公司承担责任。有限公司由 50 个以下股东出资设立。有限公司的注册资本为在公司登记机关登记的全体股东认缴的出资额。股东可以依法用货币出资，也可以用实物、知识产权和土地使用权等可以用货币估价并可以依法转让的非货币财产作价出资。有限公司成立后，向股东签发出资证明书。有限公司置备股东名册，记载于股东名册的股东，依名册主张行使股东权利。股东之间可以相互转让其全部或者部分股权，股东向股东以外的人员转让股权，应经其他股东过半数同意。其他股东半数以上不同意转让的，不同意的股东应当购买该转让的股权；不购买的，视为同意转让。经股东同意转让的股权，在同等条件下，其他股东有优先购买权。

2) **股份有限公司**。股份有限公司简称股份公司，是指将公司全部资本分为等额股份，股东以其认购的股份为限对公司承担责任，公司以其全部财产对公司的债务承担责任的公司。股份公司的设立，可以采取发起设立或者募集设立的方式。发起设立是指由发起人认购公司应发行的全部股份而设立公司，在发起人认购的股份缴足前，不得向他人募集股份，因此在其发行新股前，其全部股份都由发起人持有，公司的全部股东都是设立公司的发起人。募集设立是指由发起人认购公司应发行股份的一部分，其余股份向社会公开募集或者向特定对象募集而设立公司。以募集设立方式设立股份公司的，在公司设立时，认购公司应发行股份的人不仅有发起人，而且还有发起人以外的人，因此法律对采用募集设立方式设立的公司规定了较为严格的程序。

股份公司的资本划分为等额股份，股份采取股票的形式。股票是公司签发的证明股东所持股份的凭证。股份的发行实行公平、公正的原则，同种类的每一股份应当具有同等权利。同次发行的同种类股票，每股的发行条件和价格应当相同。股票发行价格可以按票面金额，也可以超过票面金额，但不得低于票面金额。股票采用纸面形式或者国务院证券监督管理机构规定的其他形式。公司发行的股票，可以为记名股票，也可以为无记名股票。公司向发起人、法人发行的股票，应当为记名股票，公司发行记名股票的，应当置备股东名册；发行无记名股票的，公司应当记载其股票数量、编号及发行日期。

有限责任公司与股份有限公司的不同点在于：

1) **股东的数量不同**。有限责任公司的股东人数有最高和最低的要求，而股份有限公司的股东人数只有最低要求，没有最高限制。

2）成立条件和募集资金的方式不同。有限责任公司的成立条件相对来说比较宽松，股份有限公司的成立条件比较严格；有限责任公司只能由发起人集资，不能向社会公开募集资金，股份有限公司可以向社会公开募集资金。

3）股权转让的条件限制不同。有限责任公司的股东转让自己的出资要经股东会讨论通过；股份有限公司的股票可以自由转让，具有充分的流动性。

2. 施工企业内部财务管理方式

企业内部的财务管理方式，主要是规定企业组织内部各项财务活动的运行方式，确定企业组织内部各级职能部门之间的财务关系。企业内部的财务管理方式应从行业特点、业务类型、企业规模等实际情况出发，应有利于提高财务管理效率。企业内部的财务管理大体有集权制和分权制两种方式。小型企业通常采取一级集权管理方式，由企业统一安排资金、处理收支、核算成本和盈亏；企业所属单位一般只负责登记和管理所使用的财产物资，记录直接开支的费用。大中型企业则通常采取二级分权管理方式。企业一级单位负责统一安排资金、处理收支、核算成本和盈亏；企业所属二级单位一般要负责部分资金的管理，核算相关成本，有的还要计算盈亏，进行内部往来的计价结算，并按核定的指标定期考核计划的完成情况。

劳动密集型的建筑施工企业，尤其是建筑工程总承包企业，往往实行分权制形式的"公司—分公司—项目经理部—作业队"四个层级的管理模式（集团公司为五个层级的管理），项目经理部作为二级核算组织，拥有相对独立的项目资金使用自主权和项目经营自主权。各项目经理部在公司内部设立独立的资金账户，在保证按项目目标管理责任书的有关约定完成各项上缴费用的前提下，项目经理部对其账户下的工程款拥有完全的自主使用权，公司一般不得越权拆借支配。在公司授权范围内，项目经理部有权与业主及有关单位部门洽谈施工合同及设计变更、工期顺延、工程索赔等相关事宜；按照项目目标管理责任书的要求，项目经理部拥有承建项目的施工生产指挥权、技术质量管理权、施工进度控制权、建筑材料采购权及项目成本核算等；项目经理部有权自主决定完成各项承包指标后施工项目剩余利润的分配和本项目经理部成员的薪酬及奖励办法。

企业内部的财务管理机构要分工明确、职权到位、责任清楚。小型企业，可以不单独设置财务管理机构，财务工作属于会计部门。大中型企业，一般应单独设置财务管理机构，全面负责企业的财务管理。典型的财务管理机构设置是由一名分管财务的副总经理直接向总经理报告，财务副总经理下辖财务部经理和会计部经理。财务部经理负责资本的筹集、使用和股利分配；会计部经理负责会计事务和税务核算方面的工作。公司制企业的财务组织机构如图 1-1 所示。

1.5.3　施工企业财务管理的外部环境

施工企业财务管理的外部环境是指存在于施工企业外部并对财务活动产生影响的客观因素。企业从事财务管理工作所面临的外界局势、境况和条件，就是财务管理的外部环境。换言之，财务管理的外部环境是非财务因素制约企业实现财务管理目标的客观条件。它存在于财务管理系统之外，但与财务管理系统有着直接、间接联系，是企业外部各种影响因素的总和。财务管理的外部环境是一定范围内所有企业都会共同面临,从而不可回避的。

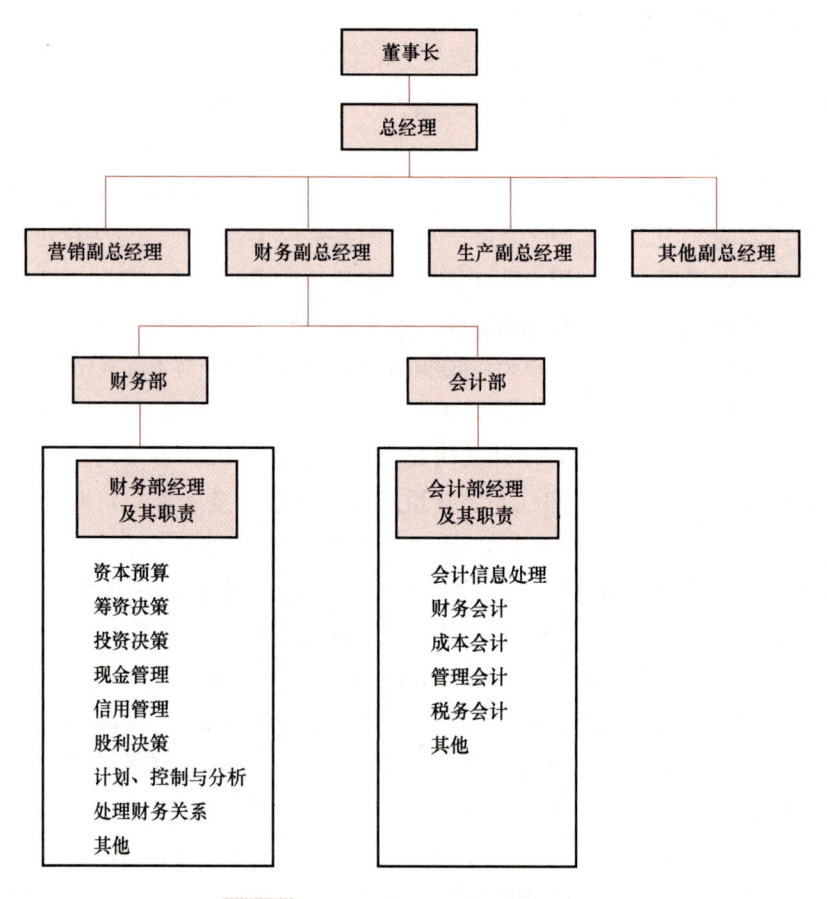

```
                    ┌─────────┐
                    │ 董事长  │
                    └────┬────┘
                    ┌────┴────┐
                    │ 总经理  │
                    └────┬────┘
        ┌──────────┬─────┴─────┬──────────┐
   ┌────┴─────┐┌───┴─────┐┌────┴─────┐┌───┴──────┐
   │营销副总经理││财务副总经理││生产副总经理││其他副总经理│
   └──────────┘└───┬─────┘└──────────┘└──────────┘
              ┌────┴────┐
         ┌────┴──┐  ┌───┴────┐
         │ 财务部│  │ 会计部 │
         └───┬───┘  └────┬───┘
```

财务部经理及其职责：
- 资本预算
- 筹资决策
- 投资决策
- 现金管理
- 信用管理
- 股利决策
- 计划、控制与分析
- 处理财务关系
- 其他

会计部经理及其职责：
- 会计信息处理
- 财务会计
- 成本会计
- 管理会计
- 税务会计
- 其他

图 1-1 公司制企业的财务组织机构

1. 经济环境

财务管理的经济环境是指影响企业财务管理的各种经济因素,主要包括经济周期、经济发展水平和经济政策等。

(1) 经济周期

在市场经济条件下,经济发展与运行带有一定的波动性。这种波动大体上经历复苏、繁荣、衰退和萧条几个阶段的循环,这种循环被称为经济周期。

我国的经济发展与运行也呈现特有的周期特征。过去曾经历过若干次投资膨胀、生产高涨到控制投资、紧缩银根进行正常发展的过程,从而促进了经济的持续发展。企业的筹资、投资和资产运营等理财活动都受这种经济波动的影响,比如在治理紧缩时期,社会资金十分短缺,利率上涨,会使企业的筹资非常困难,甚至影响企业的正常生产经营活动。相应企业的投资方向会因为市场利率的上涨而转向本币存款。此外,由于国际经济交流与合作的发展,西方的经济周期的影响也不同程度地波及我国。因此,企业财务人员必须认识到经济周期的影响,在经济发展的波动中掌握理财的本领。

（2）经济发展水平

当前我国的国民经济和人民生活正经历着翻天覆地的变化。国民经济的飞速发展，给企业扩大规模、调整方向、打开市场及拓宽财务活动领域带来了机遇。同时，在高速发展中，资金紧张将是长期存在的矛盾，这又给企业财务管理带来严峻的挑战。财务管理应当以宏观经济发展目标为导向，从业务工作角度保证企业经营目标和经营战略的实现。

（3）经济政策

我国经济体制改革的目标是建立社会主义市场经济体制，以进一步解放和发展生产力，在这个总目标的指导下，我国已经并正在进行财税体制、金融体制、外汇体制、外贸体制、价格体制、投资体制、社会保障制度等多项改革。所有这些改革措施，将深刻地影响我国人民的经济生活，也深刻地影响着我国企业的发展和财务活动的运行。如金融政策中货币的发行量、信贷规模能影响企业投资的资金来源和投资的预期收益；价格政策能影响决定资金的投放和投资的回收期及预期收益等。可见，经济政策对企业财务的影响是非常大的。这就要求企业财务人员必须把握经济政策，更好地为企业的经营理财活动服务。

2. 金融环境

企业总是需要资金从事投资和经营活动。而资金的取得，除了自有资金外，主要从金融机构和金融市场取得。金融政策的变化必然影响企业的筹资、投资等资金运营活动，所以，金融环境是企业最为主要的环境因素。

（1）金融市场

金融市场是指以金融产品为交易对象而形成的供求关系和交易机制的总和。金融市场是资金融通的市场，金融市场的参与者是资金的供给者和需求者，他们通过金融产品的交易来实现货币资金的融通。金融产品的交易过程就是它的定价过程，而金融产品的价格则反映了货币资金需求者的融资成本和货币资金供应者的投资收益，所以金融产品的定价过程也是金融市场收益和风险分配的过程，这是金融市场运行的核心机制。

金融市场包含一切形式金融产品的交易活动，既包括直接融资，也包括间接融资。进行直接融资的市场又称为直接金融市场、公开金融市场。在这个市场上，交易条件和交易价格对任何人或者机构都是公开的，任何符合交易要求的个人或机构都可以自由进出市场并按标准化的条件进行金融产品的交易。股票市场、债券市场是公开金融市场的典型。进行间接融资的市场又称间接金融市场、协议市场，是借贷双方协商借贷条件的市场。在这个市场上，交易的发生以客户为纽带，每次交易的条件又因不同客户而有所差别。

总体上来讲，建立金融市场，有利于广泛地积聚社会资金，有利于促进地区间的资金协作，有利于开展资金融通方面的竞争，提高资金使用效益，有利于国家控制信贷规模和调节货币流通。从企业财务管理角度来看，金融市场作为资金融通的场所，是企业向社会筹集资金必不可少的条件。财务管理人员必须熟悉金融市场的各种类型和管理规则，有效地利用金融市场来组织资金的供应和进行资本投资等活动。

(2) 金融机构

社会资金从资金供应者手中转移到资金需求者手中，大多要通过金融机构。金融机构主要包括以下几种类型：

1) 银行。与其他类型的金融机构不同，商业银行凭借众多的营业网点与巨大的社会影响力，可以吸收巨额的社会闲散资金，并以此开展贷款与投资业务，其整体优势和作用大大优于其他任何金融机构。

通常来讲，商业银行具有以下五个主要特征：①经营大量货币性项目，必须建立健全严格的内部控制机制；②从事的交易种类繁多、次数频繁，金额巨大，必须建立严密的会计信息系统，并广泛使用计算机信息系统及电子资金转账系统；③分支机构众多、分布区域广、会计处理和控制职能分散，要求保持统一的操作规程和会计信息系统；④涉及大量不涉及资产负债的表外业务；⑤高负债经营，债权人众多，与社会公众利益密切相关，受到银行监管法规的严格约束和政府有关部门的严格监管。

2) 非银行金融机构。非银行金融机构主要包括信托投资公司、租赁公司等。信托投资公司，主要办理信托存款和信托投资业务，在国外发行债券和股票，办理国际租赁等。租赁公司则介于金融机构与企业之间，它先筹集资金购买各种租赁物，然后出租给企业。租赁公司的经营租赁等于向企业提供了短期资金，融资租赁则向企业提供了中长期资金。

(3) 利息率

利息率简称利率，是资金的增值额同投入资金价值的比率，是衡量资金增值程度的数量指标。从资金借贷关系看，利率是一定时期运用资金的交易价格。资金作为一种特殊商品，以利率作为价格标准，其融通实质上是资源通过利率这个价格标准实行再分配。因此，利率在资金分配及企业财务决策中起着重要作用。利率按不同的标准分类如下：

1) 按利率之间的变动关系。按利率之间的变动关系，分为基准利率和套算利率。基准利率又称基本利率，是指在多种利率并存的条件下起决定作用的利率。因此，了解基准利率水平的变化趋势，就可以了解全部利率的变化趋势。基准利率在西方通常是中央银行的再贴现率，在我国是中国人民银行对商业银行贷款的利率。套算利率是指在基准利率确定后，各金融机构根据基准利率和借贷款项的特点而换算出的利率。

2) 按债权人取得的报酬情况分类。按债权人取得的报酬情况，分为实际利率和名义利率。实际利率是指在物价有变而货币购买力不变的情况下的利率，或者是在物价有变化时，扣除通货膨胀补偿后的利率。名义利率是指包含对通货膨胀补偿后的利率。两者之间的关系是

$$名义利率 = 实际利率 + 预计通货膨胀率 \tag{1-2}$$

3) 按利率与市场资金供求情况的关系分类。按利率与市场资金供求情况的关系，分为固定利率和浮动利率。固定利率是指在借贷期内固定不变的利率。受通货膨胀的影响，实行固定利率会使债权人利益受到损害。浮动利率是指在借贷期间内可以调整的利率。在通货膨胀条件下采用浮动利率，可使债权人减少损失。

4) 按利率变动与市场的关系分类。按利率变动与市场的关系，分为市场利率和法定利

率。市场利率是指根据资金市场上的供求关系，随着市场而自由变动的利率。法定利率是指由政府金融管理部门或者中央银行确定的利率。

正如任何商品的价格均由供给和需求两方面来决定一样，资金这种特殊商品的价格——利率，也主要由供给和需求来决定。但除了这两个因素，经济周期、通货膨胀、国家货币政策和财政政策、国际经济政治关系、国家力量管制承担等，对利率的变动均有不同程度的影响。因此，资金的利率通常由三部分组成：纯利率、通货膨胀补偿率、风险报酬率。利率的一般计算公式可表示如下：

$$利率 = 纯利率 + 通货膨胀补偿率 + 风险报酬率 \qquad (1-3)$$

纯利率是指没有风险和通货膨胀情况下的均衡点利率，即资金的时间价值；通货膨胀补偿率是指由于持续的通货膨胀会不断降低货币的实际购买力，为补偿其购买力损失而要求提高的利率；风险报酬率是指投资者因冒风险进行投资而要求的额外报酬率。

3. 法律环境

市场经济是以法律规范来维系市场运转的经济。在市场经济条件下，企业总是在一定的法律环境下从事各项业务活动的。一方面，法律提出了企业从事各项业务活动必须要遵守的规范，从而对企业的行为进行约束；另一方面，法律也为企业守法从事各项业务活动提供了保护。在市场经济中，通常要建立一套完整的法律体系来维护市场秩序。从企业的角度看，这个法律体系涉及企业设立、企业运转及企业合并、分立和解散破产清算。其中，企业运转又分为企业从事施工生产经营活动的法律法规及企业从事财务活动的法律法规。一般来说，企业设立、企业运转及企业合并、分立和解散破产清算是通过公司法等进行约束的。企业施工生产经营活动主要是通过经济合同法、建筑安装工程招标投标法、工程承包合同条例、工程质量监督条例等进行约束。这些法律法规，不仅对企业施工生产经营过程该履行的手续和应达到的标准进行了规定，而且，为了保护与企业施工生产经营活动相关的利益关系人的利益，以及社会整体利益和整个市场体系的稳定性，也制定了相应的法律法规。此外，企业财务活动是通过税法、证券交易法、票据法、结算法、银行法、会计法、会计准则、财务通则和企业会计财务制度等进行约束的。这些法律法规不仅对企业筹资、投资、分配等财务活动过程的手续和应达到的目标进行了规定，而且，为保护与企业财务活动相关的利益关系人，以及社会总资金的平衡运转，也进行了相关规定。值得指出的是，在企业设立、合并、分立、解散、破产清算有关法律法规中，其主要的内容都直接与财务活动相联系，将这些内容与对财务活动运行过程进行规定的法律法规联系起来，就形成了一个完整的有关财务活动的法律体系。它对企业财务管理产生的影响和制约都是直接和强制的。

复习思考题

1. 简述施工企业财务管理的含义。
2. 简述施工企业资金运动的规律。
3. 简述施工企业的财务关系所包含的内容。
4. 简述施工企业财务管理的特点。

5. 简述施工企业财务管理的目标。
6. 简述施工企业财务管理的原则。
7. 什么是财务管理环境？
8. 施工企业财务管理内部环境包括哪些内容？

第 1 章练习题
扫码进入小程序，完成答题即可获取答案

第2章
施工企业财务管理的基本价值观念

> **学习目标**
> - 掌握资金时间价值的概念，资金时间价值的计算
> - 掌握风险的概念及种类，风险和报酬的关系及风险的衡量方法，熟练地运用资金时间价值和风险价值观念

资金的时间价值是客观存在于经济运行体系中的重要因素，任何企业的财务活动，都是在特定的时空中进行的。离开了资金的时间价值因素，就无法正确计算不同时期的财务收支，也无法正确评价企业的盈亏。资金时间价值原理及其等值换算方法，已被广泛地应用于施工企业项目评价、项目比选等多个社会经济领域，根据资金时间价值原理，施工企业形成了以现金流量分析为主的财务分析和经济分析。

2.1 资金的时间价值

2.1.1 资金时间价值的概念

资金时间价值是指货币随着时间的推移而发生的增值，也就是当前持有的一定量的货币比未来获得的等量货币具有更高的价值。货币的购买力会随着时间的推移而改变。

对于资金的时间价值，可以从两个视角进行理解：一方面，资金属于商品经济的范畴。在商品经济中，资金参与社会的再生产活动，其运动伴随着再生产流通的整个环节。劳动者在再生产过程中创造了剩余价值，资金的增值给投资者带来了利润。因此从投资者的角度来看，资金时间价值表现为资金在运动过程中的增值特性。另一方面，资金一旦用于某个特定项目投资，就不能用于其他项目的投资。因此从企业的角度来看，资金时间价值表现为选定项目的机会成本。

施工企业在进行财务管理的过程中，要对成本和收益做出合理的比较，就要把发生在不同时间、具有不同风险的成本和收益换算成今天的现金。比如一家企业正在考虑是否投资一个100万元的施工项目，该项投资预期在未来的5年中每年将产生30万元的收益，

该项目的成本和收益直接比较，似乎项目的净价值为 30 万元×5－100 万元＝50 万元。但是这里忽略了这一系列现金流并不都是发生在同一个时点上的。因此，在决定是否投资一个项目时，还应了解当前的 1 元钱与未来的 1 元钱之间的价值关系，即所谓的"资金时间价值"。

2.1.2 资金时间价值在施工企业财务管理中的作用

1. 资金时间价值是进行筹资决策的重要依据

资金时间价值在短期筹资决策和长期筹资决策中都起到了重要的作用。

在短期筹资决策中，筹资方式的选择、应付账款筹资方式及票据贴现筹资方式等，都涉及资金时间价值的计量。

在长期筹资决策中要计算资金成本。资金成本与资金时间价值之间有着密切的联系。首先，资金成本从筹资一方来看是筹资所付出的代价，但从投资一方来看是投资应得的报酬。筹资一方应付多少代价，投资一方应得多少报酬，主要决定于资金时间价值。当然，实际的资金成本还取决于风险价值、还本方式、付息方式等其他因素。

2. 资金时间价值是进行投资决策的重要依据

在短期投资决策中，资金时间价值的计算通常用机会成本来反映。例如，现金的持有量决策、应收账款的投资决策等，都存在着机会成本的计算问题。只有考虑资金时间价值，正确地计算机会成本，才能正确地进行短期投资决策。

在长期投资决策中，考虑资金时间价值的动态分析方法已占据主要地位。不论是分析投资项目经济上是否可行，还是分析比较投资项目经济上的优劣，都需要将投资项目的现金流出量和现金流入量按时间价值率（及附加的风险率）换算成现值，才能做出进一步的经济评价。

综上所述，资金时间价值的作用贯穿于施工企业财务管理的全部过程，是施工企业进行投资决策和筹资决策的重要依据。

2.1.3 现金流量图

施工企业在进行财务管理的过程中，经常需要借助于现金流量图来分析各种现金流量的流向（支出或收入）、数额和发生事件。所谓现金流量图，就是一种反映经济系统资金运动状态的图式，如图 2-1 所示。

图 2-1 现金流量图

现金流量图有三个要素：现金流量的大小（资金数额）、方向（资金流入或流出）和作用点（资金发生的时间点）。

绘制现金流量图应注意以下几点：

1）以横轴为时间坐标轴，向右延伸表示时间的延续，轴上每一个刻度表示一个时间单位，可取年、半年、季或月等，零表示时间序列的起点。整个横轴可以看作一个考查的"系统"。

2）垂直于时间坐标轴的箭线代表不同时点的现金流量，在坐标轴上方的箭线表示现金流入，即收益；在坐标轴下方的箭线表示现金流出，即费用。

3）现金流量图中箭线的长短要能适当体现各时点现金流量数值的大小，并在各箭线上方（或下方）注明其现金流量的具体数值。

4）箭线与时间坐标轴的交点即现金流量发生的时点。

2.1.4 资金时间价值的计算

1. 利息与利率

利息是占用资金所付出的代价或借出资金所取得的报酬，它是资金时间价值的表现形式之一。通常用利息额作为衡量资金时间价值的绝对尺度。利息的计算公式如下：

$$利息 = 目前应收（应付）总金额 - 原来贷（借）款总金额 \tag{2-1}$$

利率是在一定时期内所付利息额与所借资金额之比，即利息与本金之比。用于表示计算利息的时间单位称为计息周期。以年为计息周期的利率称为年利率，以月为计息周期的利率称为月利率等，通常用百分比（%）表示。

$$利率 = \frac{所付利息额}{所借资金额} \tag{2-2}$$

2. 单利与复利

（1）单利

单利是指利息不产生利息，每期均按原始本金计息。在单利计息的情况下，利息与时间是线性关系，不论计息周期数为多少，只有本金计息，而利息不再计息。单利的计算公式如下：

$$本利和 = 本金 + 本金 \times 利率 \times 年数 \tag{2-3}$$

（2）复利

单利虽然考虑了资金的时间价值，但对以前已经产生的利息并没有转入计息基数而累计计息。因此，单利计算资金的时间价值是不完善的。通常施工企业在财务管理过程中会采用复利计息方式。所谓复利计息，就是将本期利息转为下期的本金，下期按本期期末的本利和计息。在复利计息的情况下，除本金计息外，利息再计利息，即"利滚利"。复利的计算公式如下：

$$本利和 = 本金 \times (1 + 利率)^{年数} \tag{2-4}$$

复利计息对资金占用数量、占用时间更加敏感，具有更大的约束力，能够更充分地反映资金的时间价值。在本金和利率相同的条件下，由于计息方法不同，单利和复利计算的本利和会随着计息周期的增加而产生巨大差距。假设企业贷款100万元，分别用单利和复利两种方式来计息（年利率为5%），4年后，两者的差异是多少呢？结果见表2-1。

表 2-1　单利与复利的比较　　　　　　　　　　（单位：万元）

计息期（年）	单利			复利		
	年初本金	计算过程	本利和	年初本金	计算过程	本利和
1	100	100×(1+5%)	105	100	100×(1+5%)	105
2	100	100×(1+5%×2)	110	105	100×(1+5%)^2	110.25
3	100	100×(1+5%×3)	115	110.25	100×(1+5%)^3	115.76
4	100	100×(1+5%×4)	120	115.76	100×(1+5%)^4	121.55

3. 终值与现值

在企业的财务管理中，要正确进行长期投资决策和短期经营决策，就必须弄清楚在不同时点上收到或付出的资金价值之间的数量关系，掌握各种终值和现值的换算方法。

终值（Future Value）又称将来值或者本利和，是现在一定量的资金折算到未来某一时点所对应的金额，通常记作 F。

现值（Present Value）是指未来某一时点上的一定量资金折算到现在所对应的金额，俗称"本金"，通常记作 P。

现值与终值是一定量资金在前后两个不同时点上对应的价值，其差额即资金的时间价值。现实生活中计算利息时所称本金、本利和的概念相当于资金时间价值理论中的现值与终值，利率（i）可视为资金时间价值的一种具体表现，现值与终值对应的时点之间可以划分为 n 期，相当于计息周期。

有关资金时间价值的指标有许多种，这里着重说明单利终值与现值、复利终值与现值、年金终值与现值的计算。

（1）单利终值与现值的计算

单利的终值就是本利和，在单利方式下，只有本金能够带来利息，即通常所说的"利不生利"的计息方式。

[例 2-1]　现在的1元钱，年利率为10%单利计息，从第1年到第5年，各年年末的终值为多少？

1元钱1年后的终值=1元×(1+10%×1)=1.1元

1元钱2年后的终值=1元×(1+10%×2)=1.2元

1元钱3年后的终值=1元×(1+10%×3)=1.3元

1元钱4年后的终值=1元×(1+10%×4)=1.4元

1元钱5年后的终值=1元×(1+10%×5)=1.5元

因此，单利终值的一般计算公式为

$$F = P + Pin = P(1+in) \tag{2-5}$$

式中　P——现值；

F——终值；

i——每一计息期的利率（折现率）；

n——计息期数。

[例2-2] 若年利率为10%单利计息，从第1年到第5年，各年年末1元钱的现值为多少？

$$1 \text{年后的1元钱的现值} = \frac{1\text{元}}{1+10\%\times1} = \frac{1\text{元}}{1.1} = 0.909\text{元}$$

$$2 \text{年后的1元钱的现值} = \frac{1\text{元}}{1+10\%\times2} = \frac{1\text{元}}{1.2} = 0.833\text{元}$$

$$3 \text{年后的1元钱的现值} = \frac{1\text{元}}{1+10\%\times3} = \frac{1\text{元}}{1.3} = 0.769\text{元}$$

$$4 \text{年后的1元钱的现值} = \frac{1\text{元}}{1+10\%\times4} = \frac{1\text{元}}{1.4} = 0.714\text{元}$$

$$5 \text{年后的1元钱的现值} = \frac{1\text{元}}{1+10\%\times5} = \frac{1\text{元}}{1.5} = 0.667\text{元}$$

因此，单利现值的一般计算公式为

$$P = \frac{F}{1+in} \tag{2-6}$$

（2）复利终值和现值的计算

1) 复利的终值是指若干期后包括本金和利息在内的未来价值，又称本利和。在复利方式下，利息在下期转列为本金与原来的本金一起计息，即通常所说的"利滚利"。

[例2-3] 现在的1元钱，按年利率10%复利计息，从第1年到第5年，各年年末的终值为多少？

1元钱1年后的终值 = 1元×(1+10%) = 1.1元

1元钱2年后的终值 = 1.1元×(1+10%) = 1元×(1+10%)² = 1.21元

1元钱3年后的终值 = 1.21元×(1+10%) = 1元×(1+10%)³ = 1.331元

1元钱4年后的终值 = 1.331元×(1+10%) = 1元×(1+10%)⁴ = 1.4641元

1元钱5年后的终值 = 1.4641元×(1+10%) = 1元×(1+10%)⁵ = 1.6105元

因此复利终值的一般公式为

$$F = P(1+i)^n \tag{2-7}$$

式（2-7）中的 $(1+i)^n$ 通常称为复利终值系数，用符号 $(F/P,i,n)$ 表示。复利终值系数可以通过查阅"复利终值系数表"直接获得。复利终值系数表中的系数是四舍五入后的大约值，因此与实际算出来的数值有一定差异，这是数学约值的差异，不对结果产生实质性影响。

[例2-4] 某施工企业进行技术改造，2023年年初从银行贷款100万元，年利率为6%，复利计息，2027年年末一次性偿还本息，共计还款多少元？

$$F = P(1+i)^n = 100 \text{万元} \times (1+6\%)^5$$
$$= 100 \text{万元} \times (F/P, 6\%, 5)$$
$$= 100 \text{万元} \times 1.3382 = 133.82 \text{万元}$$

2) 复利现值是指以后年份收到或支出资金的现在价值。

[例2-5] 若按年利率10%复利计息，从第1年到第5年，各年年末1元钱的现值为多少？

$$1 \text{年后的} 1 \text{元钱的现值} = \frac{1\text{元}}{(1+10\%)^1} = \frac{1\text{元}}{1.1} = 0.909 \text{元}$$

$$2 \text{年后的} 1 \text{元钱的现值} = \frac{1\text{元}}{(1+10\%)^2} = \frac{1\text{元}}{1.21} = 0.8264 \text{元}$$

$$3 \text{年后的} 1 \text{元钱的现值} = \frac{1\text{元}}{(1+10\%)^3} = \frac{1\text{元}}{1.331} = 0.7513 \text{元}$$

$$4 \text{年后的} 1 \text{元钱的现值} = \frac{1\text{元}}{(1+10\%)^4} = \frac{1\text{元}}{1.4641} = 0.683 \text{元}$$

$$5 \text{年后的} 1 \text{元钱的现值} = \frac{1\text{元}}{(1+10\%)^5} = \frac{1\text{元}}{1.6105} = 0.6209 \text{元}$$

因此，复利现值的一般计算公式为

$$P = F(1+i)^{-n} \tag{2-8}$$

式（2-8）中的 $(1+i)^{-n}$ 通常称为复利现值系数，用符号 $(P/F, i, n)$ 表示。复利现值系数可以通过查阅"复利现值系数表"直接获得。复利现值系数表中的系数是四舍五入后的大约值，因此与实际算出来的数值有一定差异，这是数学约值的差异，不对结果产生实质性影响。

[例2-6] 某企业进行项目投资，4年后可获得收益100万元，按年利率5%复利计算，其现值为多少？

$$P = F(1+i)^{-n} = 100 \text{万元} \times (1+5\%)^{-4}$$
$$= 100 \text{万元} \times (P/F, 5\%, 4)$$
$$= 100 \text{万元} \times 0.8227 = 82.27 \text{元}$$

上述资金时间价值的计算只局限于单一现金流的终值和现值，但在现实世界中，大部分投资都会产生不同时点上的系列现金流量。

4. 年金的计算

年金（Annuity）是指一定时期内每次等额收付的系列款项，通常记作 A。年金具有两个特点：一是金额相等；二是时间间隔相等。也可以理解为年金是指等额、定期的系列收支。年金在经济生活中非常普遍，如房屋的租金、抵押支付、商品的分期付款、分期偿还贷款、养老金、提取折旧及

年金的分类

投资款项的利息支付等，都属于年金收付形式。年金一词最初的含义是仅限于每年一次的付款，但在现实中，很多付款与年金具有相同的性质，只是时间单位不仅局限于一年，所以现在已将年金一词的含义扩展到每一固定时间间隔支付的系列款项。

年金按其每次收付款项发生的时点不同，可以分为普通年金（后付年金）、即付年金（先付年金，预付年金）、递延年金（延期年金）、永续年金等类型。

(1) 普通年金

普通年金是指从第一期起，在一定时期内每期期末等额收付的系列款项，又称后付年金。后付年金终值犹如零存整取的本利和，它是一定时期内每期期末等额收付款项的复利终值之和。普通年金现金流量图如图 2-2 所示。

图 2-2　普通年金现金流量图

1）普通年金变换为终值（已知 A 求 F）。普通年金终值计算图如图 2-3 所示。若已知等额支付值 A，求终值 F，可以利用一次支付终值的计算公式。图 2-2 中的每个 A 都相当于一次支付终值中的一个 P，就是把每个 A 折算成第 n 年年末的终值，然后再把所有的终值相加，即可得普通年金的终值：

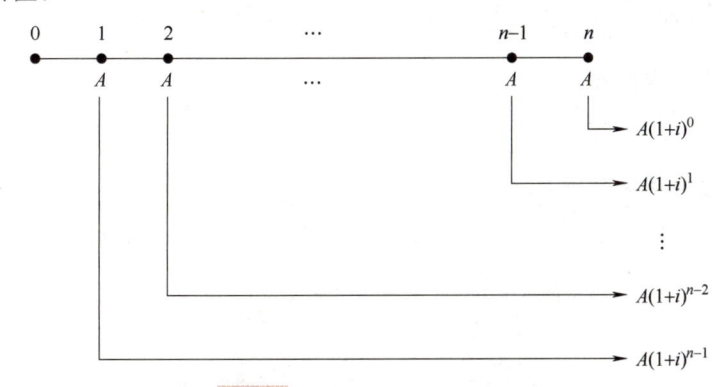

图 2-3　普通年金终值计算图

$$F = A + A(1+i) + A(1+i)^2 + \cdots + A(1+i)^{n-1} \tag{2-9}$$

可以利用等比数列求和的方法对上式求和，也可以利用代数方法求和。如利用代数方法求和，用 $(1+i)$ 同时乘以上式的两端，可得到：

$$F(1+i) = A(1+i) + A(1+i)^2 + \cdots + A(1+i)^n \tag{2-10}$$

将式 (2-10) 减去式 (2-9) 可得

$$F(1+i) - F = A(1+i)^n - A$$

$$F = A \frac{(1+i)^n - 1}{i} \tag{2-11}$$

式 (2-11) 中的系数 $\frac{(1+i)^n - 1}{i}$ 称为年金终值系数，用符号 $(F/A, i, n)$ 表示，可以通过查阅"年金终值系数表"求得有关数值。式 (2-11) 也可以表示为

$$F = A(F/A, i, n)$$

需要注意的是该公式中的 A 是在第 1 个计息周期期末开始发生。

[例 2-7] 某项目在 5 年建设期内每年年末从银行借款 100 万元，借款年利率为 8%，则该项目竣工时应付本息的总额为多少？

$$F = A\frac{(1+i)^n - 1}{i} = 100 \text{ 万元} \times \frac{(1+8\%)^5 - 1}{8\%}$$
$$= 100 \text{ 万元} \times (F/A, 8\%, 5)$$
$$= 100 \text{ 万元} \times 5.8666$$
$$= 586.66 \text{ 万元}$$

2) 终值变换为普通年金（已知 F 求 A）。终值变换为普通年金即等额支付偿债基金，是指期末一次性支付一笔终值，用每个时点上等额、连续发生的现金流量来偿还，需要多少资金才能偿还 F。或者说已知终值 F，求与之等值的年金 A，这也就是等额支付终值公式的逆运算。由式（2-11）可以直接导出

$$A = F\frac{i}{(1+i)^n - 1} \tag{2-12}$$

式（2-12）中的系数 $\frac{i}{(1+i)^n - 1}$ 称为等额支付偿债系数，可用符号 $(A/F, i, n)$ 表示，所以式（2-12）也可以表示为

$$A = F(A/F, i, n)$$

[例 2-8] 某企业计划自筹资金进行一项技术改造，预计 5 年后进行。这项改造需要资金 300 万元，银行利率为 10%，则从现在开始每年应等额筹款的金额为多少？

$$A = F\frac{i}{(1+i)^n - 1} = 300 \text{ 万元} \times \frac{10\%}{(1+10\%)^5 - 1}$$
$$= \frac{300 \text{ 万元}}{(F/A, 10\%, 5)} = \frac{300 \text{ 万元}}{6.1051} = 49.14 \text{ 万元}$$

3) 普通年金变换为现值（已知 A 求 P）。普通年金变换为现值即等额支付现值，是指现金流量等额、连续发生在每个时点上，相当于期初一次性发生的现金流量是多少。等额支付现值的现金流量图如图 2-4 所示。

在图 2-4 中，若已知等额年金 A，求现值 P。图中的每个 A 相对于 P 来说都是一个未来值。计算时可以把每个 A 先折算成期初的现值，然后再求和。

由此可以推出普通年金现值的一般公式为

$$P = A(1+i)^{-1} + A(1+i)^{-2} + \cdots + A(1+i)^{-n} \tag{2-13}$$

等式两边同乘 $(1+i)$ 得到：

$$P(1+i) = A + A(1+i)^{-1} + \cdots + A(1+i)^{-(n-1)} \tag{2-14}$$

将式（2-14）减去式（2-13）可得

```
0    1    2    …    n–1   n
●————●————●————…————●————●
          A    A           A    A
```

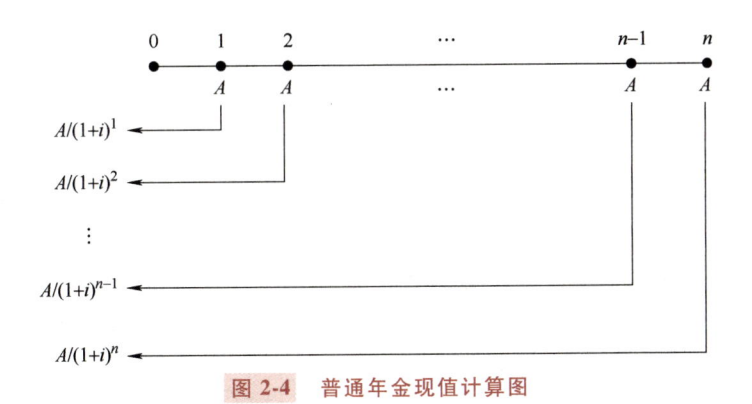

$A/(1+i)^1$ ←
$A/(1+i)^2$ ←
⋮
$A/(1+i)^{n-1}$ ←
$A/(1+i)^n$ ←

图 2-4 普通年金现值计算图

$$P(1+i)-P=A-A(1+i)^{-n}$$

$$P=A\frac{1-(1+i)^{-n}}{i} \tag{2-15}$$

式（2-15）中的 $\frac{1-(1+i)^{-n}}{i}$ 称为年金现值系数，记作 $(P/A,i,n)$，可以通过查阅"年金现值系数表"求得有关数值，所以式（2-15）也可以表示为

$$P=A(P/A,i,n)$$

[例 2-9] 某投资项目，计算期为 5 年，每年年末等额收回 100 万元，在利率为 10% 的情况下，项目开始时需要一次性投入多少金额？

$$P=A\frac{1-(1+i)^{-n}}{i}=100\text{ 万元}\times\frac{1-(1+10\%)^{-5}}{10\%}$$
$$=100\text{ 万元}\times(P/A,10\%,5)$$
$$=100\text{ 万元}\times3.7908=379.08\text{ 万元}$$

4）现值变换为普通年金（已知 P 求 A）。现值变换为普通年金即等额支付的资本回收，是指期初一次性发生一笔资金，用每个计息期等额、连续发生的年金来回收，所需要的等额年金是多少，这相当于在等额支付现值公式中，已知现值 P 求等额年金 A：

$$A=P\frac{i}{1-(1+i)^{-n}} \tag{2-16}$$

式（2-16）中的 $\frac{i}{1-(1+i)^{-n}}$ 是普通年金现值系数的倒数，称为资本回收系数，用符号 $(A/P,i,n)$ 表示，所以式（2-16）也可以表示为

$$A=P(A/P,i,n)$$

[例 2-10] 某企业从银行贷款 100 万元投资于某项目，若偿还期为 8 年，每年年末偿还相等的金额，贷款年利率为 10%。试求每年末应偿还（包括本和息）多少？

$$A=P\frac{i}{1-(1+i)^{-n}}=P(A/P,i,n)=100\text{ 万元}\times\frac{1}{1-(1+10\%)^{-8}}$$

$$= 100 \text{万元} \times \frac{1}{5.3349}$$
$$= 18.74 \text{万元}$$

（2）即付年金

即付年金是指从第一期起，在一定时期内每期期初等额收付的系列款项，又称先付年金。如图2-5所示，即付年金与普通年金的区别仅在于付款时间的不同。

图 2-5　即付年金现金流量图

1）即付年金终值的计算。即付年金终值是其最后一期期末时的本利和，是各期收付款项的复利终值之和。

从图2-5中可以看出，n 期即付年金与 n 期普通年金的付款次数相同，但由于其付款时间不同，n 期即付年金终值比 n 期普通年金的终值多计算一期利息。因此，在 n 期普通年金终值的基础上乘上（$1+i$）就是 n 期即付年金的终值，其计算公式为

$$F = A\frac{(1+i)^n - 1}{i}(1+i)$$

$$= A\left[\frac{(1+i)^{n+1} - 1}{i} - 1\right] \tag{2-17}$$

式（2-17）中的 $\left[\frac{(1+i)^{n+1}-1}{i}-1\right]$ 是即付年金终值系数，它是在普通年金终值系数的基础上，期数加1，系数值减1所得的结果。通常记作 $[(F/A, i, n+1) - 1]$。通过查阅"年金终值系数表"可得（$n+1$）期的值，然后减去1，便可得到对应的即付年金终值系数的值。式（2-17）也可以表示为

$$F = A[(F/A, i, n+1) - 1]$$

[例2-11] 某人每年年初存入银行1000元，银行存款利率为8%。第10年年末的本利和为多少？

$$F = A\frac{(1+i)^n - 1}{i}(1+i)$$
$$= A[(F/A, i, n+1) - 1]$$
$$= 1000 \text{元} \times [(F/A, 8\%, 11) - 1]$$
$$= 1000 \text{元} \times (16.6455 - 1)$$
$$= 15645.5 \text{元}$$

2）即付年金现值的计算。即付年金现值是各期期初收付款项的复利现值之和。如前所述，n 期即付年金现值与 n 期普通年金现值的期限相同，但由于其付款时间不同，n 期即付年金现值比 n 期普通年金现值少折现一期。因此，在 n 期普通年金现值的基础上乘以（$1+i$），便可求出 n 期即付年金的现值。其计算公式为

$$P = A\left[\frac{1-(1+i)^{-n}}{i}\right](1+i)$$

$$= A\left[\frac{1-(1+i)^{-(n-1)}}{i}+1\right] \tag{2-18}$$

式中的 $\left[\dfrac{1-(1+i)^{-(n-1)}}{i}+1\right]$ 是即付年金现值系数，它是在普通年金系数的基础上，期数减 1，系数加 1 所得的结果。通常记作 $[(P/A,i,n-1)+1]$。通过查阅"年金现值系数表"可得 $(n-1)$ 期的值，然后加 1，便可得到对应的即付年金现值系数的值。式（2-18）也可以表示为

$$P = A[(P/A,i,n-1)+1]$$

[例 2-12] 某公司欲购入一辆办公用车，汽车经销商为客户提供了 5 年分期的付款方式，每年年初付 4 万元，贷款利率为 6%，则到期后需要付给经销商多少款项？
$$P = A[(P/A,i,n-1)+1] = A[(P/A,6\%,5-1)+1]$$
$$= 4 \text{ 万元} \times (3.4651+1)$$
$$= 17.8604 \text{ 万元}$$

（3）递延年金

递延年金是指第一次收付款发生时间与第一期无关，而是隔若干期（m）后才开始发生的系列等额收付款项；或指最初的年金现金流不是发生在当前，而是发生在若干期后。递延年金是普通年金的特殊形式。当 $m=2$ 时，递延年金现金流量图如图 2-6 所示。

图 2-6 递延年金现金流量图

一般情况下，最初的 m 期是没有现金流的，而后面 n 期是一个普通年金，递延年金的期限表示为 $m+n$ 期，其中，m 称为递延期。递延年金的终值与递延期无关，计算方法与普通年金相同。

递延年金现值的计算方法有两种。

1）第一种方法：把递延年金视为 n 期普通年金，先求出 m 期期末的 n 期普通年金的现值，再将求出的现值贴现到期初，其计算公式为

$$P = A(P/A,i,n)(P/F,i,m) \tag{2-19}$$

2）第二种方法：假设递延期中也进行支付，先求出（$m+n$）期的年金现值，然后，扣除实际并未支付的递延期（m）的年金现值，即可得出最终结果，计算公式为

$$P = A(P/A, i, m+n) - A(P/A, i, m) \tag{2-20}$$

[例2-13] 某企业向银行借入一笔款项,银行贷款的年利息率为8%,银行规定前10年不用还本付息,但从第11年至第20年每年年末偿还本息1000元,问这笔存款的现值应为多少?

(1) 第一种方法

$$P = A(P/A, i, n)(P/F, i, m)$$
$$= 1000 \text{元} \times (P/A, 8\%, 10)(P/F, 8\%, 10)$$
$$= 1000 \text{元} \times 6.7101 \times 0.4632$$
$$= 3108 \text{元}$$

(2) 第二种方法

$$P = A(P/A, i, m+n) - A(P/A, i, m)$$
$$= 1000 \text{元} \times (P/A, 8\%, 20) - 1000 \text{元} \times (P/A, 8\%, 10)$$
$$= 1000 \text{元} \times 9.8181 - 1000 \text{元} \times 6.7101$$
$$= 3108 \text{元}$$

(4) 永续年金

永续年金是指无限期等额收付的特殊年金。它是普通年金的特殊形式,即期限趋于无穷的普通年金。永续年金没有终止的时间,也就没有终值。永续年金现金流量图如图2-7所示。

图 2-7 永续年金现金流量图

永续年金的现值计算公式为

$$P = A \frac{1-(1+i)^{-n}}{i} \tag{2-21}$$

当 $n \to \infty$ 时,$(1+i)^{-n}$ 的极限为零,故上式可写为

$$P = \frac{A}{i} \tag{2-22}$$

[例2-14] 某企业持有A公司的优先股10000股,每年可获得优先股股利2000元,若利息率为5%,则该优先股历年股利现值为多少?

$$P = \frac{2000 \text{元}}{5\%} = 40000 \text{元}$$

5. 名义利率与实际利率

（1）名义利率与实际利率的概念

上述讨论的都是以年为计息周期。但在实际工作中，并不一定都以一年为一个计息周期，可能规定为半年、每季、每月、每周为一个计息周期。由于计息周期长度不同，同一笔资金在占用的总时间相等的情况下，所付利息有较大的差别。当计息周期与利率的时间单位不一致时，就出现了名义利率与实际利率的概念区别。

所谓名义利率，一般是指按每一计息周期利率乘以一年中计息期数所得到的年利率。例如月利率为1%，则名义利率等于 $1\% \times 12 = 12\%$。

所谓实际利率，一般是指通过等值换算，使计息周期与利率的时间单位一致的利率。显然，1年计息1次的利率，其名义利率就是实际利率。对于计息周期短于1年的利率，两者就有差别。

（2）名义利率与实际利率的关系

设 P 为本金，F 为本利和，n 为一年中计息期数，i 为实际利率，r 为名义利率，r/n 为计息周期的实际利率，根据一次性支付终值公式，年末本利和为

$$F = P\left(1 + \frac{r}{n}\right)^n \tag{2-23}$$

根据定义，利息与本金之比为利率，则实际利率为

$$i = \left(1 + \frac{r}{n}\right)^n - 1 \tag{2-24}$$

从公式可以看出，实际利率 i 要高于名义利率 r，而且，每年计息周期 n 越大，也就是复利次数越多，实际利率 i 就越高于名义利率 r。只有当 $n=1$（即一年计息一次）时，名义利率才等于实际利率。

[例2-15] 设本金 $P=100$ 元，年利率为10%，每季度计息一次，求年实际利率 i。

$$i = \left(1 + \frac{r}{n}\right)^n - 1 = \left(1 + \frac{10\%}{4}\right)^4 - 1 = 10.38\%$$

6. 公式总结

资金等值计算基本公式相互关系见表2-2。

表2-2 资金等值计算基本公式相互关系

	公式名称	已知	求解	系数符号	公式
整付	一次支付终值	P	F	$(F/P, i, n)$	$F = P(1+i)^n$
	一次支付现值	F	P	$(P/F, i, n)$	$P = F(1+i)^{-n}$
等额支付	等额支付终值	A	F	$(F/A, i, n)$	$F = A \dfrac{(1+i)^n - 1}{i}$
	等额支付偿债基金	F	A	$(A/F, i, n)$	$A = F \dfrac{i}{(1+i)^n - 1}$
	等额支付资本回收	P	A	$(A/P, i, n)$	$A = P \dfrac{i}{1 - (1+i)^{-n}}$
	等额支付现值	A	P	$(P/A, i, n)$	$P = A \dfrac{1 - (1+i)^{-n}}{i}$

(续)

公式名称		已知	求解	系数符号	公式
即付年金	终值公式	A	F	$(F/A,i,n+1)$	$F=A\left[\dfrac{(1+i)^{n+1}-1}{i}-1\right]$
	现值公式	A	P	$(P/A,i,n-1)$	$P=A\left[\dfrac{1-(1+i)^{-(n-1)}}{i}+1\right]$
递延年金	现值公式	A	P	$(P/A,i,n)$ $(P/F,i,m)$	$P=A(P/A,i,n)(P/F,i,m)$
永续年金	现值公式	A	P	$n\to\infty$	$P=\dfrac{A}{i}$

2.2 风险价值观念

施工企业的财务管理工作，几乎都是在存在风险和不确定性的情况下进行的，离开了风险因素，就无法正确评价企业报酬的高低。风险的实质是与投资者预期收益的背离，或者说是收益的不确定性。因此，当施工企业进行投资时，必须尽可能地减少风险或回避风险，最大限度地增加企业财富或提升企业价值。

2.2.1 风险的概念、特征及其分类

1. 风险的概念

如果企业的一项行动有多种可能的结果，其未来的财务后果是不确定的，那就存在风险。如果这项行动只有一种后果，就是无风险。例如，将一笔款项存入银行，一年后得到的本利和是确定的，几乎没有风险；而将一笔款项用于一个投资项目，企业将来的财务成果是不确定的，这就是存在风险。

一般意义上的风险是指某一事件发生的概率和其后果的组合。这种事件可能是有害的和不利的，将给企业带来威胁；也可能是有利的和可以利用的，将给企业带来机会。在现实中，企业更关注意外事件带来的与目标相悖的潜在损失，这种潜在损失可能是有形的，也可能是无形的。

与风险相联系的另一个概念是不确定性，即人们事先只知道采取某种行动可能形成的各种结果，但不知道它们出现的概率或者两者都不知道，而只能做粗略的估计。风险和不确定性密切相关，但是两者也存在区别：

1）不确定性可能导致风险的发生。原始信息的局限、主观认识的偏差、外部因素的影响、未来事件本身的不同可能性，构成了不确定性，而这些不确定性则导致了风险。

2）不确定性涵盖了风险，但不全属于风险。事物发展本身具有不确定性，无论是时间、过程、状态还是结果都有诸多可能性，但这些不确定并不一定会引发风险，甚至可能与风险毫无关联。

3）可否量化。不确定性具有时空的普适性和存在的客观性，一般描述的是不可能给出发生概率的事件，大多难以用定量的方法来衡量。而风险较为特殊，其符合客观事物的内在

运动规律，风险在一定程度上是可量化、可预知和可控的，其发生概率是已知的、通过努力可以知道的，或是可以测定的，一般可以用概率分布来度量。

一般在财务管理中通常对风险和不确定性这两个概念不做严格的区分，把不确定性视同风险而加以计量。

2. 风险的特征

风险的特征分为以下几个方面：

（1）客观性

风险是客观存在的，不以人的意志为转移。

（2）不确定性

不确定性是风险最本质的特征。由于人们对客观事物发展规律认识不充分，使事物发展具有不确定性。风险的不确定性表现为空间、时间和损失程度的不确定性。

（3）两面性

风险既可能是损失的不确定性，也可能是收益的不确定性。既有风险损失，又有风险机会。

（4）动态性

随着事物外部环境的发展变化，风险的不确定因素也会发生变化。虽然人们采用各种方法和手段预测、评估、管理风险，但由于事物的动态发展，仍然会不断地产生新的风险。

3. 风险的分类

（1）系统性风险

系统性风险是指由于某种全局性的共同因素引起的投资收益的可能变动。在现实生活中，所有企业都受全局性因素的影响，包括社会、政治、经济等各个方面。由于这些因素来自于企业外部，因此又叫不可回避风险。这些共同风险因素会对所有企业产生不同程度的影响。系统性风险包括政策风险、利率风险、通货膨胀风险等。

1）政策风险。政府的经济政策管理措施、产业政策、税率等的改变，都可能影响到企业的利润。每一项经济政策、法规的出台或调整，对企业都会有一定影响，从而引起市场整体的波动。

2）利率风险。一方面，企业经营运作的资金有利率成本，利率变化意味着成本的变化，加息则代表着企业利润的削减。另一方面，流入企业的资金，在收益率方面往往有一定的标准和预期，以同期利率为参照标的，当利率提升时，寻求回报的资金要求获得高于利率的收益率水平，如果难以达到，资金将会流出行业转向收益率更高的领域。

3）通货膨胀风险。在现实生活中，由于物价的上涨，同样金额的资金未必能买到过去同样的商品。这种物价的变化导致了资金实际购买力的不确定性，称为通货膨胀风险。

（2）非系统性风险

非系统性风险是指只对某个行业或个别企业产生影响的风险，它通常由某一特殊原因引起，与整个市场不存在系统、全面的联系，只对个别或少数企业产生影响。

1）信用风险。施工企业的信用风险除了具有一般商业信用风险的共性特征外，因其自身所处行业的特殊性，还有着区别于其他行业的个性特征。施工企业的信用风险不仅存在于企业与企业之间，也存在于企业与政府之间，它包括合同风险、保证金风险、应收（付）账款的信用风险等范畴。这些信用关系环环相扣，所涉及的经济利益额巨大，关系复杂，容易激化社会矛盾，引起法律纠纷，进而引发法律风险、道德风险和安全质量风险。

2）经营风险。经营风险是指由生产经营方面的原因给企业盈利带来的不确定性，它是任何商业活动都有的风险。施工企业生产经营的许多方面都会受到来自于企业外部和内部的诸多因素的影响，具有较大的不确定性。例如，由于市场需求变动导致企业供产销的不稳定，原料价格变动导致的生产成本波动，新技术出现导致的生产技术风险等。所有这些生产经营方面的不确定性，都会引发企业的利润或利润率的高低变化。

3）财务风险。财务风险是指公司财务结构不合理、融资不当而导致投资者预期收益下降的风险。施工企业可以通过举债经营弥补自有资金不足，也可以用借贷资金来实现盈利。企业在运营中所需要的资金一般都来自发行证券和债务两个方面，其中债务的利息负担是一定的。如果企业资金总量中债务的比重过大，或是企业的资金利润率低于利息率，就会使可分配利润减少。实际上，企业融资产生的财务杠杆作用犹如一把双刃剑，当融资产生的利润率大于利息率，会给企业带来收益增长的效应；反之，就有收益减少的财务风险，甚至面临着诉讼、破产等威胁，造成企业的严重损失。

2.2.2 风险的衡量

在财务管理中，任何决策都是根据对未来事件的预测做出的，而未来的情况往往是不确定的，由于不确定性的存在，将来出现的实际情况可能与期望的结果不一致，这种实际结果与期望结果的偏离程度往往被用来衡量风险。正视风险并将风险程度予以量化，进行较为准确的衡量，便成为施工企业财务管理中的一项重要工作。风险与概率直接相关，并由此而与期望值、离散程度等相联系。对风险进行衡量通常采取以下测算步骤。

1. 确定概率分布

为了更好地管理风险，需要对可能的结果及每种结果有多大可能性发生有所了解。概率就是用百分数或小数值表示的随机事件发生可能性大小的数值。

设 P_i 为第 i 个事件的概率，n 为所有可能出现的事件的个数，概率分布必须符合以下两条原则：

1）所有的概率都要在 0 和 1 之间，即 $0 \leq P_i \leq 1$。

2）所有结果的概率之和应等于 1，即 $\sum_{i=1}^{n} P_i = 1$。

将随机事件各种可能的结果按一定的规则进行排列，同时列出各结果出现的相应概率，这一完整的描述称为概率分布。

概率分析的步骤如下：

1）要确定影响投资方案的变量，列出各种拟考虑的相互独立的不确定性因素，如原材料价格、产品销售量、经营成本和初始投资等。

2）设想各不确定性因素可能发生的情况。

3）确定各不确定性因素出现各种情况的可能性，即主观概率，每种不确定性因素可能发生情况的概率之和必须等于 1。

[例 2-16] 某项目的投资决策有 A 和 B 两个备选方案("扩建"和"翻修")。选择每种方案又面临着"无竞争""少量竞争""竞争激烈"三种情形。有关概率分布和投资报酬率见表 2-3。

表 2-3 A 方案和 B 方案的投资报酬率和概率分布

面临情形	概率 P_i	投资报酬率 K_i	
		A 方案（扩建）	B 方案（翻修）
无竞争	0.4	80%	30%
少量竞争	0.2	20%	20%
竞争激烈	0.4	-40%	10%
合计	1		

2. 计算期望收益率

期望收益率（即期望报酬率）是指各种可能的收益率的加权平均值，相应的权重即各种可能出现的收益率的概率。如果用 $E(R)$ 表示期望收益率，其计算公式为

$$E(R) = \sum_{i=1}^{n} P_i K_i \qquad (2-25)$$

式中 $E(R)$——期望报酬率；
　　K_i——第 i 种可能结果的投资报酬率；
　　P_i——第 i 种可能结果的概率；
　　n——可能结果的个数。

根据上述期望报酬率的计算公式，分别计算 [例 2-15] 中 A 方案和 B 方案的期望报酬率。

A 方案期望报酬率 = $P_1K_1+P_2K_2+P_3K_3$
　　　　　　　　= 80%×0.4+20%×0.2-40%×0.4 = 20%
B 方案期望报酬率 = $P_1K_1+P_2K_2+P_3K_3$
　　　　　　　　= 30%×0.4+20%×0.2+10%×0.4 = 20%

A、B 两个方案的期望报酬率都是 20%，在预期报酬率相同的情况下，需要进一步判断项目的风险大小。从表 2-3 可以看出，A 方案各种状况下的投资报酬率比较分散，而 B 方案的投资报酬率却比较集中，显而易见 B 方案的风险相对较小。

3. 计算标准离差

标准离差简称标准差，是衡量随机变量脱离其期望值离散程度的指标，一般用希腊字母 δ 表示，有时带一个起识别作用的下标。如果收益是无风险的，那么就意味着其从不偏离均值，即标准差为零。否则，标准差会随着收益率偏离均值的幅度增加而增加。标准差的计算

公式如下：

$$\delta = \sqrt{\sum_{i=1}^{n} P_i (E(R)_i - E(R))^2} \tag{2-26}$$

式中　δ——标准差；

　　$E(R)$——期望报酬率；

　　$E(R)_i$——第 i 种可能结果的期望报酬率；

　　P_i——第 i 种可能结果的概率；

　　n——可能结果的个数。

根据标准差的计算公式，分别计算［例 2-15］中 A 方案和 B 方案的标准差：

$$\delta_A = \sqrt{(80\%-20\%)^2 \times 0.4 + (20\%-20\%)^2 \times 0.2 + (-40\%-20\%)^2 \times 0.4} = 53.7\%$$

$$\delta_B = \sqrt{(30\%-20\%)^2 \times 0.4 + (20\%-20\%)^2 \times 0.2 + (10\%-20\%)^2 \times 0.4} = 8.9\%$$

标准差只能用于比较期望收益相同的多项投资的风险程度的大小。标准差越大，离散程度越大，风险也就越大；反之，离散程度越小，风险也就越小。从上面计算可以得出，A 方案（标准差 53.7%）的风险是远远大于 B 方案的（标准差 8.9%）。

4. 计算标准离差率

标准差是反应随机变量离散程度的一个指标，但它是绝对值，不是相对值，因而只能用来比较期望报酬率相同的各项投资的风险程度，而不能用来比较期望报酬率不同的各项投资的风险程度。因此，需要引入标准离差率这个相对指标，表示某资产每单位预期收益中所包含的风险大小。标准离差率通常用符号 q 表示，其计算公式为

$$q = \frac{\delta}{E(R)} \tag{2-27}$$

根据标准离差率的计算公式，分别计算出 A 方案和 B 方案的标准离差率如下：

$$q_A = 53.7\% \div 20\% = 2.69$$

$$q_B = 8.9\% \div 20\% = 0.45$$

通过计算，A 方案的标准离差率大于 B 方案的标准离差率。因此，A 方案的风险大于 B 方案的风险。

5. 计算风险报酬率

标准离差率可以代表投资者所冒风险的大小，反映投资者所冒风险的程度。而计算风险的目的是要确定风险补偿率，即风险报酬率。

标准离差率越小，风险越小，要求得到的风险补偿率或风险报酬率就越小；标准离差率越大，风险越大，要求得到的风险补偿率或风险报酬率就越大。假设标准差 δ 或标准离差率 q 与风险报酬率 R_R 之间呈线性关系，那么，风险报酬率会随着标准差或标准离差率的不断上升而呈直线上升。这条直线的斜率称为风险报酬斜率或风险报酬系数，用字母 b 表示，如图 2-8 所示。

根据图 2-8，风险报酬斜率是风险报酬率与标准差或标准离差率的比值，它关系到这条直线的倾斜程度。风险报酬率是标准差或标准离差率与风险报酬斜率的乘积。用公式表示为

$$b = R_R / q \text{ 或 } b = R_R / \delta \tag{2-28}$$

$$R_R = bq \text{ 或 } R_R = b\delta \tag{2-29}$$

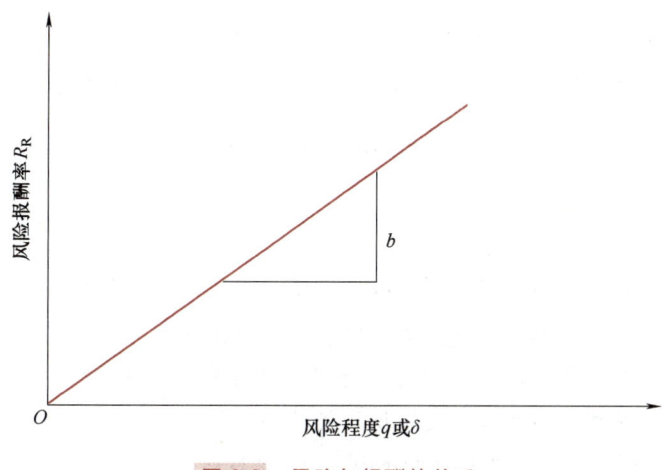

图 2-8　风险与报酬的关系

根据公式，在已知标准差 δ 或标准离差率 q 的情况下，要想求得风险报酬率（R_R），必须先确定风险报酬斜率 b。风险报酬斜率的高低，影响风险报酬率的高低。风险报酬斜率越低，风险报酬率就越低，即要求得到的风险补偿越低。风险报酬斜率越高，风险报酬率就越高，即要求得到的风险补偿越高。

假设 A 方案的风险报酬斜率为 8%，B 方案的风险报酬斜率为 6%，根据风险报酬率的计算公式（$R_R = bq$），则 A 方案和 B 方案的风险报酬率如下：

$$R_R(A) = 8\% \times 2.69 = 21.52\%$$
$$R_R(B) = 6\% \times 0.45 = 2.70\%$$

根据计算结果，A 方案的风险报酬率高于 B 方案的风险报酬率。这是因为 A 方案的风险大于 B 方案的风险。毫无疑问，风险大的 A 方案要求得到的风险补偿高于风险小的 B 方案要求得到的风险补偿。当然，风险报酬率的高低还取决于风险报酬斜率的高低。风险报酬斜率的确定通常有以下两种方法：

（1）根据以往同类项目的有关数据确定

假设必要报酬率用 K 表示，它是无风险报酬率（R_F）与风险报酬率（R_R）的和：

$$K = R_F + R_R$$

由于

$$R_R = bq \text{ 或 } R_R = b\delta$$

有

$$K = R_F + bq \text{ 或 } K = R_F + b\delta$$

因此

$$b = (K - R_F)/q \text{ 或 } b = (K - R_F)/\delta \tag{2-30}$$

在这里，将必要报酬率理解为机会成本率，它是同等风险投资项目的报酬率。因此，根据以往同类投资项目的历史资料，只要能够找到一个同等风险的投资项目，并掌握投资报酬率、无风险报酬率和标准差或标准离差率等有关数据，就可以求得拟投资项目的风险报酬斜率。

> **[例 2-17]** 假设企业进行某项投资，同等风险投资项目的实际报酬率为 10%，标准离差率为 50%，无风险报酬率为 6%，则拟投资项目的风险报酬斜率为
>
> $$b = \frac{K - R_F}{q} = (10\% - 6\%)/50\% = 8\%$$

（2）决策者根据主观经验确定

在没有同等风险的投资项目可供参考的情况下，可由决策者根据以往的主观经验加以确定。这时，风险报酬斜率的确定，在很大程度上会受到决策者个性特点及其对待风险的态度的影响。一般来讲，敢于冒风险的决策者，会把风险报酬斜率确定得低一些，因此要求得到的风险补偿少一些，有利于高风险的投资项目被选取。反之，比较保守的决策者，会把风险报酬斜率确定得高一些，因而要求得到的风险补偿多一些，有利于高风险的投资项目被否决。

2.2.3 风险管理

1. 风险管理的概念

风险管理是指企业通过风险识别、风险估计、风险评价和风险对策，对风险实施有效的控制，并妥善处理风险所致损失，期望以最小的成本获得最大安全保障的管理活动。

2. 风险管理的流程

（1）风险识别

识别企业主要风险因素包括需求、运营、融资、财务、经济、社会、环境、网络与数据安全等方面。

（2）风险估计

根据需要和可能选择适当的方法估计风险发生的可能性、损失程度及风险承担主体的韧性或脆弱性，判断各风险后果的严重程度。

（3）风险评价

风险评价包括单因素风险程度和整体风险程度的评价。

（4）风险对策

提出风险对策是指有针对性地提出项目主要风险的防范和化解措施或管控方案。

3. 风险管理的策略

由于风险具有威胁和机会并存的特征，所以应对风险的对策可以归纳为消极风险或威胁的应对策略及积极风险或机会的应对策略。前者的具体对策一般包括风险规避、风险减轻、风险转移、风险自留和风险监控，针对的是可能对项目目标带来消极影响的风险；后者针对的是可以给项目带来机会的某些风险，采取的策略总是着眼于对机会的把握和充分利用。由于大多数企业在风险管理过程中更为关注的是可能给企业带来威胁的风险，因此以下仅介绍涉及消极风险或威胁的应对策略。

（1）风险规避

风险规避是彻底规避风险的一种做法，即断绝风险的来源。采取规避风险措施，虽然避

免了可能遭受损失的风险，同时也放弃了可能带来的收益，因此采用风险规避措施一般都是很慎重的，只有在对风险的存在与发生，对风险损失的严重性有把握的情况下才有积极意义。

（2）风险减轻

风险减轻是指把不利风险事件发生的可能性和影响降低到可以接受的临界值范围内，也是绝大多数情况应用的风险应对措施。提前采取应对措施以降低风险发生的可能性和可能给企业造成的影响，比风险发生后再设法补救要有效得多。风险减轻必须针对具体情况提出防范、化解风险的措施预案，既可以组织内部采取技术措施、经济措施和管理措施等，也可以采取向外分散的方式来减少企业承担的风险。例如，银行为了减少自身的贷款风险，只贷给投资项目所需资金的一部分，这样让其他银行和投资者共担项目风险，这种在资本筹集中采用多方出资的方式也是风险分散的一种方法。

（3）风险转移

风险转移是试图将可能面临的风险转移给他人承担，以避免风险损失的一种方法。转移风险是把风险管理的责任简单地推给他人，而并非消除风险。转移风险有两种方式，一是将风险源转移出去，二是只把部分或全部风险损失转移出去。在工程承包阶段，第一种风险转移方式是风险规避的一种特殊形式，例如在合法的前提下将施工中风险大的部分进行分包。第二种风险转移方式又可分为保险转移和非保险转移两种方式。保险转移是工程承包中常见的风险应对措施，例如建筑工程一切险、安装工程一切险、建筑工程设计责任险等。

（4）风险自留

风险自留就是将可能的风险损失留给企业自己来承担。一种是主动的风险自留，如果项目存在风险，但若采取某种风险措施，其费用支出大于自担风险的损失时，常常主动接受风险。另一种是被动的风险自留，如果项目可能获得高额利润而需要冒险，而且此时无法采用其他的合理应对策略，必须被动地保留和承担这种风险。例如建设桥梁隧道较多的公路工程，社会效益较好，但是施工风险较大，施工企业承担施工任务的同时必须保留和承担该风险。

（5）风险监控

施工企业应收集和分析相关风险的各种信息，获取风险信号，预测未来风险并提出预警。通过成本跟踪分析、合同履行、质量监控等实施情况，修订风险应对措施，持续评价企业风险管理的有效性，对可能出现的风险因素进行监控，有效掌握风险的变动趋势，以及时采取相应的预防或应对措施。

2.2.4 风险的衡量

在财务管理中，任何决策都是根据对未来事件的预测做出的，而未来的情况往往是不确定的，由于不确定性的存在，未来出现的实际结果可能与期望的结果不一致，这种实际结果与期望结果的偏离程度往往被用来衡量风险。

复习思考题

1. 什么是资金的时间价值？
2. 资金时间价值在施工企业财务管理中的作用有哪些？
3. 简述风险的概念、特征及分类。
4. 简述风险管理的流程。
5. 简述风险管理的策略。

习　题

1. 某公司 2019 年年初对甲项目投资 100000 元，该项目 2021 年年初完工投产；2021 年、2022 年、2023 年年末预期收益分别为 20000 元、30000 元、50000 元；年利率为 10%。

(1) 按复利计算 2021 年年初投资额的终值。
(2) 按复利计算 2021 年年初各年预期收益的现值。

2. 某家长准备为孩子存入银行一笔款项，以便以后 10 年每年年底得到 10000 元学杂费，假设银行存款利率为 6%。

计算该家长目前应存入银行的款项额。

3. 某公司拟购买一处房产，房主提出两种付款方案。

(1) 从现在起，每年年初支付 100000 元，连续支付 10 次，共 1000000 元。
(2) 从第 5 年开始，每年年初支付 125000 元，连续支付 10 次，共 1250000 元。

假设该公司的最低报酬率为 10%，那么该公司应选择哪个方案？

4. A 银行复利利率为 8%，每季计复利一次。B 银行每月计复利一次，与 A 银行的实际年利率相等。

(1) 计算 A 银行的实际年利率。
(2) 计算 B 银行的复利利率。

5. 某房产开发公司目前有两种开发方案，其净收益和各种收益出现的概率见表 2-4。

表 2-4　开发方案

销售情况	概率		预期收益/万元	
	A 方案	B 方案	A 方案	B 方案
较好	0.20	0.20	18000	30000
一般	0.50	0.40	12000	20000
较差	0.30	0.40	4000	−8000

(1) 分别计算 A、B 方案的期望报酬率。
(2) 分别计算 A、B 方案的标准离差。
(3) 若想投资风险较小的方案，应该选择哪一个方案？

第 2 章练习题
扫码进入小程序，完成答题即可获取答案

第3章 施工企业资金的筹集和管理

学习目标

- 了解资本金制度和股份制企业资本金的构成，企业普通股筹资的基本知识
- 熟悉施工企业筹集资金的分类和筹资的基本原则，企业资金筹集的主要渠道和筹资方式
- 掌握权益筹资和债务筹资的基本形式，企业债券发行价格的确定、融资租赁费用的计算及放弃现金折扣成本的计算等

3.1 施工企业资金筹集概述

企业持续的生产经营活动不断地产生对资金的需求，同时企业开展对外投资活动和调整资本结构，也需要筹集和融通资金。施工企业资金筹集（financing for construction enterprises）是指企业根据其施工生产经营、对外投资及调整资本结构的需要，运用合理的筹资形式，通过资金市场，经济、有效地从不同筹资渠道筹措和集中所需资金的一种行为。资金筹集是施工企业资金运动的起点，是组建施工企业并保证企业持续发展的前提，也是决定资金运动规模和生产经营发展程度的主要环节，是企业财务管理的重要内容。

3.1.1 企业筹集资金的主要动机

1. 创建筹资动机

创建筹资动机是企业创建时为满足正常生产经营活动所需的铺底资金而产生的筹资动机。对于建筑施工企业来说，《中华人民共和国建筑法》第十三条规定，从事建筑活动的建筑施工企业经资质审查合格，取得相应等级的资质证书后，方可在其资质等级许可的范围内从事建筑活动。我国住房和城乡建设部发布的现行《建筑业企业资质标准》（2022版）规定，申请施工综合资质的企业净资产需达到3.6亿元以上；而建筑工程施工总承包甲级资质企业需净资产1亿元以上、施工总承包乙级资质企业需净资产800万元以上；专业承包资质企业没有净资产要求，但也必须按照《公司法》的要求在规定时限内完成认缴注册资本的

41

要求。因此，创立建筑施工企业必须首先满足国家关于企业注册资本限时足额缴纳和相关净资产的额度要求。

而按照《中华人民共和国市场主体登记管理条例》（2022年3月1日施行）的规定，企业作为市场主体的一般登记事项中必须包括"注册资本或者出资额"，实行注册资本实缴登记制的市场主体虚报注册资本或发起人、股东虚假出资，未交付或者未按期交付作为出资的货币或非货币财产的，会处以虚假出资金额5%以上15%以下的罚款。2023年12月29日，十四届全国人大常委会第七次会议修订通过的《公司法》（自2024年7月1日起施行）进一步完善了"注册资本认缴登记制度"，在提高筹资灵活度的同时减少注册资本虚化等问题，并严格规定"全体股东认缴的出资额由股东按照公司章程的规定自公司成立之日起5年内缴足"。而"对于本法实施前已登记设立的公司，出资期限超过本法规定的期限的，除法律、行政法规或国务院另有规定外，应当逐步调整至本法规定的期限以内。"上述规定令先前成立的施工企业"通常过高的（注水的）注册资本"成为一个亟需解决的关键问题。虽然新修订的《公司法》为早前公司留出了一定时限的过渡期，但实务中或将导致为"创建"公司、补足注册资本而产生的筹资需求。

2. 扩张筹资动机

任何一个现代化的施工企业，都不可能单靠投资者投入的资本金来从事施工生产经营，还必须通过银行、社会等不同渠道来筹集所需的资金。因为施工经营不但需要的资金量大，而且资金占用时间长。随着施工规模的不断扩大，还需要不断对机械设备、构件加工厂等进行投资，从而增加对资金的需求量。同时为了降低施工成本，谋求相关企业如建筑材料生产企业等配合施工生产，也需要筹集资金对其他企业投资控股，以参与其他企业的生产经营决策。这种因企业扩大生产经营规模或追加对外投资的需要而产生的筹资动机，称为扩张筹资动机。扩张筹资动机所产生的直接结果，是企业资产总额和筹资总额的等量增加。

[例3-1] 表3-1 A列列出了某施工企业扩张筹资前的资产负债状况。该企业根据扩大生产经营的需要筹资4500万元，其中，长期借款4000万元，所有者又投入资本500万元，用于增加设备价值1500万元，增加存货3000万元。假定其他项目没有变动，扩张筹资后的资产负债状况列入表3-1 B列。

表3-1 资产负债状况　　　　　　　　　　（单位：万元）

资产	初始金额 A	扩张筹资后 B	偿债筹资后 C	负债及所有者权益	初始金额 A	扩张筹资后 B	偿债筹资后 C
货币资金	1500	1500	1500	应付账款	3100	3100	1100
应收账款	4800	4800	4800	短期借款	0	0	5000
存货	2200	5200	5200	长期借款	3500	7500	4500
固定资产	10000	11500	11500	所有者权益	11900	12400	12400
合计	18500	23000	23000	合计	18500	23000	23000

比较表 3-1 中 A、B 栏金额可以看出，该企业扩张筹资后，资产总额从筹资前的 18500 万元扩大到 23000 万元，负债及所有者权益总额也从筹资前的 18500 万元增加到 23000 万元。这是企业扩张筹资所带来的直接结果。

3. 满足资本结构调整的需要

企业的资本结构又称资金结构，是指企业各种长期资金来源在总资本中所占的比率。资本结构的调整是企业为了降低综合资金成本、回避筹资风险而对权益资金与债务资金之间比例关系的调整。资本结构调整属于企业重大的财务决策事项，同时也是企业筹资管理的主要工作内容。资本结构调整的方式很多，如为增加企业资本金比例而增资，为提高资本利润率和降低资金成本而增加债务资金，为改善债务期限结构而进行长短期债务搭配和重组等，这些行为都属于为优化资本结构而进行的筹资活动。它属于企业筹集资金活动的另一个主要目的。

[例 3-2] 表 3-1 B 列列出了某企业调整资本结构前的资产负债状况。现企业应付账款中有 2000 万元到期，长期借款中有 3000 万元到期，企业决定向银行借入短期借款 5000 万元清偿到期债务，同时调整企业资本结构。企业举债筹资后的资产负债状况列入表 3-1C 列。

本例中，企业还有货币资金 1500 万元可以用于偿还到期债务，但为了保持一定的流动性，且企业当前的长期负债额度较高，为使企业债务结构更趋合理，仍然决定举债还债，这种偿债筹资的结果并没有扩大企业的资产总额和筹资总额，而只是改变了企业的债务结构，可称为调整性偿债筹资。

应该说明的是，企业出现财务状况恶化时，也会被迫举借新债还旧债，这种筹资动机称为恶化性偿债筹资，也是企业容易出现的筹资动机之一。

3.1.2 筹集资金的渠道和基本形式

筹集资金的渠道（Sources of Funds），是指企业筹措资金的方向和通道，它体现资金的来源与流量。筹集资金的形式（Financing Tools），是指企业为取得资金所采取的具体形式及融资工具，体现着资金的属性。资金从哪里来和如何取得资金，既有区别又有联系。同一渠道的资金往往可采用不同的筹资形式取得；而同一筹资形式又往往适用于不同的筹资渠道。因此，企业筹集资金时，必须实现两者的合理配合。

1. 企业筹资渠道

目前我国施工企业筹集资金的渠道，主要有以下七种：

（1）国家财政资金

国家对企业的直接投资是国有企业最主要的资金来源渠道，特别是国有独资企业。在我国现有国有企业大多是以国家直接拨款的形式形成其资本的。这些资金来源，从产权关系上看，都属于国家作为所有者投入的资金，产权归国家所有。

（2）银行信贷资金

银行通过信贷途径向企业发放的各种贷款是我国企业目前最重要的资金来源。我国银行分为商业性银行和政策性银行两种。商业性银行是以盈利为目的的从事信贷资金投放的金融机构，它主要为企业提供各种商业贷款；而政策性银行则是为特定企业提供政策性贷款的机构，不以营利为主要目的。银行信贷资金有居民储蓄、企业存款等经常性的资金源泉；贷款形式多种多样，可以适应各类企业的多种资金需要。

（3）非银行金融机构资金

非银行金融机构包括信托投资公司、保险公司、租赁公司、证券公司和财务公司等，它们提供各种金融服务，如承销证券、融资融物等。非银行金融机构的财力可能弱于银行，但资金使用灵活度高，融资产品种类多样，具有广阔的发展前景。

（4）其他企业资金

企业在生产经营过程中，往往形成部分暂时闲置的资金，同时，在市场经济条件下，企业间的相互投资和商业信用，也成为筹资企业的重要资金来源。

（5）居民个人资金

企业员工和城乡居民的个人结余资金，可以通过购买企业发行的债券或股票等途径间接对企业进行投资，形成民间资金渠道，为企业所利用，成为企业资金来源的补充渠道。

（6）企业留存资金

企业留存资金是指企业内部形成的资金，包括企业计提的折旧、计提的盈余公积金和未分配利润等。这是企业生产经营过程中自然形成的资金，不需要企业去特殊筹集，但也是企业比较重要的权益资金来源。

（7）外商资金

外商资金是指外国投资者以货币、实物、技术、服务等不同形式投入我国境内企业的资金，这些资金可用于投资建设厂、购买设备、技术引进等。

各种筹资渠道在资金供应量的大小方面存在较大差异。有些渠道的资金供应量大，如银行信贷资金，而有些渠道的资金供应量相对较小。这种资金供应量的大小，在一定程度上取决于财务环境的变化，特别是货币政策和财政政策的实施和调整等。

2. 企业筹资的基本形式

目前，我国施工企业筹集资金的形式主要有吸收直接投资、发行股票、企业内部积累、银行借款、发行企业债券、融资租赁和商业信用等。如果说，筹集资金的渠道属于客观存在，那么筹集资金的形式则属于企业的主观能动行为。企业筹资管理的重要内容是如何针对客观存在的筹资渠道，选择合理的筹资形式来筹集不同渠道、不同规模的资金。认识筹集资金形式的种类及各种筹集资金形式的属性，有利于企业选择合理的筹资形式并有效地进行筹资组合，达到降低综合资金成本并最大限度地回避筹资风险的目的。施工企业筹资形式与筹资渠道的配合情况见表3-2。

表3-2 筹资形式与筹资渠道的配合情况

筹资渠道	筹资形式							
	吸取直接投资	发行股票	企业内部积累	银行借款	发行企业债券	融资租赁	商业信用
国家财政资金	√	√					
银行信贷资金				√			

（续）

筹资渠道	筹资形式							
	吸取直接投资	发行股票	企业内部积累	银行借款	发行企业债券	融资租赁	商业信用
非银行金融机构资金	√	√			√	√	
其他企业资金	√	√			√	√	√
居民个人资金	√	√			√		
企业自留资金			√				
外商资金	√	√			√		√

3.1.3 筹集资金的分类

1. 按所筹集资金的性质分类

企业筹措的资金可以按照不同的标志分类，这些分类有助于企业掌握不同种类的筹资对资金成本和筹资风险的影响，便于企业选择与决策。

施工企业按所筹集资金的性质不同，分为自有资金和债务资金。

（1）自有资金

自有资金又称权益资金或权益资本。它是企业依法筹集的资本金和积累的资金，能长期拥有、自主支配，包括资本金、资本公积金、盈余公积金和未分配利润。自有资金具有以下特点：

1）自有资金的所有权归属于企业的所有者，所有者据此参与企业投资经营的重大决策，取得收益，并对企业的经营承担有限责任。

2）自有资金属于企业长期占用的"永久性"资金，形成法人资产权。在企业存续期内，投资者除依法转让外，不得以任何方式抽回资金；企业经营者依法对该项资本拥有完整、独立的财产支配权。

3）自有资金没有还本付息压力，筹资风险较低。

4）自有资金主要通过财政资金、其他企业资金、居民个人资金和外商投资资金等渠道，采用吸收直接投资、发行股票和企业留存收益等方式筹集和取得。

（2）债务资金

债务资金又称负债资金或借入资金。它是企业通过增加负债的方式依法筹集并依约使用、需要按期偿还本息的资金。它包括来自银行或非银行金融机构的各种借款、应付债券和应付票据等。与自有资金比较，债务资金具有如下特征：

1）体现企业与债权人的债权债务关系，属于企业债务。

2）企业对债务资金在约定期限内享有使用权，并承担按期付息还本的责任，偿债压力和筹资风险相对较大。

3）债权人有权按期索取利息和到期要求还本，但无权参与企业经营和管理决策，对企业的经营状况不承担责任。

4）企业的债务资金主要来源于银行、非银行金融机构和其他企业等渠道，采用银行借款、发行企业债券、融资租赁和商业信用等方式筹集取得。

必须指出，在特定条件下，有些债务资金，如可转换企业债券能转换为自有资金，在企业财务困难不能偿还债务时，经过债务重组，也可以将债务转为股权，成为企业自有资金；但自有资金不能转换为债务资金。通常所说的"债转股"指的是一种可以在特定条件下或特定时间将公司债券转换为股票的金融工具，也就是"可转换债券"。这种产品本质上仍然是一种债券，只是在债券的基础上增加了期权特性，投资者在债券的固定收益之外，还拥有一般债券所没有的股权性和可转换性功能。

2. 按筹资活动是否通过金融机构分类

施工企业按筹资活动是否通过金融机构，分为直接筹资和间接筹资。

（1）直接筹资

直接筹资是指企业不经过银行等金融机构，而直接以吸收资金供应者投入、向资金供应者借入或发行股票、债券等方式进行的筹资。在直接筹资过程中，供求双方借助融资手段直接实现资金的转移，不必通过银行等金融中介机构。直接筹资的筹资渠道和筹资方式较多，企业选择余地较大，但必须依赖金融市场机制的作用，且其筹资费用及成本依资金供求情况而改变，当金融市场突变时，容易导致筹资失败或损失，筹资风险较高。

（2）间接筹资

间接筹资是指企业借助于银行等金融机构进行的筹资，其主要形式有银行借款、非银行金融机构借款和加杠杆融资租赁等。它是目前我国企业最重要的筹资途径，具有手续简便和筹资效率高等优点；但筹资范围相对较窄，筹资渠道和筹资方式相对单一。

3.1.4 筹集资金的原则

施工企业在筹集资金的过程中，必须对影响筹资活动的各项因素，如资金成本、筹资风险、资本结构、投资项目的经济效益和筹资难易程度等进行综合分析，并充分考虑到筹资的顺利程度、资金使用的约束条件、筹资活动的社会反应和筹资后对企业控制权的影响等。因此应遵循以下原则进行筹资。

1. 根据资金需要量，合理确定筹资规模，力求提高资金利用效果

企业在筹资过程中，不论通过何种渠道、采用什么方式筹集资金，都应事前确定资金的合理需要量，按需筹资。筹集资金不足会影响企业施工经营的顺利进行；筹集资金过多则会影响资金使用的效益，增加成本。因此，企业在筹资之前，必须做好各个施工或投资项目资金需要量的估算，编制分月现金预算，预测各月资金流量，合理安排资金的投放和回收，使筹资量与需要量保持平衡。

2. 研究资金投向，讲求资金使用效益

企业确定投资项目前必须进行项目可行性研究，认真分析项目的投资效益情况。筹资是为了投资，在一般情况下，总是先确定有利的施工投资项目，有了明确的资金用途，然后才选择筹资渠道和方式。要防止那种把资金筹集同资金投放割裂开来的做法，应通过对投资收益与资金成本权衡的过程，决定是否需要筹资及筹资时间、筹资方式与筹资额度。

3. 选择合理的资金渠道，力求降低资金成本

企业使用资金要付出一定的代价，即资金成本，包括资金占用费和资金筹集费。各种渠道的资金往往各有优缺点，不同渠道的资金成本和财务风险各不相同，而且取得资金的难易程度也不一样。因此，企业必须综合研究各种筹资渠道和筹资方式，合理考虑各种资金来源的构成，选择最经济、最方便的资金来源，力求降低综合资金成本。

4. 适度负债经营，防范筹资风险

企业依靠债务资金开展施工运营活动，叫作负债经营。进行负债经营不但可以缓解自有资金不足的问题，而且由于借款利息和债券利息可以计入财务费用，能够抵减一部分企业所得税，使企业由此获得部分节税收益，从而降低资金成本，提高资金利润率。此外，在企业营运状况较好的情况下采用负债筹资一般会促使权益资本的相对收益增大。但如果企业负债过多，可能引发财务风险，甚至丧失偿债能力、面临破产。因此，企业在筹资时，必须使自有资金和债务资金保持合理的比例关系，既要利用负债经营的积极作用，又要防止负债过多而增加筹资风险。

3.2　权益资金的筹集

3.2.1　企业资本金制度

资本金是企业在工商行政管理部门登记注册的资本，也就是开办企业的注册资金。它是企业从事生产经营活动、承担有限民事责任的本钱。2014年3月1日施行的我国《公司法》取消了实收资本的限制，将注册资本实缴登记制度转变为认缴登记制度。而修订后于2024年7月1日施行的《公司法》进一步完善了"注册资本认缴登记制度"，提高筹资灵活度的同时减少注册资本虚化等问题，并严格规定"全体股东认缴的出资额由股东按照公司章程的规定自公司成立之日起5年内缴足"。而且对于从事建筑施工工程的企业而言，获得相应级别的企业资质至关重要，对于不同资质建筑施工企业的净资产额度的限定及上述《公司法》对注册资本限时足额缴纳等规定对施工企业资本金的筹集和及时足额缴纳构成了实质性限制。

1. 企业资本金的构成

施工企业筹集的资本金，按投资主体分为国家资本金、法人资本金、个人资本金和外商资本金等。国家资本金为有权代表国家投资机构以国有资本投入企业形成的资本金。法人资本金为其他法人单位以其依法可以支配的资产投入企业形成的资本金。个人资本金为社会个人或者企业内部职工以个人合法财产投入企业形成的资本金。外商资本金是外国投资者以货币、实物、技术、服务等不同形式投入我国境内企业形成的资本金。

2. 资本金的筹集

企业筹集资本金的方式多种多样，主要有国家投资、各方集资、发行股票等。现行《公司法》明确规定，有限责任公司的股东可以用货币出资，也可以用实物、知识产权、土地使用权、股权、债权等可以用货币估价并可以依法转让的非货币财产作价出资，但是法律、行政法规规定不得作为出资的财产除外。有限责任公司的注册资本为在公司登记机关登记的全体股东认缴的出资额，全体股东认缴的出资额由股东按照公司章程的规定自公司成立之日起 5 年内缴足。法律、行政法规及国务院决定对有限责任公司注册资本实缴、注册资本最低限额、股东出资期限另有规定的，从其规定。股份有限公司的注册资本为在公司登记机关登记的已发行股份的股本总额。在发起人认购的股份缴足前，不得向他人募集股份。法律、行政法规及国务院决定对股份有限公司注册资本最低限额另有规定的，从其规定。以发起设立方式设立股份有限公司的，发起人应当认足公司章程规定的公司设立时应发行的股份。以募集设立方式设立股份有限公司的，发起人认购的股份不得少于公司章程规定的公司设立时应发行股份总数的 35%；但是，法律、行政法规另有规定的，从其规定。发起人应当在公司成立前按照其认购的股份全额缴纳股款。

企业吸收无形资产投资是现代企业的通常做法。只要对企业提高工程产品质量、降低消耗、提高经济效益有利的，国家应从政策上予以支持。但是，如果企业在全部投资中无形资产投资所占的比例过高，货币资金和实物投资过少，也不利于施工企业稳定的生产经营和发展。另外，股东或者发起人不得以劳务、信用、自然人姓名、商誉、特许经营权或设定担保的财产等作价出资。

3. 资本金的管理

为了保证企业能够及时、足额筹集资本金，企业对筹集资本金的数额、方式和投资者的出资期限等，都应在投资合同或协议中约定，并在企业章程中做出规定。如果投资者未按合同、协议和企业章程的约定按时足额出资，即为投资者违约。企业和其他投资者可以依法追究其违约责任；国家有关部门还应按照《公司法》的有关规定对企业和违约者进行处罚。

为了加强对企业筹集资本金的管理，施工企业财务制度明确了资本金保全的管理原则及投资者对其出资所拥有的权利和承担的义务。

资本金保全原则要求，企业筹集的资本金，在企业施工生产经营期间内，投资者除依法转让外一般不得抽回投资；即使依法转让，也有相应的条件和程序。但有一种情况例外，就是中外合作经营企业。如果在合作企业合同中约定合作期满时将其全部固定资产归中方所有，可以在合同中约定外国合作者在合同期限内先行收回投资的办法，但须按照法律规定和合同约定承担债务责任。如果外方合作者在缴纳所得税前收回投资，必须报经有关部门批准。

从投资者对其出资所拥有的权利和所承担的责任来看，我国法律规定投资者按照出资比例或者合同、章程的规定，分享企业的利润和分担风险及亏损，也就是我们通常所说的将本求利，以本负亏。企业的组织形式为有限责任公司的，以股东认缴的注册资本为限对公司的债务承担有限责任；企业的组织形式为股份有限公司的，以股东认购的股份为限对公司的债务承担有限责任。

4. 资本公积金

资本公积金是指在公司的生产经营之外，由资本、资产本身及其他原因形成的股东权益收入。资本公积金是一种可以按照法定程序转为资本金的公积金，也可以说是一种准资本金，是企业所有者权益的组成部分。

现行《公司法》规定，股份有限公司以超过股票票面金额的发行价格发行股份所得的溢价款、发行无面额股所得股款未计入注册资本的金额及国务院财政部门规定列入资本公积金的其他项目，应当列为公司资本公积金。其中，股票溢价是资本公积金的最主要来源，"国务院财政部门规定列入资本公积金的其他项目"所形成的"其他资本公积"则是其他综合收益（与企业生产经营活动无关、由相关资产计价方式不同所产生的权益）形成的，如权益法核算下的长期股权投资、存货或自用房地产转换为公允价值计量的投资性房地产等。

资本公积金主要用于扩大公司生产经营和转为增加公司资本，只有在使用任意盈余公积金和法定盈余公积金仍然不足以弥补公司亏损的情况下，才可以按照规定使用资本公积金补亏。

5. 资本金的增加和减少

现行《公司法》规定，公司减少注册资本，应当按照股东出资或者持有股份的比例相应减少出资额或者股份，法律另有规定、有限责任公司全体股东另有约定或者股份有限公司章程另有规定的除外。

公司依照《公司法》第二百一十四条第二款的规定弥补亏损后，仍有亏损的，可以减少注册资本弥补亏损。减少注册资本弥补亏损的，公司不得向股东分配，也不得免除股东缴纳出资或者股款的义务。公司减少注册资本后，在法定公积金和任意公积金累计额达到公司注册资本的50%，不得分配利润。

有限责任公司增加注册资本时，股东在同等条件下有权优先按照实缴的出资比例认缴出资。但是，全体股东约定不按照出资比例优先认缴出资的除外。

股份有限公司为增加注册资本发行新股时，股东不享有优先认购权，公司章程另有规定或者股东会决议决定股东享有优先认购权的除外。

3.2.2 股份有限公司普通股筹资

股份有限公司是指全部注册资本由等额股份构成并通过发行股票筹集资本的企业法人。股票的性质是一种资本证券，是持股人拥有公司股份的入股凭证，因此它既是集资工具，又是项目的产权存在形式，它代表股份有限公司的所有权。普通股（Common Stock）是股份有限公司发行的无特别权利的股份。通常情况下，股份有限公司只发行普通股。股票持有者为企业的股东，股东有权出席或委托代理人出席股东大会，并依照公司章程规定行使表决权；其持有的股份可以自由转让，但必须符合《公司法》、其他法规和公司章程规定的条件和程序；在董事会宣布发放普通股股利时，有股利分配请求权；在公司增加股本时，有权按持有股份的比例，优先认购新股；当公司结束清理时，有权参加公司剩余财产的分配并依法承担以购股份额为限的公司经营亏损的责任等。

1. 股份有限公司的设立

股份有限公司可以采取发起设立或募集设立的方式。发起设立是指由发起人认购设立公司时应发行的全部股份，注册资本为在公司登记机关登记的全体发起人认购的股本总额。发起人以书面认足公司章程规定发行的股份后，应在规定时限内（通常为5年）缴纳全部股款。以实物、工业产权、非专利技术、土地使用权、可以估价的股权、债权等抵作股款的，必须先进行评估作价，核实财产，并折合为股份，然后依法办理其财产权的转移手续。

股份有限公司采取募集方式设立的，发起人认购的股份不得少于公司章程规定的公司设立时应发行股份总数的35%，其余股份应当向社会公开募集。发起人应在公司成立前按照其认购的股份全额缴纳股款。公司注册资本为在公司登记机关登记的实收股本总额。发起人向社会公开募集股份时,应当公告招股说明书,并制作认股书。认股人应按照所认股数缴纳股款。向社会公开募集股份的股款缴足后,应当经依法设立的验资机构验资并出具证明。公司设立时应发行的股份未募足,或者发行股份的股款缴足后,发起人在30日内未召开创立大会的,认股人可以按照所缴股款并加算银行同期存款利息,要求发起人返还。

2. 普通股的种类

（1）按股票记名与否分类

股份有限公司发行的普通股按其记名与否分为记名股票和无记名股票。记名股票是指在股票票面上记载股东姓名或名称的股票,其股权的行使和股份的转让有严格的法律程序和手续。公司向发起人、国家授权投资的机构或法人发行的股票,应当为记名股票,并应当记载该发起人、机构或者法人的名称,不得另立户名或者以代表人姓名记名。对社会公众发行的股票,可以是记名股票,但一般是无记名股票。无记名股票的持有人即股份所有人,具有股东资格,股票的转让较为自由、方便,无须办理过户手续。

（2）按股票是否标明金额分类

按股票是否标明金额可分为面值股票和无面值股票。面值股票是指在票面上标有一定金额的股票。持有这种股票的股东,对公司享有的权利和承担的义务大小,依其所持有的股票票面金额占公司发行在外股票总面值的比例而定。目前,我国《公司法》规定面额股股票的发行价格可以按票面金额,也可以超过票面金额,但不得低于票面金额。无面值股票是指不在票面上标出金额,只载明所占公司股本总额的比例或股份数的股票。无面值股票的价值随公司财产的增减而变动,而股东对公司享有的权利和承担义务的大小,直接依股票标明的比例而定。

（3）按股票的投资主体分类

按投资主体的不同,股票可分为国家股、法人股、个人股等。国家股是指有权代表国家投资的部门或机构以国有资产向公司投资而形成的股份；法人股是指企业法人依法以其可支配的财产向公司投资而形成的股份,或具有法人资格的事业单位和社会团体以国家允许用于经营的资产向公司投资而形成的股份；个人股是社会个人或公司内部职工以个人合法财产投入公司而形成的股份。

（4）按股票发行对象和上市地区分类

按发行对象和上市地区的不同又可将股票分为A股、B股、H股和N股等。A股是供我国大陆地区个人或法人买卖的,以人民币标明票面金额并以人民币认购和交易的股票。B股、H股和N股是专供外国和我国港、澳、台地区投资者买卖的,以人民币标明票面金额但以外币认购和交易的股票（注：自2001年2月19日起,B股开始对境内居民开放）,其中,B股在上海、深圳上市；H股在香港上市；N股在纽约上市。

以上第（3）、（4）种分类,是我国目前实务中为便于对公司股份来源的认识和股票发行而进行的分类。筹资公司以普通股筹措资本时,应选择较为适宜的某种普通股。

3. 普通股的发行

股份有限公司在设立时要发行股票。此外,公司设立之后,为了扩大经营、改善资本结构,也会增资发行新股。股份的发行,实行公开、公平、公正的原则,必须同股同权、同股同利。同次发行的股票，每股的发行条件和价格应当相同。任何单位或个人所认购的股份，每股应支付相同价款。同时，发行股票还应接受证券监督管理机构的管理和监督。股票发行具体应执行的管理规定，主要包括股票发行条件、发行程序和方式、销售方式等。

（1）股票发行的规定与条件

我国《公司法》规定，股份有限公司发行股票，应符合以下规定与条件：

1）同次发行的股票，每股的发行条件和价格应当相同。

2）股票发行价格可以按票面金额，也可以超过票面金额，但不得低于票面金额。

3）股票应当载明公司名称、公司登记日期、股票种类、票面金额及代表的股份数、股票编号等主要事项。

4）向发起人、国家授权投资的机构、法人发行的股票，应当为记名股票；对社会公众发行的股票，可以为记名股票，也可以为无记名股票。

5）公司发行记名股票的，应当置备股东名册，记载股东的姓名或者名称、住所、各股东所持股份、各股东所持股票编号、各股东取得其股份的日期；发行无记名股票的，公司应当记载其股票数量、编号及发行日期。

6）公司发行新股，必须具备下列条件：①具备健全且运行良好的组织机构；②具有持续盈利能力，财务状况良好；③最近3年财务会计文件无虚假记载，无其他重大违法行为；④经国务院批准的证券监督管理机构规定的其他条件。

7）公司发行新股，应由股东大会就新股种类及数额、新股发行价格、新股发行的起止日期、向原有股东发行新股的种类及数额等事项做出决策。

（2）股票发行的程序

股份有限公司在设立时发行股票与增资发行新股在程序上有所不同。

1）设立时发行股票的程序。设立时发行股票的程序是：①提出募集股份申请；②公告招股说明书，制作认股书，签订承销协议和代收股款协议；③招认股份，缴纳股款；④召开创立大会，选举董事会、监事会；⑤办理设立登记，交割股票。

2）增资发行新股的程序。增资发行新股的程序是：①股东大会做出发行新股的决议；②由董事会向国务院批准的证券监督管理机构报送募股申请和相关文件并经批准；③公告新股招股说明书和财务报表及附属明细表，与证券经营机构签订承销合同，定向募集时向新股认购人发出认购公告或通知；④招认股份，缴纳股款；⑤改组董事会、监事会，办理变更登记并向社会公告。

（3）股票发行方式、销售方式和发行价格

公司发行股票筹资，应当选择适宜的股票发行方式和销售方式，并恰当地制定发行价格，以便及时募足资本。

1）股票发行方式。股票发行方式指的是公司通过何种途径发行股票。总的来讲，股票的发行方式可分为以下两类：

①公开间接发行。公开间接发行是指通过中介机构公开向社会公众发行股票。我国股份有限公司采用募集设立方式向社会公开发行新股时，须由证券经营机构承销的做法，就属于股票的公开间接发行。这种发行方式的发行范围广、发行对象多，易于足额募集资本；股

票的变现性强，流通性好；股票的公开发行还有助于提高发行公司的知名度和扩大其影响力。但这种发行方式也有不足，主要是手续繁杂，发行成本高。

② 不公开直接发行。不公开直接发行是指不公开对外发行股票，只向少数特定的对象直接发行，因而不需要经中介机构承销。我国股份有限公司采用发起设立方式和以不向社会公开募集的方式发行新股的做法，即属于股票的不公开直接发行。这种发行方式的弹性较大，发行成本低；但发行范围小，股票变现性差。

2）股票销售方式。股票的销售方式指的是股份有限公司向社会公开发行股票时所采取的股票销售方法。股票销售方式有以下两类：

① 自销方式。它是指发行公司自己直接将股票销售给认购者。这种销售方式可由发行公司直接控制发行过程，实现发行意图，并可以节省发行费用；但往往筹资时间长，发行公司要承担全部发行风险，并需要发行公司有较高的知名度、信誉和实力。

② 承销方式。它是指发行公司将股票销售业务委托给证券经营机构代理。这种销售方式是发行股票所普遍采用的。

我国《公司法》规定股份有限公司向社会公开发行股票，必须与依法设立的证券经营机构签订承销协议，由证券经营机构承销。股票承销又分为包销和代销两种具体办法。所谓包销，是指根据承销协议商定的价格，证券经营机构一次性全部购进发行公司公开募集的全部股份，然后以较高的价格出售给社会上的认购者。对发行公司来说，包销的办法可及时筹足资本，免于承担发行风险（股款未募足的风险由承销商承担）；但股票以较低的价格售给承销商会损失部分溢价。所谓代销，是指证券经营机构代替发行公司销售股票，并由此获取一定的佣金；但不承担股款未募足的风险。

3）股票发行价格。股票发行价格是股票发行时所使用的价格，也就是投资者认购股票时所支付的价格。以募集设立方式设立公司首次发行的股票价格，由发起人决定；公司增资发行新股的股票价格，由股东大会根据股票面额、股市行情和其他有关因素做出决议。

股票的发行价格可以和股票的面额一致，但多数情况下不一致。股票的发行价格一般有三种：

① 等价（Issuance at Par），就是以股票的票面额为发行价格，也称为平价发行。这种发行价格一般在股票的初次发行或在股东内部分摊增资的情况下采用。等价发行股票容易推销，但无法取得股票溢价收入。

② 时价（Issuance of Stock at Market Price），就是以本公司股票在流通市场上买卖的实际价格为基准确定的股票发行价格。其原因是股票在第二次发行时已经增值，收益率已经变化。选用时价发行股票，考虑了股票的现行市场价值，对投资者也有较大的吸引力。

③ 中间价（Issuance of Stock at Mean Price），就是以时价和等价的中间值确定的股票发行价格。按时价或中间价发行股票，股票发行价格会高于或低于其面额。前者称溢价（Issuance of Stock at a Premium）发行，后者称折价（Issuance of Stock at a Discount）发行。如属溢价发行，发行公司所获得的溢价款应列入资本公积金。

我国《公司法》规定，股票发行价格可以等于票面金额（等价），也可以超过票面金额（溢价），但不得低于票面金额（折价）。因此，当时价或中间价低于股票面额时不得采用。

股票发行价格的确定既要有利于股票的顺利发行，为公司筹集施工投资所需的资金，又要有利于投资者认购股票和长期投资获得收益，以增强投资者的信心，在具体确定股票发行价格时，还应适当考虑以下因素：

① 每股收益。每股收益即每股净利润。每股收益高，说明公司盈利水平高，其发行价格可以定得高些。

② 同行业公司股票平均市盈率。股票发行价格一般按市盈率来计算。市盈率是股票每股市价比每股收益的倍数。同行业公司股票平均市盈率，反映该行业公司股票的平均价格水平。股票发行的市盈率一般应低于同行业公司股票平均市盈率以利于顺利销售。

③ 公司在行业中所处的地位。如果施工企业的信誉好、施工经营管理水平高，有成长性，市盈率可高于同行业公司的平均市盈率。

4. 股票上市

股份有限公司股票经国务院授权的证券管理部门批准，可以在证券交易所上市交易。股票进入证券交易所上市交易，需要符合一定的条件：

1）股票必须经国务院证券监督管理机构核准已经公开发行。

2）公司股本总额不少于人民币 5000 万元。

3）开业时间在 3 年以上，且最近 3 年连续盈利。

4）持有股票面值达人民币 1000 元以上的股东人数不少于 1000 人，向社会公开发行的股份达公司股份总额的 25%以上；公司股本总额超过 4 亿元的，向社会公开发行股份的比例为 10%以上。

5）公司在最近 3 年内无重大违法行为，财务报告无虚假记载。

6）符合国务院证券监督管理机构规定的其他条件。

5. 普通股筹资的优缺点

（1）普通股筹资的优点

与其他筹资方式相比，普通股筹资具有如下优点：

1）发行普通股筹资具有永久性，无到期日，不需归还。这对保证公司对资本的最低需要、维持公司长期稳定发展极为有益。

2）发行普通股筹资没有固定的股利负担，股利的支付与否和支付多少，视公司有无盈利和经营需要而定，经营波动给公司带来的财务负担相对较小。由于普通股筹资没有固定的到期还本付息的压力，所以筹资风险较小。

3）发行普通股筹集的资本是公司最基本的资金来源。它反映了公司的实力，可作为其他方式筹资的基础，尤其可为债权人提供保障，增强公司的举债能力。

4）由于普通股的预期收益较高并可一定程度地抵消通货膨胀的影响（通常在通货膨胀期间，不动产升值时普通股也随之升值），因此，普通股筹资容易吸收资金。

（2）普通股筹资的缺点

与其他筹资方式相比，普通股筹资具有如下缺点：

1）普通股的资金成本较高。一方面，从投资者的角度来讲，投资于普通股风险较高，相应地会要求有较高的投资报酬率；另一方面，对于筹资公司来讲，普通股股利从税后利润中支付，不像债券利息那样可以作为费用从税前支付，因而不具有抵税作用；此外，普通股的发行费用一般也高于其他证券。

2）以普通股筹资会增加新股东，这可能会分散公司的控制权，削弱原有股东对公司的控制权。

3.2.3 股份有限公司优先股筹资

优先股是指一种享有优先权的特别股票。优先股股东会优先于普通股股东分得公司收益，在破产清算时也会优先于普通股股东获得公司剩余财产的分配权。优先股一般为固定收益的股票，它类似于一种无须到期还本的长期债券，但优先股股利来源于企业所得税后的公司净利润，这又与普通股股利一样无法抵扣企业所得税，因此被视为是介于普通股和债券之间的一种混合证券。

我国的优先股发展较晚。中国证监会在 2014 年 3 月 21 日首次发布了《优先股试点管理办法》（2023 年 2 月 17 日修订）。至今我国还没有出台有关优先股管理的正式法律法规。

1. 优先股股东的权利

优先股股东具有以下权利：

1）优先获得股利分配权。优先股的股利一般按股票面值的一定百分比提前约定。优先股股利也在税后净利润中支付，但优于普通股股利的分配顺序且属于必须支付项，基本与公司盈利与否无关。

2）清算时优先获得剩余财产分配权。企业破产清算时，出售资产所得的收入，优先股股东的求偿权位于债权人之后，但优先于普通股股东。其求偿金额只限于优先股的票面价值，加上累积未支付的股利。

3）受限制的参与管理权。优先股股东对公司的管理权限是有严格限制的，一般只有在公司研究与优先股有关的问题时优先股股东才有表决权，而通常在公司的股东大会上，优先股股东是没有表决权的。

4）优先股可由公司赎回。发行公司按照公司章程的有关规定，根据公司的需要，能够以一定的方式将所发行的优先股收回，以调整公司的资本结构。

2. 优先股的种类

（1）累积优先股和非累积优先股

累积优先股是指公司过去年度如果有未支付的股利，可以累积并在以后年度一并支付。它是一种最常见的优先股，其特点在于：股息固定，不强制分红，股息可以累积计算并延后支付。公司在偿付以往拖欠的优先股股利时，一般不采用复利计息。

[例 3-3] 某公司有累积优先股 1000 万股，年股利额为 1.5 元/股，假设该公司已有两年未发放股利，今年拟发放股利共 7000 万元，那么公司今年应发放的优先股股利和能够发放的普通股股利分别是多少？

优先股股利 = 1000 万股 × 1.5 元/股 × 3 = 4500 万元

普通股股利 = 7000 万元 − 4500 万元 = 2500 万元

累积优先股的特性对优先股股东形成了有效的利益保护，同时也对发行优先股的公司构成了较强的财务压力。

与累积优先股相对应的是非累积优先股，它是指不论以前年度企业是否分配过优先股股利，一律以本年度所获得的利润和比率为限进行分配的优先股股票。这种分配形式显然会损害优先股股东所获得的优先地位，故一般不发行。

（2）参与优先股和非参与优先股

参与优先股是指优先股股东在其应得的固定股利之外，还可以特定方式与普通股股东一同参加公司剩余利润的分配。非参与优先股就是优先股的股东所能够获得的股利仅限于按事先约定的股息范围，不能参加公司剩余利润的分配。

（3）可转换优先股和不可转换优先股

可转换优先股是指在发行契约中规定，优先股的持有人可以在既定条件下将其股票按照事先规定的兑换率转换为企业的普通股。这是一种给与该种类优先股持有人的期权选择权，当股票市价达到转换价格时，是否转换取决于投资者的意愿，如果投资人选择行使转换权，则其权利义务也同时由优先股股东转换为普通股股东。对于发行公司来说，这种优先股由于有附加权能，筹资成本会相对较低，既节省普通股的发行费用，又可在适当的时候增加普通股本，提升债务筹资的保障能力。

不可转换优先股是指优先股的持有人无权要求将其优先股转换成普通股，只能享受固定股利的优先股。

（4）可赎回优先股和不可赎回优先股

可赎回优先股是指股份公司有权按预定的价格和方式赎回已发行的优先股股票。赎回与否的决定权归发行企业所有，股票的持有者不具有支配权。

在市场利率趋于下降时，股份公司可以较低股利的普通股股票取代已发行的优先股股票，进而减少固定支出的股利负担，并同时调整和优化资本结构。赎回优先股不得损害公司章程中规定的优先股股东的权利，如参与权、累积权等；不得动用公司正常的经营资金，以免影响正常的资金周转，应根据市场利率和股票市价的水平选择适当的赎回方式和时机。

相对应的，不可赎回优先股股票是指发行公司不能赎回的优先股。在这种情况下，公司若要减少优先股，只能到证券市场上按市价回购。

3. 优先股筹资的优缺点

（1）优先股筹资的优点

1）优先股股东具有分红和清算求偿双重优先权，且能够固定获取股息，股东投资风险偏低，收益稳定，因此比发行普通股更容易归集资金。

2）一般优先股都附有赎回条款，这就使资金筹措更具弹性，可以根据需要灵活调节公司的资本结构，又可降低财务风险。

3）优先股股息一般是可累积发放的，如果公司当年财务状况不佳，则可暂时不支付优先股股利，能有效缓解财务压力。

4）不分散普通股股东的控制权。由于优先股股东一般无表决权，所以发行优先股既可以增加企业的资本金，又能够维持原股东的控股格局，使公司可按预定规划稳定发展。

（2）优先股筹资的缺点

1）资本成本高。优先股所支付的股利要从税后净利润中支付，不像债券利息那样可在税前支付，因而优先股成本相对长期债券偏高。

2）公司财务负担重。优先股的固定股利属于必须支出的项目，但又不能在税前支付，因而当利润下降时，优先股股利会成为一项较重的财务负担，即便可以延期支付，但是一般不能消除。

3）对公司的限制条件多。发行优先股通常有许多限制条款，如对普通股股利支付上的限制、对公司借债的限制等，不利于公司的自主经营。

3.2.4 企业留存收益

企业留存收益（Cost of Retained Earnings），即内部积累，也是形成资本金来源的一条间接途径。留存收益是指企业从历年实现利润中提取或形成的留存于企业内部的积累，来源于企业经营活动所实现的利润。在我国的企业中，留存收益由盈余公积和未分配利润两部分组成。一般来说，企业的税后利润并不全部分配给投资者，还应按照规定的比例提取法定盈余公积金，有条件的还可以提取任意盈余公积金。盈余公积金可以用来购建固定资产、进行固定资产更新改造、增加流动资产储备、采取新的生产技术措施和试制新产品、进行科学研究和产品开发等。企业可通过少支付现金股利，保留较多的留存收益以满足企业扩大再生产的资金需要。

留存收益属于企业权益资本的一部分，是企业进行权益筹资的重要方式之一。同其他筹资方式相比，留存收益基本上不存在筹资费用问题，可以节约筹资成本；利用留存收益筹资可以为股东获得节税上的好处；留存收益筹资属于权益融资，可以增强公司的资金实力，改善公司的资本结构，提高公司信用价值。但该形式也存在一些不利之处，例如，其筹资数量往往受股东意见等因素的影响，不确定性较大；对股份公司而言，留存收益过多，则股利分派过少，可能会打击股票投资者的积极性，给公司股票价格带来不利影响；留存收益因其权益资金的属性导致股东对这部分资金的回报要求较高，因此其筹资的成本几乎接近于普通股的水平。

3.3 负债资金的筹集

施工企业除了筹集资本金外，还可以根据施工生产经营和对外投资等需要，通过负债进行资金的筹集。负债筹资是现代企业一项重要的资金来源，是企业发展壮大自己的一种重要手段，几乎没有一个企业仅靠自有资本就能满足企业运营资金需要的。

当前建筑市场竞争越发激烈，"垫资经营""带资承包"等行业现状导致不少施工企业的营运资金高度匮乏，高额负债成为其维系经营的主要手段；而建筑施工项目的经营模式逐渐转向资金需求量更大的承包模式，如"经营—维护""建设—经营—转让""建设—持有—经营"等，因此施工企业对资金的需求量空前旺盛；与此同时，企业自身财务管理方面也存在资金使用效率不高等问题,虽然国资委规定建筑企业资产负债率最高不得超过80%,但行业的实际资产负债率平均高达85%~90%。

与普通股(资本金)筹资相比,负债筹集虽然整体筹资成本偏低,但资金具有使用上的时间性,须到期偿还;不论企业经营效果如何,须固定支付债务利息,从而形成企业的固定财务负担,增大财务风险。当企业负债率过高时,财务波动往往会对企业形成致命打击。

负债筹资的途径主要包括发行企业债券、银行借款、融资租赁、以商业信用形式暂时占用其他企业单位的资金等。根据所筹资金可使用时间长短的不同,负债筹资可分为长期负债筹资和短期负债筹资两大类。

3.3.1 长期负债筹资

长期负债是指期限超过1年(不含1年)的负债。筹措长期负债资金,可以解决企业长期资金的不足,如满足长期性固定资产投资或长期项目投资的需要;同时由于长期负债的归还期长,债务人可安排长期的还债计划,财务风险相对较小。但长期负债筹资成本一般较高,负债的限制条件较多,即债权人会通过一些限制性条款来保证债务人能够及时、足额地偿还债务本金和利息,从而形成对债务人的种种约束。

目前我国施工企业的长期负债筹资形式主要有发行长期债券、长期借款筹资和融资租赁三种。

1. 发行长期债券

企业债券(bond)又称公司债券,它是企业为筹集资金而发行的,用以记载和反映债权债务关系的有价证券,是持券人拥有企业债权的权属证书。这里所说的债券指的是期限超过1年的企业债券,持券人可按期或到期取得规定利率的利息并到期收回本金。债券与股票不同,持券人无权参与企业施工生产及经营管理决策,不能参加企业分红,对企业的经营亏损也不承担责任。

(1) 企业债券的类型

企业债券的类型包括以下几种:

1) 企业债券按其记名与否,分为记名债券和无记名债券。记名债券是在券面上记有持券人的姓名或名称的债券。企业发行此类债券时,只对记名人付息、还本。记名债券的转让由债券原持有人以背书等方式进行,并由发行企业将受让人的姓名或名称记载于企业债券存根簿;无记名债券是指在券面上不记有持券人姓名或名称的债券。付息还本以债券为凭,一般采用剪票付息方式,流动比较方便。

2) 企业债券按其能否转换为公司股票,分为可转换债券和不可转换债券。可转换债券是指根据发行契约允许持券人按预定的条件、时间和转换率将持有的债券转换为公司普通股股票的债券。《公司法》规定,上市公司经股东大会决议和国务院证券管理部门的批准,可发行可转换为公司股票的债券。发行可转换债券的企业,除具备发行企业债券的条件外,还应符合发行股票的条件。可转换债券因其具有可选择期权的性质,通常承诺利率会相对偏低。不可转换债券是指不能转换为公司股票的债券。

3）企业债券按其有无财产担保，分为抵押债券和信用债券。抵押债券是指发行企业有特定的财产作为担保品的债券。它按担保品的不同，又可分为不动产抵押债券、动产抵押债券和信托抵押债券。其中，信托抵押债券是以企业持有的有价证券为担保而发行的债券。设定作为抵押担保的财产，企业没有处置权。如债券到期不能偿还，持券人可行使其抵押权，拍卖抵押品作为补偿。信用债券是指发行企业没有设定担保品，而仅凭其信用发行的债券，通常由信用较好、盈利水平较高的企业发行。

4）按是否参加盈余分配，企业债券可以分为参加公司债券和不参加公司债券。债权人除享有到期向公司请求还本付息的权利外，还有权参加盈余分配的债券称为参加公司债券；反之则为不参加公司债券。

5）企业债券按其偿还方式的不同，分为定期偿还债券和随时偿还债券。定期偿还债券包括到期一次偿还和分期偿还两种：前者是指到期一次性全额偿还本息的债券；后者是指按规定时间分批偿还部分本息的债券。随时偿还债券包括抽签偿还和买入偿还两种：前者是指按抽签确定的债券号码偿还本息的债券；后者是指由发行企业根据资金余缺情况通知持券人还本付息的债券。

6）按利率的不同，企业债券分为固定利率债券和浮动利率债券。固定利率债券将利率明确记载于债券上，并按这一利率向债权人支付利息；浮动利率债券在发放利息时，其利率水平按照某一标准（如政府债券利率、银行定期存款利率等）的变化而同方向进行调整。

7）按能否上市，企业债券可以分为上市债券和非上市债券。可以在证券交易所挂牌交易的债券为上市债券，反之为非上市债券。上市债券信用度高，价值高，且变现速度快，所以非常吸引投资者；但债券上市条件严格，企业要承担上市费用。

8）其他分类还有收益公司债券、附认股权债券、附属信用债券等。收益公司债券是只有当公司获得盈利时才向持券人支付利息的债券。这种债券不会给发行公司带来固定的利息支出压力，但对投资者而言风险也较大，因此要求较高的回报。附认股权债券是附带允许债券持有人按特定价格（低于市场价）认购公司股票的权利的债券，其票面利率通常低于普通公司债券。附属信用债券在发行公司清偿时，受偿权排列顺序低于其他债券，作为一种补偿，该类债券的利率会高于普通债券。

（2）企业发行债券的条件和程序

为了加强企业债券的管理，引导资金的合理流向，有效地利用社会闲散资金、保护各方合法权益。公司债券的发行和交易应当符合《中华人民共和国证券法》等法律、行政法规的规定。

企业发行债券，必须符合以下条件：

1）股份有限公司的净资产不低于人民币 3000 万元，有限责任公司的净资产不低于人民币 6000 万元。

2）累计债券余额不超过企业净资产额的 40%。

3）最近 3 年平均可分配利润足以支付企业债券一年的利息。

4）所筹集资金的投向符合国家产业政策。

5）债券的利率不得超过国务院限定的利率水平。

6）其他国务院规定的条件。

发行企业债券筹集的资金，必须用于审批机关批准的用途，不得用于弥补亏损和非生产性支出。有下列情况之一的企业，不得再次发行企业债券：①前一次发行的企业债券尚未募足的；②对已发行的企业债券或其债务有违约或者延迟支付本息的事实，且仍处于继续状态的。

股份有限公司、有限责任公司发行企业债券，应由董事会制定方案，经股东会议做出决议。国有独资企业发行企业债券，应由国家授权投资的机构做出决定。

公开发行企业债券应当经国务院证券监督管理机构注册，公告企业债券募集办法。在企业债券募集办法中应载明的主要事项包括：企业名称、债券募集资金的用途、债券总额和债券的票面金额、债券利率的确定方式、还本付息的期限和方式、债券担保情况、债券的发行价格、发行的起止日期、企业净资产额、已发行的尚未到期的企业债券总额、企业债券的承销机构（我国不允许公司直接向社会发行债券）。

（3）企业债券发行价格的确定

企业债券的发行价格即投资者购买债券时所支付的价格，通常有平价发行、溢价发行和折价发行三种形式。平价发行即以债券的票面金额为发行价格；溢价发行即以高出债券票面金额的价格为发行价格；折价发行即以低于债券票面金额的价格为发行价格。债券发行价格的形成取决于以下四个因素：

1）债券面值。它是确定债券价格的基本因素。债券面值越大，发行价格越高。

2）票面利率又称息票率。票面利率越高，投资价值越大，其发行价格也越高。

3）市场利率又称贴现率。在债券面值与票面利率一定的情况下，市场利率越高，其发行价格越低。

4）债券期限。一般期限越长，其投资风险越大，要求的投资报酬率越高，债券发行价格可能越低。

债券发行价格主要取决于票面利率与市场利率的一致程度。当两者一致时，债券采取平价发行；当票面利率高于市场利率时，债券采取溢价发行；反之当票面利率低于市场利率时，债券采取折价发行，以弥补投资者的利益损失。

从理论上来讲，债券发行价格由债券到期还本的面值按市场利率折现的现值与债券各期利息按市场利率折现的现值之和两个部分组成。对到期一次还本付息的债券发行价格，其计算公式为

$$债券发行价格 = \frac{债券面值 \times (1 + 票面利率 \times 债券期限)}{(1 + 市场利率)^{债券期限}} \tag{3-1}$$

对分次付息到期还本的债券发行价格，其计算公式为

$$债券发行价格 = \sum_{t=1}^{n} \frac{债券面值 \times 票面利率}{(1 + 市场利率)^t} + \frac{债券面值}{(1 + 市场利率)^n} \tag{3-2}$$

式中　t——付息期数；

n——债券期限。

式（3-1）和式（3-2）表明：在债券面值与票面利率一定的情况下，债券的发行价格取

决于市场利率,即市场利率越低,债券发行价格越高;反之,市场利率越高,则债券发行价格越低。

[例 3-4] 某施工企业发行债券面值为 1000 元,票面年利率为 8%,债券期限为 3 年,每年年末付息一次,则该债券在市场利率为 10%、8%、6%时的发行价格分别见表 3-3。

表 3-3 某施工企业债券发行价格计算 （单位：元）

各年利息及还本现值	市场利率 10%	市场利率 8%	市场利率 6%
第 1 年年末利息现值	72.73	74.07	75.47
第 2 年年末利息现值	66.11	65.59	71.20
第 3 年年末利息现值	60.10	63.51	67.17
第 3 年年末还本现值	751.3	793.83	839.6
债券发行价格	950.25	1000.00	1053.44

从表 3-3 可知：由于债券票面利率与市场利率的差异,债券发行价格可能出现三种情况,即溢价、等价和折价。当票面利率高于市场利率时,债券以高于其面值溢价发行；当票面利率等于市场利率时,债券以等于其面值等价发行；当票面利率低于市场利率时,债券以低于其面值折价发行。

必须指出,上述债券发行价格的计算,没有考虑风险因素和通货膨胀等的影响。如持券期限较长,投资者要承担较大投资风险；如存在通货膨胀情况,会使今后还本付息贬值,这些都应通过贴现率的调整加以考虑。

2. 长期借款筹资

施工企业在施工生产经营过程中,如要扩大施工生产规模、进行基本建设、购建固定资产、更新改造工程和满足长期流动资金的需要,在自有资金不足的情况下,可向银行或其他金融机构借款。企业借入的使用期限超过一年的借款,称为长期借款,属于长期负债筹资形式。长期借款的种类很多,企业可以根据自身需要和借款条件不同分别选用。

(1) 长期借款的种类

目前我国金融机构开设的长期借款种类主要有以下几种：

1) 按照用途,可分为固定资产投资借款、更新改造借款、科技开发和新产品试制研发借款等。

施工企业向经办银行提出借款申请书并经审查同意后,即可与贷款银行签订借款合同。借款合同要规定借款项目的名称、用途、借款金额、借款利率、借款期限及分年用款计划、还款期限与分年还款计划、还款资金来源与还款方式、保证条件及违约责任,以及双方商定的其他条款。通过签订借款合同,明确双方的经济责任。

借款合同签订后,借款企业在核定的贷款指标范围内,按银行对贷款的管理方法,根据用款计划支用借入资金。贷款银行如对该项借款采用分次转存支付的办法,则在按照合同分次支付借款时,先存入企业存款账户,再从存款账户中支付使用。贷款银行如采用指标管理的办法，则借款企业应按规定用途，支一笔借一笔。在这种情况下，借款企业应根据银行核定的年度借款指标，按照项目进度、工程建设支出的需要，向经办行支用借款。为了便于经办行对支用借款进行监督，借款企业应将工程进度计划等监管文件报送经办行。

2）按照提供贷款的机构，可分为政策性银行贷款、商业银行贷款和保险公司贷款等。此外，企业还可以从信托投资公司取得实物或货币形式的信托投资贷款，从财务公司取得各种中长期贷款等。

政策性银行贷款一般是指执行国家政策性贷款业务的银行向企业发放的贷款。例如，国家开发银行为满足施工企业承建国家重点建设项目的资金需要而提供的贷款；中国进出口银行为大型施工机械设备的进出口提供的买方或卖方信贷。

保险公司贷款的期限一般长于银行贷款，但对贷款对象的选择较为严格。

3）按照有无担保，可分为信用贷款和抵押贷款。信用贷款无须企业提供抵押品，仅凭借其信用或担保人信用即可发放贷款；抵押贷款则要求借款企业以抵押品作为担保，长期贷款的抵押品一般是不动产、大型机械设备、股票和债券等。

企业申请长期贷款必须具备一定的条件：①独立核算、自负盈亏、有法人资格；②经营方向和业务范围符合国家产业政策，借款用途属于贷款管理办法规定的范围；③借款企业具有一定的物资和财产保证，担保单位具有相应的经济实力；④具有偿还贷款的能力；⑤财务管理和经济核算制度健全，资金使用效益及企业经济效益良好；⑥在贷款银行设有账户，办理结算。

具备上述条件的企业欲取得贷款，先要向金融机构提出申请，陈述借款原因与金额、用款时间与计划、还款期限与计划。银行根据企业的借款申请，针对企业的财务状况、信用情况、盈利的稳定性、发展前景、借款投资项目的可行性等进行审查。经审查同意贷款后，再与借款企业进一步协商贷款的具体条件，明确贷款的种类、用途、金额、利率、期限、还款的资金来源及方式、保护性条款和违约责任等，并以借款合同的形式将其法律化。借款合同生效后，企业便可取得借款。

（2）长期借款合同的保护性条款

由于长期借款的期限长、风险大，按照国际惯例，金融机构通常要对借款企业提出一些有助于保证贷款按时足额偿还的条件。这些条件写入贷款合同中，形成了合同的保护性条款。归纳起来，保护性条款大致有以下两类：

1）一般性保护条款。一般性保护条款应用于大多数借款合同，但根据具体情况会有不同内容，主要包括：①对借款企业流动资金保持量的规定，其目的在于保持借款企业资金的流动性和偿债能力；②对支付现金股利和再购入股票的限制，其目的在于限制现金外流；③对资本支出规模的限制，其目的在于减小企业日后不得不变卖固定资产以偿还贷款的可能性，仍着眼于保持借款企业资金的流动性；④限制其他长期债务，其目的在于防止其他贷款人取得对企业资产的优先求偿权；⑤借款企业定期向银行提交财务报表，其目的在于及时掌握企业的财务情况；⑥不准在正常情况下出售较多资产，以保持企业正常的生产经营能力；⑦如期缴纳税金和清偿其他到期债务，以防被罚款而造成现金流失；⑧不准以任何资产作为其他承诺的担保或抵押，以避免企业过重的负担；⑨不准贴现应收票据或出售应收账款，以避免或有负债；⑩限制租赁固定资产的规模，其目的在于防止企业负担巨额租金以致削弱其偿债能力并防止企业以租赁固定资产的办法摆脱对其资本支出和负债的约束。

2）特殊性保护条款。特殊性保护条款是针对某些特殊情况而出现在部分借款合同中的，主要包括：①贷款专款专用；②不准企业投资于短期内不能收回资金的项目；③限制企业高级职员的薪金和奖金总额；④要求企业主要领导人在合同有效期间担任领导职务；⑤要求企业主要领导人购买人身保险等。

（3）长期借款的利息及偿还方式

长期借款的利率相对较高，但信用好或抵押品流动性强的借款企业，仍然可以争取到较低的长期借款利率。长期借款利率有固定利率和浮动利率两种。浮动利率通常有最高、最低限制，并在借款合同中明确。对于借款企业来讲，若预测市场利率将上升，则应与金融机构签订固定利率合同；反之，则应签订浮动利率合同。

长期借款的偿还方式不一，包括：①定期支付利息、到期一次性偿还本金的方式；②如同短期借款的定期等额偿还方式；③平时逐期偿还小额本金和利息、期末偿还余下的大额部分本息的方式。第①种偿还方式会加大企业借款到期时的还款压力；而定期等额偿还又会提高企业使用贷款的实际利率水平。

（4）长期借款与长期债券的特点比较

与发行长期债券的筹资形式相比，长期借款筹资的特点包括以下几方面：

1）筹资速度快。长期借款的手续比发行债券简单得多，得到借款所花费的时间较短。

2）借款弹性较大。借款时企业与金融机构直接交涉，有关条件可谈判确定；用款期间发生变动，也可与对方再协商。而债券筹资所面对的是社会广大投资者，协商改善筹资条件的可能性很小。

3）借款成本较低。长期借款利率一般低于债券利率，且由于借款属于直接筹资，筹资费用也较少。

4）长期借款的限制性条款比较多，制约了企业对借款的灵活利用。

3. 融资租赁

施工企业需要大型机械设备，在没有资金来源时，可采用融资租赁的办法获得。所谓融资租赁，就是由租赁公司按承租单位的要求融通资金购买承租单位所需要的大型机械设备，在较长的契约或合同期内提供给承租单位使用并收取租金的租赁业务。它是以融通资金为主要目的的租赁，是融资与融物相结合的、带有商品销售性质的借贷活动，是现代企业筹集资金的一种特殊形式。融资租赁使施工企业通过"融物"的形式达到了"融资"的目的。

融资租赁是目前国际上最普遍、最基本的非银行金融形式。融资租赁的主要作用在于企业可有效缩短项目的建设期限，规避市场风险并利用租赁设备在未来生产中创造价值。我国融资租赁行业自2009年以后取得长足发展，2019年至2020年达到高峰，之后随着国内融资租赁监管标准不断提高，开始步入转型优化阶段。2021年5月起，国资委、央行、银保监会陆续发文规范融资租赁行业的发展，受行业监管体系调整及疫情影响，2021年以后国内

融资租赁企业数量逐年减少，租赁合同余额持续下降。数据显示，2023年融资租赁行业企业数为8846家，比2021年减少了3071家，降幅达到25.77%；截至2023年9月月末，我国融资租赁合同余额约为57600亿元，比2021年年底减少约4500亿元，下降幅度约7.25%。减降以外资租赁企业退出市场为主。

融资租赁可根据业务模式分类为直接租赁、杠杆租赁、售后租回等。目前我国以售回租的模式最为普遍，而银行融资的杠杆租赁模式是当前融资租赁的首要融资渠道，占比高达70%以上。

（1）融资租赁业务的特征

融资租赁业务与传统的经营租赁业务相比较，具有如下特征：

1）兼有融资、融物两种职能。它通过为企业购买所需设备，并将所购设备租给企业使用的"融物"的方式达到使企业完成特定方向的"融资"目的。

2）出租人保留租赁资产的所有权，但与该资产所有权有关的全部营运风险等环节全部转移给承租方。

是否转移与租赁资产相关的风险与报酬是区分融资租赁和经营租赁的本质标准。

3）该项业务涉及三方当事人的关系，至少要订立两个合同：一个是出租方与承租方之间订立的租赁合同，另一个是出租方与供货方之间订立的购货合同。这两个合同是相互联系、同时订立的。在两个合同的条款中，都需明确规定相互间的关系、权利和义务。如在租赁合同中，要规定承租方负责验收设备，出租方不负责所购设备质量、数量不符的责任，但出租方授权承租方负责向供货方交涉索赔。在购货合同中，则规定所购设备出租给承租方使用，授权承租方验收设备和索赔。

4）融资租赁合同一经订立，任何一方不得撤销。为了保护各方的利益，承租方不能因为市场利率降低而在租期未到前提前终止合同，也不能因为有了新型高效率设备而撤销合同，退还设备；同样，出租方也不能因为市场利率提高或设备涨价而要求提高租赁费。

5）承租方对设备和供货商有选择的权利。在融资租赁中，设备是由出租方根据承租方的设备清单和选定的厂商购买的，承租方参加谈判，设备按承租方所指定的地点由供货方直接运交承租方并由承租方对设备的质量、规格、技术性能和数量等方面进行验收。出租方凭承租方的验收合格通知书向供货方支付货款。

6）租赁期满，承租方有权按合同中规定的归承租方留购、续租或退回出租方等方式对设备进行处置。在国外，承租方要将租赁设备留归自己所有，必须以议定价格或名义价格购买。所谓名义价格，就是一元或若干元的价格，实质上是为了完成法律手续，将出租方对设备的所有权转让给承租方。我国财务制度则规定，只要租赁期满，就可将融资租赁设备按合同规定转归承租方所有，不必办理所有权转让法律手续。

7）在大多数情况下，出租人不承担保险和纳税义务，而是由承租人履行这些义务并承担租赁资产的折旧、修理及其他相关费用，即承租人在租赁期间应将所承租设备视同本公司所有财产。

（2）融资租赁设备租赁费的计算

融资租赁设备的租赁费，除租赁设备的购置成本、利息和有关费用外，还应包括出租方一定的利润。计算融资设备的租赁费，首先要确定租赁利率。租赁利率也叫作内含利率，即包括手续费和一定利润在内的利率。租赁利率的确定要考虑多方面因素，其中主要的是租赁合同签订时出租方在金融市场上所能筹措到的资金成本，即金融市场利率加上一次性的筹资费用如担保费、法律费用等。利率有固定和浮动两种，以固定利率计算的租赁费在整个租赁期间不变；以浮动利率计算的租赁费，每期的租赁费随每期期初利率的变化而变化。一般来讲，融资租赁大都采用固定利率。因为就承租方来说，固定租赁费有利于较正确地预计施工生产成本，而且无利率变动的风险，特别是在通货膨胀期间。

融资租赁设备的租赁费的计算，一般可根据设备成本（包括买价、运输费、途中保险费及安装调试费等）和租赁利率、租赁期限、租赁费支付次数，按照下列公式进行计算：

$$每年支付租赁费 = 租赁设备成本 \times \frac{i(1+i)^n}{(1+i)^n - 1} \tag{3-3}$$

式中　　i——租赁利率；

　　　　n——租赁费支付次数，即租赁年限乘以每年支付次数；

$\frac{i(1+i)^n}{(1+i)^n - 1}$——投资回收系数，是普通年金现值系数的倒数。

> **[例 3-5]** 某施工企业向机械设备租赁公司融资租赁一台大型起重机，该台起重机购置成本为 500 万元，租赁年利率为 10%，每年年底支付一次，租赁期为 5 年，则
>
> $$每年支付租金 = 500\ 万元 \times \frac{0.1 \times (1+0.1)^5}{(1+0.1)^5 - 1} = 500\ 万元 \times (A/P, 10\%, 5)$$
> $$= 500\ 万元 \times 0.2638 = 131.9\ 万元$$

假如融资租赁固定资产的安装调试费由承租方用自有资金支付，则在计算租赁费时的融资租赁固定资产成本，不应包括安装调试费。

又如租赁费不是按年支付，而是按月支付，则要将年利率换算成月利率，并将租赁费支付次数按 60 次（12 次×5）考虑，然后按照上列公式计算每次支付的租赁费用。

（3）融资租赁的优缺点

施工企业采用融资租赁方式解决资金融通问题有如下优点：

1）在企业资金短缺的情况下，可以引进先进机械设备，加速技术改造的步伐。融资租赁这种筹资渠道可以先不付或先付很少的钱，却能得到所需的机械设备，进一步增加了公司筹资的灵活性。机械设备投产后，企业可以用施工经营所得在一定年度内分期偿付租赁费。这样，企业可以早引进、早投产、早得益，争取到技术竞争优势。当今世界，技术日新月异，拥有先进技术、先进机械设备的企业才能承担大型建筑安装工程，才能建造优质、低成本的工程。如果单纯依靠企业自身积累资金购买机械设备，就可能会错失良机、失去市场。

2）融资与融物相结合，可以加速技术设备的引进。企业购买国内外机械设备，一般至少需要两个环节：首先是筹措资金环节，向银行申请贷款，经审查批准需要相当长的时间；第二个环节是向生产厂商采购国内机械设备或委托外贸公司采购国外机械设备。环节增多，手续、费用也就增加。利用融资租赁方式，融资与引进机械设备的费用，都由机械设备租赁

公司承担，使施工企业能迅速获得所需机械设备，又可节约费用开支；并且采用融资租赁方式，承租企业与生产厂商直接见面，直接参加洽谈，择优选购，可以获得较满意的机械设备。

3）可以促使企业加强管理，努力提高经济效益。企业采用融资租赁方式租入机械设备，要按期支付租赁费用，这就促使企业在租赁机械设备以前，要从经济上、财务上很好地分析计算投产后的经济效益和还款能力。机械设备引进后，为了支付租赁费，企业势必要提高机械设备的完好率和利用率，加强管理。

4）租赁费用可以在所得税前扣除，承租公司因此可以享受税收上的优惠。

融资租赁与其他筹资方式相比，也存在以下一些不足之处：

1）融资成本相对较高。尽管融资租赁没有明显的利息成本，但出租人所获得的报酬必定隐含于其租金中。一般来说，融资租赁的租金总额通常要高于一次性购买设备价值的 30%左右。而且在财务困难时期，每期固定支付的大额租金也容易成为企业的一项沉重的财务负担。

2）承租人对设备进行改良需要经过出租人同意，否则不得随意进行。采用融资租赁方式，如果不能享有设备残值，也可以视为是企业的一项机会损失。

3）承租人要承担市场利率降低或技术更新过快所带来的风险。

3.3.2 短期负债筹资

短期负债筹资一般是指企业筹资期限不超过 1 年的筹资行为。与长期负债筹资相比较，短期负债筹资有如下一些特点：

1）筹资速度快，容易取得。长期负债筹资的债权人为了保护自身利益，往往要对债务人进行全面的财务调查，因此筹资所需时间一般较长且不易取得。短期负债在较短时间内即可归还，债权人承担风险较低，因此，在财务审查方面较简单，借款容易取得。

2）筹资富有弹性。举借长期负债，债权人或有关方面经常会向债务人提出很多限定性条件或管理规定；而短期负债的限制则相对宽松，使筹资企业的资金使用较为灵活。

3）筹资成本相对较低。由于债权人承担的风险相对较小，因此短期负债的利率一般低于长期负债，筹资成本相对较低。

4）筹资风险高。短期负债需要在短期内偿还，因而要求筹资企业在短期内拿出足够的资金偿还债务；若企业届时资金安排不当，就会陷入财务危机。此外，短期负债利率的波动性相对较大，出现"利率倒挂"的可能性也是有的。

目前我国施工企业短期负债筹资的主要形式是商业信用和短期借款。

1. 商业信用

商业信用是企业在商品购销活动过程中因预收货款或延期付款而形成的企业间的借贷关系。它是在商品交易中因货物与钱款在时间上的分离而形成的企业间的直接信用行为。因此，在西方国家又称之为自然筹资方式。由于商业信用是企业间相互提供的，因此在大多数情况下，商业信用筹资属于无成本筹资。该形式运用广泛，在短期负债筹资中占有相当大的比重。

商业信用的种类一般包括预收工程款、应付账款、应付票据等。

(1) 预收工程款

预收工程款从建设单位角度又称为工程预付款,是建设工程施工合同订立后由发包人按照合同约定,在正式开工前预先支付给承包人的工程款。它是施工准备和所需要材料、结构件等流动资金的主要来源,国内习惯上又称为预付备料款。工程预付款的具体事宜由承发包双方根据建设行政主管部门的规定,结合工程款、建设工期和包工包料情况在合同中约定。

在《建设工程施工合同(示范文本)》(GF—2013—0201)中,对有关工程预付款做了如下约定:实行工程预付款的,预付款的支付按照专用合同条款约定执行,但至迟应在开工通知载明的开工日期7天前支付。预付款应当用于材料、工程设备、施工设备的采购及修建临时工程、组织施工队伍进场等。

除专用合同条款另有约定外,预付款在进度付款中同比例扣回。在颁发工程接收证书前,提前解除合同的,尚未扣完的预付款应与合同价款一并结算。

发包人逾期支付预付款超过7天的,承包人有权向发包人发出要求预付的催告通知,发包人收到通知后7天内仍未支付的,承包人有权暂停施工,并按《建设工程施工合同(示范文本)》第16.1.1项〔发包人违约的情形〕执行。

发包人要求承包人提供预付款担保的,承包人应在发包人支付预付款7天前提供预付款担保,专用合同条款另有约定除外。预付款担保可采用银行保函、担保公司担保等形式,具体由合同当事人在专用合同条款中约定。在预付款完全扣回之前,承包人应保证预付款担保持续有效。

发包人在工程款中逐期扣回预付款后,预付款担保额度应相应减少,但剩余的预付款担保金额不得低于未被扣回的预付款金额。

工程预付款额度,各地区、各部门的规定不完全相同,主要是为保证施工所需材料和构件的正常储备。它一般是根据施工工期、建安工作量、主要材料和构件费用占建安工作量的比例及材料储备周期等因素经测算来确定的。发包人根据工程的特点、工期长短、市场行情和供求规律等因素,招标时在合同条件中约定工程预付款的百分比。

预收工程款或工程预付款是施工工程发包单位和承包单位之间的直接信用行为。它不但可以缓和施工企业收支不平衡的矛盾,而且可以防止发包建设单位在投资上留有缺口,或因通货膨胀导致投资不足时拖欠工程款,给施工企业的流动资金周转带来困难。

(2) 应付账款

应付账款是赊购商品或延期支付劳务款时形成的应付欠款,是一种典型的商业信用形式。施工企业向销货单位购买机械设备、建筑材料,商定在收到货物后一定时期内付款,在这段时期内,等于施工企业向销货单位借了等同于货物价款的金额。销货单位利用这种方式促销,而从购货方的角度来说,可以弥补企业暂时的资金短缺。应付账款不同于应付票据,它采用"赊购"的方式,依据企业之间的信用来维系。

1) 应付账款的成本。同应收账款相对应,应付账款也有付款期限、折扣率、折扣期等信用条件。根据筹资企业对信用条件的利用情况,应付账款可以分为:①免费信用,即筹资企业在规定折扣期内享受折扣而获得的信用;②有代价信用,即筹资企业放弃折扣(付出代价）而获得的信用；③展期信用，即筹资企业超过规定信用期延迟付款而强行获得的信用。展期信用一般意味着企业无形资产（信誉）的损失，对企业影响较大。

> [例3-6] 某企业按2/10、N/30（即10天内付款可以享受2%的折扣，30天内则按照发票金额付款）的条件购入货物100万元。如果该企业在10天内付款，便可以享受10天的免费信用期，并获得折扣2万元（100万元×2%）；倘若该企业放弃折扣，在10天后（不超过30天信用期内）付款，该企业便要承受因放弃折扣而造成的隐含利息成本。一般而言，企业如果放弃折扣优惠，则会将付款期推迟到信用期的最后一天，所以放弃现金折扣的年化成本可由下式求得：
>
> $$\text{放弃现金折扣成本} = \frac{\text{折扣百分比}}{1-\text{折扣百分比}} \times \frac{360 \text{ 天}}{\text{信用期}-\text{折扣期}} \quad (3-4)$$
>
> 利用式（3-4）可以计算该企业放弃折扣所负担的（年化）筹资成本为
>
> $$\frac{2\%}{1-2\%} \times \frac{360 \text{ 天}}{30 \text{ 天}-10 \text{ 天}} = 36.73\%$$
>
> 式（3-4）表明，放弃现金折扣的成本与折扣百分比的大小、折扣期的长短同方向变化，与信用期的长短反方向变化。可见，如果买方企业放弃折扣而获得信用，其代价是较高的。然而，企业在放弃折扣的情况下，推迟付款的时间越长，其成本便会越小。例如，如果企业能够延至50天付款，则其成本为
>
> $$\frac{2\%}{1-2\%} \times \frac{360 \text{ 天}}{50 \text{ 天}-10 \text{ 天}} = 18.37\%$$

企业一旦放弃折扣，就都会将付款期延至信用期最后一天。而企业展期付款虽能降低放弃折扣成本，但信用损失将是巨大的。展期付款带来的损失主要是指因企业信用恶化而丧失供应商乃至其他贷款人的信任，以致日后招致更为苛刻的信用条件甚至失去合作机会。

2）利用现金折扣的决策。在附有信用条件的情况下，因为获得不同信用要负担不同的代价，买方企业便需要针对信用政策的利用做出决策。一般来说，如果能以低于放弃折扣的隐含利息成本（实质是一种机会成本）的利率借入资金，便应在现金折扣期内用借入的资金支付货款，享受现金折扣。例如，若与上例同期的银行短期借款年利率为12%，则买方企业应利用借款在折扣期内偿还应付账款享受折扣；反之，企业应放弃折扣。

如果在折扣期内将应付账款用于短期投资，所得的投资收益高于放弃折扣的隐含利息成本，则应放弃折扣而去追求更高的收益。当然，假使企业放弃折扣优惠，也应将付款日推迟至信用期内的最后一天以降低放弃折扣的成本。

如果企业因缺乏资金而欲展期付款，如［例3-6］中将付款日推迟到第50天，则需在降低了的放弃折扣成本与展期付款带来的损失之间做出选择。

如果面对两家以上提供不同信用条件的卖方，应通过衡量放弃折扣成本的大小，选择信用成本最小（或所获利益最大）的一家。如上例中另有一家供应商提出2/20、N/45的信用条件，则其放弃折扣的成本为

$$\frac{2\%}{1-2\%} \times \frac{360 \text{ 天}}{45 \text{ 天} - 20 \text{ 天}} = 29.39\%$$

与［例 3-6］中 2/10、N/30 信用条件的情况相比，则后者的放弃折扣成本略低。

(3) 应付票据

应付票据是企业进行延期付款购货时，根据购销合同，向卖方开出或承兑的反映债权债务关系的商业票据。根据承兑人不同，应付票据分为商业承兑汇票和银行承兑汇票两种。应付票据的付款期限，最长不超过 6 个月。应付票据分为带息和不带息两种。带息票据要加计利息，不属于免费筹资；而不带息票据，则不计利息，与应付账款一样，属于免费信用。我国目前大多数应付票据属于不带息票据。应付票据的利率一般低于银行借款利率，且无须保持相应的补偿性余额和支付协议费，所以其筹资成本低于银行短期借款。但应付票据到期必须兑付，延期则要交付罚金，因而财务风险相对大些。

从西方发达国家企业结算业务来看，一般是企业在无力按期支付应付账款时，才由买方开出带息票据。因此，它是在应付账款逾期未付时，以票据方式重新建立信用的一种做法，与我国商业票据的应用不完全相同。

商业信用筹资最大的优越性在于容易取得。首先，对于多数企业来说，商业信用是一种持续性的信贷形式，且无须正式办理筹资手续；其次，如果没有现金折扣或使用不带息票据，则商业信用筹资无需负担成本。商业信用筹资的缺点在于筹资期限较短，通常在放弃现金折扣时所付出的成本代价较高。

2. 短期借款

短期借款是指企业向银行和其他非银行金融机构借入的期限在一年以内（含一年）的借款。

(1) 短期借款的种类

我国目前的短期借款按照目的和用途来划分，主要有生产周转借款、临时借款、结算借款等。按照国际通行的做法，短期借款还可以有以下分类：按照偿还方式的不同，分为一次性偿还借款和分期偿还借款；按照利息支付方法的不同，分为收款法借款、贴现法借款和加息法借款；按照有无担保物，分为抵押借款和信用借款等。

企业通过短期借款筹资，也必须首先提出申请，经审查同意后借贷双方签订借款合同，注明借款的用途、金额、利率、期限、还款方式和违约责任等，然后企业才能根据借款合同办理借款手续并取得借款。

(2) 短期借款的信用条件

按照国际通行的做法，金融机构发放短期借款也往往带有一些信用条件以减少风险，企业在申请借款时，应根据各种借款的条件和需要加以选择。这些约束性的信用条件主要有以下几个：

1) 信贷限额（Line of Credit）。它是指金融机构对借款人规定的无担保贷款的最高限额。信贷限额的有效期限通常为一年，但根据情况也可延期一年。一般来讲，企业在批准的信贷限额和有效期内，可随时使用银行短期借款。但是，银行并不承担必须提供全部信贷限额的义务；如果企业信用恶化，即使银行曾同意过按信贷限额提供贷款，企业也可能得不到借款。这种情况下银行无须承担任何法律责任。

2）周转信贷协定（Revolving Credit Agreement）。它是指银行具有法律义务地承诺在一定期限内提供不超过某一最高限额的贷款协定。在协定的有效期内，只要企业的借款总额未超过最高限额，银行就必须满足企业任何时候提出的借款要求。企业享用周转信贷协定，通常要就贷款限额的未使用部分付给银行一笔承诺费（Commitment Fee）。

[例 3-7] 某企业获得的周转信贷限额为 1000 万元，承诺费费率为 0.5%，借款企业年度内共使用了 600 万元，还有 400 万元未曾动用，借款企业该年度要向银行支付承诺费 2 万元（400 万元×0.5%）。这是银行向企业提供此项贷款的一项附加条件。

周转信贷协定的有效期通常超过一年，但实际上贷款每几个月发放一次，所以这种信贷条件具有短期借款和长期借款的双重属性。

3）补偿性余额（Compensating Balances）。它是指银行要求借款企业在银行中保持按贷款限额或实际借款额一定比例（一般为 10%~20%）计算的最低存款余额。从银行的角度来讲，补偿性余额可降低贷款风险，必要时用以补偿放贷方可能遭受的贷款损失；而对于借款企业来讲，补偿性余额则提高了借款的实际利率。

[例 3-8] 某企业按年利率 8% 向银行借款 100 万元，银行要求维持贷款额度 15% 的补偿性余额，这就相当于企业实际可用的借款只有 85 万元，则该项借款的实际利率为

$$\frac{100 \text{万元} \times 8\%}{100 \text{万元} \times (1-15\%)} \times 100\% = 9.41\%$$

短期借款筹资中的周转信贷协定、补偿性余额等条件也同样适用于长期借款，并提高长期借款的实际利率水平。

4）借款抵押。金融机构向财务风险较大的企业或对其信用不甚有把握的企业发放贷款，会要求企业提供抵押品做担保，以减少自己蒙受损失的风险。短期借款的抵押品通常是借款企业的应收账款、存货、股票、债券等。金融机构接受抵押品后，将根据抵押品的核定价值决定贷款金额，一般为抵押品核定价值的 30%~90%。这一比例的高低，取决于抵押品的变现能力和贷款方的风险偏好。抵押借款的筹资成本通常偏高，因为贷款方将抵押贷款看成一种风险投资，故而收取较高的利率；同时金融机构管理抵押贷款要比管理非抵押贷款困难，为此往往另外收取手续费。

企业向贷款人提供抵押品，会限制自身财产的自由使用和未来的借款能力。

5）偿还条件。贷款的偿还有到期一次偿还和在贷款期内定期（每月、季）等额偿还两种方式。一般来讲，企业不希望采用后一种偿还方式，因为这会提高借款的实际利率；而银行不希望采用前一种偿还方式，因为这会加重企业的财务负担，增加企业拒付的可能性。

6）其他承诺。银行有时还要求企业为取得贷款而做出其他承诺，如及时提供财务报表，保持适当的财务水平（如特定的流动比率）等。如企业违背所做出的承诺，银行可要求企业立即偿还全部贷款。

(3) 短期借款利率及利息支付方法

短期借款的利率多种多样，利息支付方法也各不相同，金融机构将根据借款企业的具体情况选用。

1) 短期借款利率。短期借款的优惠利率是银行向财力雄厚、经营状况好的企业贷款时收取的名义利率，为贷款利率的最低限；浮动优惠利率则是一种随其他短期利率的变动而浮动的优惠利率，即随市场条件的变化而随时调整变化的优惠利率；非优惠利率是银行贷款给一般企业时收取的高于优惠利率的利率，这种利率经常在优惠利率的基础上加一定的百分比。例如，银行按高于优惠利率1%的利率向某企业贷款，若当时的最优利率为6%，向该企业贷款收取的利率即7%。非优惠利率与优惠利率之间差距的大小，由借款企业的信誉、与银行的往来关系及当时的信贷状况所决定。

2) 借款利息的支付方法。一般来讲，借款企业可以用三种方法支付银行贷款利息。

① 收款法是在借款到期时向银行支付利息的方法。银行向工商企业发放的短期贷款大都采用这种方法收息。

② 贴现法是银行向企业发放贷款时，先从本金中扣除利息部分，到期时借款企业偿还贷款全部本金的一种计息方法。采用这种方法，企业可利用的贷款额只有本金减去利息部分后的差额，因此贷款的实际利率高于名义利率。

③ 加息法是银行发放分期等额偿还贷款时采用的利息收取方法。在分期等额偿还贷款的情况下，银行要将根据名义利率计算的利息加到贷款本金上，计算出贷款的本息和，要求企业在贷款期内分期等额偿还本息之和的金额。由于贷款分期均衡偿还，借款企业实际上只平均使用了贷款本金的半数，却需支付全额利息。这样，企业所负担的实际利率便高于名义利率大约1倍。

[例3-9] 某企业从银行取得借款100万元，期限1年，年利率（即名义利率）为8%，利息额为8万元（100万元×8%）；采用贴现法付息，企业实际可利用的贷款额只有92万元（100万元-8万元）。则该项贷款的实际利率为

$$\frac{8 \text{万元}}{100 \text{万元} - 8 \text{万元}} \times 100\% = 8.7\%$$

(4) 短期借款筹资的特点

在短期负债筹资中，短期借款的重要性仅次于商业信用。短期借款可以随企业的需要合理安排，便于灵活使用，且取得方式也较简便；但其突出的缺点是短期内要归还，特别是在带有诸多附加条件的情况下更使财务风险加剧。

施工企业的季节性储备贷款是企业短期借款中较为特别的项目。因为施工生产大都露天进行，要受气候的影响。在有些季节，施工生产比较集中，所需材料储备就要增加。又如某些建筑材料，在生产、供应和运输等方面也存在季节性因素，需要提前采购储备，如河捞卵石只能在雨季或汛期前供应，北方水运原木要在封冻期前储备等。这样，施工企业在某一时期实际需要的流动资金，就会超出定额流动资金，如果企业没有多余的流动资金，就得向银行或其他金融机构举借季节性储备贷款。

但无论何种借款，借款企业都应按照合同规定按期偿还借款本息或续签合同。如不能归

还，贷款方可按合同规定，从借款企业的存款中扣回借款本息并计取罚金。借款企业如因资金调度困难需要延期归还借款时，应向贷款方提出延期还款计划。经审查同意后，按照延期还款计划归还借款。

3.3.3 债务资金的优化组合

由于各种债务资金的性质、筹资成本和便利程度有很大区别，施工企业在筹集债务资金时，要注意债务资金的优化组合，优选债务种类、优化债务期限及利率结构，使这种筹资方式发挥更大的优势。

1. 债务种类优化

在各种债务资金中，预收工程款、应付账款、应付票据等商业信用的筹资成本最低，一般不存在资金成本，且可以滚动使用，但用款期限较短。银行借款手续比较简便，利率低于债券资金，但通常附带一些限制性条款。债券资金用款期限较长，受债权人干涉较小，但发行债券手续较烦琐，资金成本相对较高。由于银行借款、债券资金和商业信用占用资金各有利弊，企业必须根据资金市场情况，依据自身条件，优选债务资金种类，在债务资金成本与债务约束之间寻求平衡，以求少约束、多功能而又低成本地利用债务资金。

2. 债务期限优化

一般来说，债务资金偿还期限越长越好。因为债务偿还期限越长，举债单位使用债权人资金的时间越长，有利于合理使用资金并如约加以偿还；但债务资金使用期越长，资金成本也就越高。债务资金使用期短的资金成本虽低，但不能按时还本付息的风险较大。因此，企业对不同期限的债务资金应合理搭配，以保持每年还款额的相对均衡，避免还款期限的过度集中。合理的债务还款期限组合，应以中长期债务为主，短期债务为辅，并从整体上形成较长的使用期限，以防由于债务资金偿还期限结构的不合理造成一时之间的财务危机。此外，当年内到期的长期债务在财务上通常会转为短期债务（流动负债）处理，但由于长期债务一般额度较大，会给当年的还本付息造成较大压力，因此，企业应格外注意长短期债务到期时间方面的合理搭配，以减少财务压力。

3. 债务资金利率结构优化

企业债务资金利率结构的优化是指债务资金的利息支付结构和利息习性结构的合理搭配。利息的支付结构由单利法和复利法组成，在其他条件相同的情况下，企业应尽可能选择到期按单利法付款的方式，这种方式的实际利率相对最低。利率的习性结构由固定利率和浮动利率组成，在通货膨胀持续、预期利率会上升的情况下，企业应选择固定利率以减少筹资成本；反之，则应选择浮动利率以避免风险。

必须指出，债务资金和权益资金在本质上存在不同，体现着不同的经济关系。权益资金是所有者的投资，体现所有权关系，可长期使用。它同企业利润分配有密切的联系，投资者既享有权利，又承担有限责任，权益资本收益是净利润分配的一种途径。债务资金是债权人的资金，体现债权债务关系，企业要按期偿还，一般要按固定利率付息，利息多少同企业利润分配没有联系。在我国，债务资金的利息计入财务费用，在计提企业所得税前扣除，而不从税后净利润中支付。企业在筹集资金时，应权衡这两类资金的经济性质和相应的经济利益问题，有选择地加以利用并保持两者的结构平衡。

复习思考题

1. 施工企业筹集资金的动机有哪几种？不同动机会产生什么结果？
2. 施工企业的主要筹资渠道和筹资方式有哪些？如何实现两者的有利结合？
3. 施工企业自有资金和债务资金在其属性上有哪些不同？
4. 施工企业在筹集资金时，一般应遵循哪些基本原则？
5. 股份有限公司和有限责任公司的资本金是怎样筹集的？筹集时要做好哪些工作？
6. 普通股的发行价格是怎样确定的？确定普通股发行价格应考虑哪些因素？
7. 什么是债务资金？施工企业的债务资金主要包括哪些？它们是怎样筹集的？
8. 为什么债务资金的资金成本相对较低？负债筹资的主要风险有哪些？
9. 短期债务筹资和长期债务筹资在信用条件上有什么异同？
10. 企业发行长期债券的发行价格如何确定？
11. 融资租赁业务具有哪些主要特征？
12. 要优化组合债务资金，应注意哪些方面的问题？

习 题

1. 某企业向银行借款 1000 万元，年利率 10%，期限为 1 年，若采用贴现法付息，则实际年利率是多少？
2. 企业按照年利率 7% 从银行借入资金 500 万元，该银行要求企业账面须保持 10% 的补偿性余额，请计算该笔借款的实际利率。
3. 某房地产企业准备发行面值 1000 元的债券，票面利率为 8%，期限 5 年。每年年末付息一次，到期一次还本。假设债券发行时的市场利率分别为 7%、8%、9%，分别计算确定债券的可执行发行价格。
4. 某房地产公司经批准发行面值 1000 元，票面利率 6%，期限 5 年的债券，到期一次性还本付息（单利）。若市场利率 8%，试确定债券的可执行发行价格。
5. 某企业按 2/20、N/50 的条件购入 1000 万元的货物，试确定企业放弃现金折扣的年化成本。若该企业展期付款至购货后 90 天，评价该企业的收益和成本情况。
6. 某企业拟采购一批物资，供应商报价如下：①立即付款，价格为 580 万元；②30 天内付款，价格为 588 万元；③31~60 天付款，价格为 594 万元；④61~90 天付款，价格为 600 万元。若该企业短期借款年化利率分别为：借款 30 天，年化利率 10%；借款 60 天，年化利率 12%；借款 90 天，年化利率 14%（每年按 360 天计算）。请计算该企业放弃折扣的年化成本，并确定对该企业最有利的付款方案。

第 3 章练习题
扫码进入小程序，完成答题即可获取答案

第4章
施工企业资金成本与资本结构决策

学习目标

- 了解资金成本的含义和正确计算及合理降低资金成本的作用，施工企业回避筹资风险的有效途径
- 掌握资金成本的定义及基本计算公式，不同筹资方式资金成本的计算方法，综合资金成本的计算方法
- 掌握经营杠杆系数、财务杠杆系数和复合杠杆系数的计算，最佳资本结构的决策方法及所要考虑的决策因素

施工企业筹集资金，必须在考虑货币时间价值的基础上研究资金利用的成本问题。只有当企业的资金利润率或项目的投资报酬率高于综合资金成本率时，企业才能利用所筹集和使用的资金取得较好的经济效益。

4.1 资金成本的计算

4.1.1 资金成本的含义

资金成本是一种机会成本，是在商品经济条件下由于资金所有权和资金使用权分离而形成的一个经济概念。从企业筹资的角度来讲，施工企业筹集资金的资金成本就是企业为取得和使用资金而支付的各种费用，它是资金使用者向资金所有者和融资机构支付的资金占用费和资金筹集费。其中，资金筹集费是指企业在资金筹集过程中支付的各项费用，包括向银行借款支付的手续费、股票债券印刷费、委托金融机构代理发行股票债券的手续费、注册费、律师费、资信评估费、公证费、担保费、广告费等。资金筹集费通常是在筹资过程中一次性发生的。资金占用费主要包括货币时间价值补偿和投资者要考虑的投资风险补偿两部分，是因为企业长时间占用所筹集的资金而需要付出的代价。投资风险大的资金，其占用费率也比较高，如长期借款利率高于短期借款利率、债券利率高于银行借款利率、股利率高于债券利率等。资金占用费同筹集资金额度、资金占用期限有直接联系，可看作资金成本的变动费

用，是在资金占用期间每期都要发生的。资金筹集费同筹集资金额度、资金占用期限一般没有直接的联系，可看作资金成本的固定费用。

4.1.2 资金成本的基础计算公式

在不同条件下筹集资金的成本并不相同。为了便于分析比较，资金成本通常以相对数表示。施工企业使用资金所负担的费用同筹集资金净额的比率，称为资金成本率（通常也称资金成本）。资金成本率和筹集资金总额、资金筹集费、资金占用费的关系，可用下列公式表示：

$$k = \frac{D}{P-f} = \frac{D}{P(1-F)} \tag{4-1}$$

式中　k——资金成本率；
　　　D——资金占用费；
　　　P——筹集资金总额；
　　　f——资金筹集费；
　　　F——筹资费率。

即

$$资金成本率 = \frac{资金占用费}{筹集资金总额 - 资金筹集费} \times 100\%$$

$$= \frac{资金占用费}{筹集资金总额 \times (1-筹资费率)} \times 100\%$$

$$筹资费率 = \frac{资金筹集费}{筹集资金总额} \times 100\%$$

当然，在筹集资金时估算的资金成本只是一个预测的估计值。因为据以测定资金成本的各项因素，都不是实际发生的数字，而是根据现在和未来的情况来确定的，今后都可能发生变动。

资金成本具有一般产品成本的基本属性，又有不同于一般产品成本的某些特征。产品成本既是资金耗费，又是补偿价值。资金成本是企业的耗费，企业要为此付出代价，而这代价最终也要作为收益的扣项来获得补偿，并且只能由企业自身进行补偿。但是资金成本又不同于一般产品成本，它不是都能计入工程、产品成本的财务费用的，其中如股利等权益资金的成本是作为税后净利润的分配额而不直接表现为费用支出。

4.1.3 资金成本的作用

（1）**正确计算和合理降低资金成本是制定筹资决策方案的基础**

资金成本是财务管理的一个重要概念。企业要达到股东财富最大化就必须使所有投入最小化，其中就包括综合资金成本最小化。因此，正确计算和合理降低资金成本，是制定筹资决策方案的基础。

（2）**资金成本是企业选择资金来源和筹资方式的重要考量标准**

企业从不同来源取得的资金，或采用不同方式取得的资金，其资金成本是不同的。企业资金构成发生变动，综合的资金成本率也会变动。为了以最少的代价、最方便地取得企业所需的资金,就必须分析各种资金来源资金成本的高低,并采用合理的筹资方式加以配置。当然,资金成本并不是选择筹资方式所要考虑的唯一因素。在各种筹资方式中,资金使用期的长短、资金取得的难易、资金偿还的条件等也是应该综合考虑的因素。但资金成本作为一项重要的经济因素,直接关系到筹资的经济效益,是一个不容回避的问题。

(3) 资金成本是评价企业资产投资项目可行性的主要经济标准

西方财务管理理论把资金成本定义为"一个投资项目必须赚得的最低收益率,以证明分配给这个项目的资金是合理的"。任何投资项目,如果它预期的投资报酬率不能达到资金成本率,则企业的收益在支付资金成本后将发生亏损,这个项目在经济上就是不可行的。只有预期的投资报酬率超过资金成本率,这个项目在经济上才是可行的。

4.2 不同筹资方式资金成本的计算

施工企业资金筹集的方式很多,各种筹资方式所获取的资金成本的计算方法也不一样。在同等条件下计算不同筹资方式的资金成本,有利于企业进行横向对比及进行资本结构决策。

4.2.1 银行借款资金成本

施工企业向银行借款,需要支付按规定利率计算的利息,一般不产生或只产生很少的资金筹集费用,如手续费、代理费、杂费、担保费、承诺费等。手续费是借款人按贷款额一定比例支付给贷款银行,属于银行在业务经营中的成本开支,包括房租、水电、人员工资和各种税金等;代理费是由银团贷款中的牵头银行向借款人收取的电报、电传、办公和联系等费用开支;杂费是由银团贷款中的牵头银行向借款人收取的为在借贷双方谈判至签订贷款协议期间而支付的差旅费和律师费等;担保费是按借款金额的一定比例支付给担保人的费用;承诺费是借款人在借贷双方签订协议后没有按期使用贷款,造成贷款银行资金闲置而由借款人给予补偿的一种费用。上列各项费用,不一定在每项借款时都会发生,要根据贷款银行或银团的有关规定估算,一般可估算一个筹资费率。如果该项费用在贷款额度中所占比例非常小,通常在计算资金成本时可以忽略不计。由于借款利息可以计入财务费用,在计算企业所得税的应纳税所得额之前列支,因此,在企业盈利的情况下,就可少缴纳一部分所得税。这样,企业净利润中实际负担的借款利息就应扣除少缴所得税部分,因此,银行借款资金成本(Cost of Loan) 的计算公式为

$$K_1 = \frac{I_1(1-T)}{L(1-F_1)} \tag{4-2}$$

式中 K_1——银行借款资金成本;
I_1——银行借款资金成本年利息;
T——企业所得税税率;
L——银行借款筹资额度,即借款本金;
F_1——银行借款筹资费用率。

因为银行借款年利率可以表示为 $R_1 = \dfrac{I_1}{L}$,所以上式也可以写作 $K_1 = \dfrac{R_1(1-T)}{1-F_1}$。

[例 4-1] 某施工企业向银行借款 500 万元，年利率为 10%，企业所得税税率为 25%，筹资费用率为 0.5%。试计算年度借款的税后资金成本。

$$K_1 = \frac{500\ 万元 \times 10\% \times (1-25\%)}{500\ 万元 \times (1-0.5\%)} = 7.54\%$$

如果银行借款附带补偿性余额条款，则应在借款本金中先扣除补偿性余额后再计算借款资金的实际成本。

4.2.2 债券筹资成本

企业发行债券通常都事先规定给付的年利率（一般高于同期银行存款利率），因为购买企业债券不但要承担风险，而且不能随时提取。企业支付的债券利息，同银行借款利息一样，可以计入财务费用，在税前利润中列支。因此，在企业盈利的情况下也可少缴一部分所得税，企业实际负担的债券利息，也应扣除少缴所得税部分。

企业发行债券，要发生申请发行的手续费、债券注册费、债券印刷费和代理发行费等筹资费用。筹资费的发生使企业实际取得的资金要少于债券的发行额。因此，企业债券筹资成本（Cost of Bond）的计算公式为

$$K_b = \frac{I_b(1-T)}{B(1-F_b)} \tag{4-3}$$

式中　K_b——债券筹资成本；
　　　I_b——债券年利息；
　　　T——企业所得税税率；
　　　B——债券筹资总额；
　　　F_b——债券筹资费用率。

[例 4-2] 某施工企业因扩大施工生产经营规模的需要，经申请批准按票面价值向社会发行债券 500 万元。债券年利率为 12%，筹资费率为 1%，企业所得税税率为 25%，计算该债券的筹资成本。

$$K_b = \frac{500\ 万元 \times 12\% \times (1-25\%)}{500\ 万元 \times (1-1\%)} = 9.09\%$$

债券的发行价格有平价（面值）发行、溢价发行、折价发行三种情况。由于不同发行价格直接影响最终企业可以获得的筹资总额，而企业承诺的债券票面利率却不可变动，所以造成不同发行价格债券筹资的资金成本不同。

[例 4-3] 承前例，假定该施工企业实际筹措资金 600 万元。试计算该债券资金的筹资成本。

$$K_b = \frac{500\ 万元 \times 12\% \times (1-25\%)}{600\ 万元 \times (1-1\%)} = 7.58\%$$

[例 4-4] 承前例，假定该施工企业实际筹措资金 400 万元，计算该债券资金的筹资成本。

$$K_b = \frac{500\,\text{万元} \times 12\% \times (1-25\%)}{400\,\text{万元} \times (1-1\%)} = 11.36\%$$

4.2.3 普通股筹资成本

普通股筹资成本（Cost of Common Stock）属于权益资金成本，普通股股票持有人的索赔权在所有债权人及优先股股东之后，其投资风险最大，因而股东预期的投资收益率也应比债务利息率高。这是筹措资金的股份制企业必须考虑的。普通股的股利发放是不固定的，通常随着经营状况的改变而逐年变化，这也导致股东的投资回报不够稳定；而且股利的发放是在缴纳了企业所得税之后的净利润中支出的，因此不能起到抵税的作用。

普通股的筹资成本从理论上讲应该是"普通股实际筹资额度是未来各期股利按照市场利率的折现总和"（永续持有），因此股利折现模型的基本公式为

$$P_c(1-F_c) = \sum_{t=1}^{n} \frac{D_t}{(1+K_c)^t} \tag{4-4}$$

式中　P_c——普通股筹资总额；
　　　F_c——筹资费率；
　　　D_t——第 t 年的股利；
　　　K_c——普通股的市场利率。

一个特例是如果企业能够做到每年固定支付一定额度的股利，用 D 表示，则上述模型可以简化为固定股利模型，并推演出普通股的筹资成本（市场利率）计算公式：

$$K_c = \frac{D}{P_c(1-F_c)} \times 100\% \tag{4-5}$$

如果股利的发放每年以固定比率 G 增长，若预计第 1 年的股利为 D_1，则第 2 年为 $D_1(1+G)$，第 3 年为 $D_1(1+G)^2$，第 n 年为 $D_1(1+G)^{n-1}$。因此，普通股筹资成本的计算公式为

$$K_c = \frac{D_1}{P_c(1-F_c)} + G \tag{4-6}$$

式中　K_c——普通股筹资成本；
　　　D_1——普通股预计第 1 年发放的股利额；
　　　P_c——普通股筹资总额；
　　　F_c——筹资费率；
　　　G——普通股股利预计每年的增长率。

[例 4-5] 某施工企业发行普通股筹资总额为 1000 万元，筹资费率为 2%，预计第一年发放的股利率为 10%，以后每年增长 3%。试计算其普通股筹资成本。

$$K_c = \frac{1000\text{万元} \times 10\%}{1000\text{万元} \times (1-2\%)} + 3\% = 13.2\%$$

在发行股票时，如按超出股票面值溢价发行，则应按实际发行价格（企业实际所筹措到的资金）计算筹资成本。

普通股筹资成本的高低本质上取决于该股票的投资风险状况。个股风险越大，投资者要求的投资回报就越高，企业必须努力使所发放的股利满足投资预期，才能保持股票价格稳定甚至持续增长。投资者预期的回报通常是在市场无风险报酬率和平均风险股票必要报酬率的基础上，结合个股风险水平来评估的，因此企业还可以按照"资本资产定价模型法"来计算普通股筹资成本 K_c，其计算公式为

$$K_c = R_f + \beta(R_m - R_f) \tag{4-7}$$

式中 R_f——无风险报酬率；

R_m——平均风险股票必要报酬率；

β——个股风险系数。

[例 4-6] 某期间市场无风险报酬率为 5%，平均风险股票必要报酬率为 12%，某公司普通股 β 系数为 1.2。试计算其普通股筹资成本。

$$K_c = 5\% + 1.2 \times (12\% - 5\%) = 13.4\%$$

4.2.4 留存收益成本

留存收益是企业内部形成的资金来源，实际上是普通股股金的增加额。普通股股东虽没有以股利形式取得这部分收益，但可以从股票价值（因每股净资产额增加）的提高中得以补偿，等于股东对企业追加了投资。对普通股股东，这一部分追加投资也要给以相同比率的报酬。因此留存收益成本的计算方法基本上与普通股股金相同。但由于留存收益来源于企业净利润的直接提留，不需要支付资金筹集费，所以它的筹资成本要略低于普通股筹资成本。以股利固定增长模型为例，留存收益的资金成本（Cost of Retain Earning）计算公式为

$$K_r = \frac{D_1}{P_c} + G \tag{4-8}$$

式中 K_r——留存收益成本；

D_1——普通股预计第 1 年发放股利额；

P_c——留存收益资金总额；

G——普通股股利预计每年增长率。

[例 4-7] 假设例 [4-5] 中施工企业的留存收益共 1000 万元，其他条件与上述普通股股金相同，计算留存收益成本。

$$K_r = \frac{1000\text{万元} \times 10\%}{1000\text{万元}} + 3\% = 13\%$$

4.2.5 优先股筹资成本

优先股是相对于普通股而言的,它在利润分红及剩余财产分配等权利方面优先于普通股。优先股股东按照约定的股息率优先获得股利分配,优先股股利也是在企业所得税税后支付,因此具有明显的股票特征。但优先股股利固定,这又类似一种不需要到期还本的长期债券,因此,优先股常常被认为是介于普通股和债券之间的一种混合证券。

优先股的筹资成本(Cost of Preferred Stock)与股利固定支付的普通股情况类似,其计算公式为

$$K_\mathrm{p} = \frac{D_\mathrm{p}}{P_\mathrm{p}(1-F_\mathrm{p})} \times 100\% \tag{4-9}$$

式中 K_p——优先股筹资成本;

D_p——每年固定的优先股股利额;

P_p——优先股筹资总额;

F_p——优先股筹资费率。

与其他投资者相比,普通股股东所承担的风险最大,要求的报酬也最高,而且股利的支付属于净利润分配项目,不能抵扣企业所得税,因此,各种资金来源中,普通股的筹资成本是最高的。

以上介绍的是几种主要筹资方式的资金成本计算方法,用来说明影响有关资金来源的资金成本的基本因素,以及计算时应考虑的一些问题。但在实践中,资金成本的计算,要远较上述情况复杂,因为:①资金来源不仅限于以上几种;②每一种资金来源的资金成本计算方法又可能多种多样;③对未来时期的资金占用费如股利、利息的计算,还应考虑货币时间价值的因素,即把未来支出的终值换算成现值;④在有通货膨胀时,还要考虑通货膨胀和汇率变动等因素。

4.2.6 加权平均资金成本

施工企业通过不同方式、从不同来源取得的资金,其筹资成本是各不相同的。由于种种条件制约,企业往往不可能只从某种资金成本较低的来源来筹集施工项目所需要的全部资金。为了能够以最少的投入换取最大的产出,企业往往需要统筹衡量多种筹资方式的资金成本,再计算各种筹资方式组合的综合资金成本,即加权平均资金成本(Weighted Average Cost of Capital,WACC)。然后根据不同的筹资方式组合,寻找综合资金成本最低的筹资组合,以满足财务决策和经营决策的需要。加权平均资金成本的计算公式为

$$K_w = \sum_{j=1}^{n} + K_j W_j \tag{4-10}$$

式中 K_w——综合资金成本(加权平均资金成本);

K_j——某种筹资方式的资金成本;

W_j——某种筹资方式的筹资额占全部筹资额的比重,即权数,$\sum_{j=1}^{n} W_j = 1$。

[例 4-8] 某施工企业按账面价值权数确定的各种资金来源及其资金成本构成见表 4-1。

表 4-1 某施工企业资金成本构成

资金来源	筹资额/万元	税后资金成本（%）
普通股股金	1000	17.31
留存收益	100	17.00
债券资金	500	8.12
银行借款	500	6.70

则该企业的加权平均资金成本可计算如下：

$$K_w = \frac{1000\,\text{万元}}{2100\,\text{万元}} \times 17.31\% + \frac{100\,\text{万元}}{2100\,\text{万元}} \times 17\% + \frac{500\,\text{万元}}{2100\,\text{万元}} \times 8.12\% + \frac{500\,\text{万元}}{2100\,\text{万元}} \times 6.7\% = 12.58\%$$

上述计算中的不同资金来源的筹资额度占全部筹集资金额度的比重，是按照账面价值确定的，称为账面价值权数（Book Value Weights）。其资料容易取得，但反映的是企业过去的资本结构。当资金的账面价值与市场价值差别较大时，如股票的市场价格发生较大变动，计算结果会与实际有较大的差距，从而误导筹资决策。为了克服这一缺陷，某种筹资方式的筹资额占全部筹资额的比重的确定还可以按市场价值或目标价值确定，分别称为市场价值权数和目标价值权数。

市场价值权数（Market Value Weights）是指债券筹资和股票筹资以市场价格确定权数。这样计算的加权平均资金成本能反映企业目前的实际情况。同时，为弥补证券市场价格变动频繁的不便，也可选用平均交易价格来确定权数。

目标价值权数（Target Value Weights）是指债券筹资和股票筹资以未来预计的目标市场价值确定权数。这种权数能体现企业所期望的合理的资本结构，而不是像账面价值权数和市场价值权数那样只反映过去和现在的资本结构，所以按目标价值权数计算的加权平均资金成本更适用于企业未来的资本结构预测和结构调整决策。然而，企业很难客观合理地确定证券的目标价值，因而这种计算方法在实际操作上有一定的局限性。

4.3 杠杆原理与杠杆效应

施工企业负债经营，一方面要承受由于企业经营管理和市场环境变化引起的经营风险，而经营风险的存在会导致利润发生变动；另一方面企业负债筹资必须按时还本付息。如果企业经营状况恶化就可能导致不能按时还本付息，这种可能性称为财务风险。经营风险与财务风险的双重作用构成企业的筹资风险。

4.3.1 经营风险与经营杠杆

1. 经营风险

经营风险（Business Risks）是指企业因经营方面的原因而导致利润变动的风险。影响企业经营风险的因素很多，主要有以下几种：

1）产品需求。市场对企业产品的需求越稳定，经营风险就越小；反之，经营风险则越大。

2）产品售价。产品售价变动不大，经营风险则小；否则，经营风险就大。

3）产品成本。产品成本是收入的抵减，成本不稳定，会导致利润不稳定，因此产品成本变动大的，经营风险就大；反之，经营风险就小。

4）市场竞争。市场竞争激烈，企业的经营风险就大；反之，经营风险就小。

5）固定成本的比重。在企业全部成本中，固定成本所占比重较大时，单位产品分摊的固定成本额就多，若产量发生变动，单位产品分摊的固定成本会随之变动，最后导致利润更大幅度地变动，经营风险就大；反之，经营风险就小。

2. 经营杠杆

在上述影响企业经营风险的诸多因素中，除固定成本比重外，其他因素都是企业不可控的因素，但却直接影响企业的产品销量。而固定成本在总成本中的比重是可以随着产量和销售量发生变化的。在某一固定成本水平的作用下，销售量变动对息税前利润产生的作用，被称为经营杠杆（Operating Leverage）。由于经营杠杆对经营风险的影响最为综合，因此常常被用来衡量经营风险的大小。

经营杠杆效应一般用经营杠杆系数（Degree of Operating Leverage，DOL）表示。它是企业计算利息和所得税之前的利润（Earning Before Interests and Taxes，EBIT，简称息税前利润）变动率与销售量（Q）变动率之间的比率：

$$\text{DOL} = \frac{\Delta \text{EBIT}/\text{EBIT}}{\Delta Q/Q} \tag{4-11}$$

式中　DOL——经营杠杆系数；

ΔEBIT——息税前利润变动额；

EBIT——变动前的息税前利润；

ΔQ——销售变动量；

Q——变动前的销售量。

假定企业的成本-销量-利润之间保持线性关系，变动成本在销售收入中所占的比例不变，固定成本支出额度也保持稳定，经营杠杆系数便可通过销售额和成本来表示。从单一产品的角度可写为

$$\text{DOL}_Q = \frac{Q(P-V)}{Q(P-V)-F} \tag{4-12}$$

式中　DOL_Q——销售量为 Q 时的经营杠杆系数；

P——产品单位销售价格；

V——产品单位变动成本；

F——总固定成本；

Q——产品销售量。

如果企业经营的产品种类较多，则该公式也可以从企业销售总额方面记作

$$DOL_S = \frac{S-VC}{S-VC-F} \tag{4-13}$$

式中 DOL_S——销售额为 S 时的经营杠杆系数；
  VC——变动成本总额；
  F——总固定成本；
  S——销售额。

[例 4-9] 某施工企业附属的工业企业生产 A 产品，固定成本为 60 万元，变动成本率为 40%，当企业的销售额分别为 400 万元、200 万元、100 万元时，计算其经营杠杆系数。

DOL_{S_1}、DOL_{S_2} 和 DOL_{S_3} 分别表示销售额为 400 万元、200 万元、100 万元时的经营杠杆系数：

$$DOL_{S_1} = \frac{400\ 万元 - 400\ 万元 \times 40\%}{400\ 万元 - 400\ 万元 \times 40\% - 60\ 万元} = 1.33$$

$$DOL_{S_2} = \frac{200\ 万元 - 200\ 万元 \times 40\%}{200\ 万元 - 200\ 万元 \times 40\% - 60\ 万元} = 2$$

$$DOL_{S_3} = \frac{100\ 万元 - 100\ 万元 \times 40\%}{100\ 万元 - 100\ 万元 \times 40\% - 60\ 万元} \to \infty$$

以上计算结果说明以下问题：

1) 在固定成本不变的情况下，经营杠杆系数说明了销售额增长（减少）所引起利润增长（减少）的幅度。例如，DOL_{S_1} 说明在销售额为 400 万元时，销售额的增长（减少）会引起利润 1.33 倍的增长（减少）；DOL_{S_2} 说明在销售额为 200 万元时，销售额的增长（减少）将引起利润 2 倍的增长（减少）。

2) 在固定成本不变的情况下，销售额越大，经营杠杆系数越小，经营风险也就越小；反之，销售额越小，经营杠杆系数越大，经营风险也就越大。例如，当销售额为 400 万元时，DOL 为 1.33；当销售额为 200 万元时，DOL 为 2。显然后者利润的不稳定性大于前者，因而后者的经营风险大于前者。

3) 当销售额达到盈亏临界点时，经营杠杆系数趋于 ∞，此时企业经营只能保本；若销售额稍有增长便可出现盈利，而销售额稍有下降便会发生亏损。

企业一般可以通过增加销售额、降低产品单位变动成本、降低固定成本支出等措施使经营杠杆系数下降，降低经营风险；但这往往受到一些外在不可控制条件的制约。因此，在一定程度上可以说企业的经营风险带有较强的不可控性，而经营杠杆系数的高低往往受到行业性质和市场环境的影响较大。

4.3.2 财务风险和财务杠杆

1. 财务风险

财务风险（Financial Risks）即由于采取负债筹资方式而引起的债务到期不能偿还的可能性。不同的筹资方式表现为偿债压力的大小并不相同。自有资金属于企业可长期占用的资金,不存在还本付息的压力,因而不会给企业带来财务风险;债务资金则需要还本付息,而且不同期限、不同金额、不同使用效益的资金,其偿债压力也不相同。因此,必须确定不同负债筹资方式下债务资金的风险,以便于降低或回避风险和进行风险管理。

2. 财务杠杆

企业负债经营,无论盈利与否,债务利息都是需要固定支出的。当利润增大时,每一元利润所负担的利息就会相对减少,从而给权益资本投资者带来更大的收益。这种债务对权益资本投资者收益的影响称为财务杠杆(Financial Leverage)。当企业的资本结构中债务资本比率较高时,所有者将负担更多的债务资金成本,从而加大财务风险;反之,当债务资本比率较低时,财务风险就小。

财务杠杆分析

财务杠杆效应通常用财务杠杆系数(Degree of Financial Leverage,DFL)表示。在固定成本支出不变的情况下,企业的销售量变化会引起息税前利润发生相应的波动(经营杠杆效应),而息税前利润的波动最终将导致投资者收益发生怎样的变动,则取决于企业资本结构中债务资本的比重,所以财务杠杆系数是用息税前利润的波动程度对资本收益率变化的影响程度来表示的。财务杠杆系数越大,表明财务风险越大;财务杠杆系数越小,也就表明财务风险越小。财务杠杆系数的计算公式为

$$DFL = \frac{\Delta EPS/EPS}{\Delta EBIT/EBIT} \tag{4-14}$$

式中　DFL——财务杠杆系数;
　　　ΔEPS——普通股每股收益变动额;
　　　EPS——变动前的普通股每股收益;
　　　$\Delta EBIT$——息税前利润变动额;
　　　EBIT——变动前的息税前利润额。

据前文,上述公式还可以推导为

$$DFL = \frac{EBIT}{EBIT - I} \tag{4-15}$$

式中　I——债务利息总额。

[例4-10] A、B、C为三家经营业务相同的公司,它们的财务管理具体情况见表4-2。

表4-2　三家经营业务相同的公司财务管理具体情况　　(单位:元)

项目	A	B	C
普通股股金	2000000	1500000	1000000
发行股数	200000	150000	100000
债务(年利率为8%)	0	500000	1000000

(续)

项目	A	B	C
资本总额	2000000	2000000	2000000
息税前利润	200000	200000	200000
债务利息	0	40000	80000
税前利润	200000	160000	120000
所得税（税率为25%）	50000	40000	30000
税后利润	150000	120000	90000
普通股每股收益	0.75	0.8	0.9
息税前利润增加	200000	200000	200000
债务利息	0	40000	80000
税前利润	400000	360000	320000
所得税（税率为25%）	100000	90000	80000
税后利润	300000	270000	240000
普通股每股收益	1.5	1.8	2.4
财务杠杆系数	1	1.25	1.67

表 4-2 说明以下情况：

1) 财务杠杆系数表明的是息税前利润增长所引起的每股收益的增长幅度。例如，A 公司的息税前利润增长 1 倍时，其每股收益也增长 1 倍 (1.5÷0.75-1)；B 公司的息税前利润增长 1 倍时，其每股收益增长 1.25 倍 (1.8÷0.8-1)；C 公司的息税前利润增长 1 倍时，其每股收益增长 1.67 倍 (2.4÷0.9-1)。

2) 在资本总额、息税前利润相同的情况下，负债比率越高，财务杠杆系数越高，财务风险越大，但预期每股收益（投资者收益）也越高。例如，B 公司与 A 公司比较，负债比率高（B 公司资本负债率为 25%，A 公司资本负债率为 0），财务杠杆系数也高（B 公司为 1.25，A 公司为 1），财务风险大，但每股收益也高（B 公司为 0.8 元，A 公司为 0.75 元）；C 公司与 B 公司比较，负债比率高（C 公司资本负债率为 50%），财务杠杆系数高（C 公司为 1.67），财务风险大，但每股收益也高（C 公司为 0.9 元）。

负债比率是可以控制的。企业可以通过合理安排资本结构，适度负债，使财务杠杆利益抵消风险增大所带来的不利影响。

由于存在财务杠杆作用，当企业的息税前利润增长较快时，适当地利用负债经营，可使企业税后净利润更快增长，从而快速提高资本利润率，增加所有者权益；相反，当企业的息税前利润负增长时，负债经营可使资本利润率更快降低，为企业带来较大的财务风险。

4.3.3 复合杠杆效应

经营杠杆效应是通过扩大销售量影响息税前利润，而财务杠杆效应则通过扩大息税前利润影响税后收益。如果两种杠杆共同起作用，那么销售量稍有变动就会使每股收益产生相对较大的变动。通常把这两种杠杆的连锁作用称为复合杠杆作用（总杠杆效应）。

总杠杆效应可用总杠杆系数（Degree of Total Leverage，DTL）表示，它是经营杠杆系数和财务杠杆系数的乘积，其计算公式为

$$\text{DTL} = \text{DOL} \times \text{DFL} \tag{4-16}$$

针对公司的某一种产品，也可以表示为

$$\text{DTL} = \frac{Q(P-V)}{Q(P-V)-F-I}$$

或者针对公司的多种类产品，也可以表示为

$$\text{DTL} = \frac{S-\text{VC}}{S-\text{VC}-F-I}$$

[例 4-11] 甲公司的经营杠杆系数为 2，财务杠杆系数为 1.5，计算其总杠杆系数。
$$\text{DTL} = 2 \times 1.5 = 3$$

总杠杆系数的意义首先在于能够估计出销售量的变动对每股收益造成的影响程度。例如，[例 4-11] 中销售量每增长（减少）1 倍，就会造成每股收益增长（减少）3 倍。其次，它使我们看到了经营杠杆与财务杠杆之间的相互关系。总杠杆系数的高低意味着企业所承担的总体风险的高低，企业为了将总杠杆系数控制在一定范围内，经营杠杆和财务杠杆可以采取很多不同的组合，因为经营杠杆的作用是不可控的，而财务杠杆的作用则是公司可以控制的。例如，经营杠杆系数较高的公司可以在较低的程度上使用财务杠杆（低比例负债）；经营杠杆系数较低（经营风险小）的公司则可以在较高的程度上使用财务杠杆等。

4.3.4 筹资风险的回避

施工企业筹资风险的回避，应从以下几个方面考虑：

（1）施工经营所需资金应与施工周期匹配

企业在筹资时，对施工经营所需的资金，其借款期限的安排，应与施工周期匹配。例如，不收预收款并在竣工后一次结算的施工项目的施工周期若为 2 年，则在负债筹资时，第 1 年所需的资金用 2 年期的长期债务来提供；第 2 年所需的资金，用 1 年期短期债务来提供。当然，如果企业信用度好，也可用短期资金在期限上合理搭配，即一面举债、一面还款来满足长期在建工程占用资金的需要，以降低债务资金成本；同时，企业要按季分月编制现金收支预算，根据月度现金收支预算，组织日常现金收支的调度和平衡，既做到增收、节支，保证现金收支在数额上的平衡，又采取措施，保证现金收支数额在时间上的相互协调，确保债务资金的及时偿还。

(2) 调整负债比重，减少筹资风险

根据企业资产息税前利润率是否高于债务资金利率的标准来调整负债比重，从总体上减少筹资风险。当企业的盈利水平不高，资产息税前利润率低于债务资金利率时，如果负债筹资，就会降低资本利润率，可能出现收不抵支，不能偿还债务本息。在这种情况下，一方面要从静态上优化资本结构，增加企业自有资金的比重，降低总体上的债务风险；另一方面要从动态上根据资金需要与负债的可能，自动调节其债务结构，加强财务杠杆对企业筹资的自我约束。同时，要预测今后几年利率的变动趋势，在利率趋于上升时期，筹集固定利率借款；在利率趋于下降时期，采用浮动利率举债，以减轻付息压力。

(3) 加强施工经营管理，提高企业经济效益

企业在承包工程项目以前，必须进行可行性研究，对项目施工经济效益加以分析，同时要加强施工过程的成本管理，并做好工程价款的结算工作。经济效益的提高是保证企业按时归还债务本息的根本保证。

(4) 企业发生财务困难时及时实施债务重组

当企业施工经营不善、出现财务困难时，应主动与债权人协商，进行债务重组，争取债权人做出让步，同意现在或将来以低于重组债务账面价值的金额偿还债务。例如，银行免除企业积欠的利息，只收回本金；用部分设备抵偿债务；将债务转成债权人股权等，可使企业度过财务困境。

4.4 最佳资本结构决策

4.4.1 资本结构概述

资本结构也称资金结构，是指企业各种长期资金来源的构成及其比例关系，一般划分为长期债务资本和权益资本两部分。例如，某施工企业全部资本总额为 1000 万元，其中，银行借款 200 万元，债券筹资 260 万元，普通股筹资 300 万元，企业留用利润 240 万元，其构成比例为银行借款占 20%，债券筹资占 26%，普通股筹资占 30%，企业留存收益占 24%。其中，权益资本包括发行普通股和企业留存收益，共占资本总额的 54%；债务资本包括发行债券和银行借款，共占资本总额的 46%，这就是该企业当前的资本结构状况。由于财务风险受到经营风险的影响较大，而经营风险是企业无法控制的，因此企业全部资本中债务资本的占比对企业所承担的总风险的高低至关重要，资本结构的决策也就成为了债务资本在全部资本中的比重为多少的决策问题。

由于短期资金的需求量和资金的筹集是经常变化的，在整个资金总量中所占比重不稳定，因此一般不列入资本结构管理范畴，而仅作为营运资金管理。

要决策债务资本在全部资本中的比重问题，首先要研究自有资金在全部资金中所占的合理比例。对债权人来说，如果自有资金在企业资金中所占比例过小，企业对债务的保护能力就会不足，债权人的债权就不安全。所以，西方发达国家的银行都把借款人的资本充足率作为贷款首要的衡量标准。英美的银行规定，不论借款人背景如何，其本身所有的资金，一般应占全部资产的 30%~40%，只有这样，银行才能给予贷款；若达不到这个标准，一般不予贷款。这是因为根据他们的研究论证，当资本充足率低于这个标准时，借款人若遇到经营不佳，放弃从业走破产道路的可能性和欲望就会增加。当其本身所出资本很少而大部分为银行借款时，这些有限责任公司的破产只会给其本身带来比例很少的资本损失，而银行的贷款将遭受重大的损失。

从我国施工企业向银行借款的条件来看，大都要求投资项目先有 30% 的自有资金，这说明施工企业的自有资金在全部资金中的比例应在 30% 以上。至于它应占多大的比例，与建筑市场的景气度和能否向承包建设单位预收工程款等有关。在建筑市场繁荣时期，施工规模较大，工程盈利水平较高，企业根据财务杠杆原理可以借入较多资金，一般还能预收较多的工程款，自有资金所占比例可以相对较小。在建筑市场萧条时期，施工任务较少，工程盈利水平低，根据财务杠杆原理企业不宜过多向银行举债，而为了获得工程任务，有时还要承诺垫资施工，必然要求企业自有资金所占比例较大。

4.4.2 最佳资本结构决策方法

1. 每股收益无差别点分析法

判断资本结构合理与否有不同的方法，通过分析每股收益的变化来衡量的方法初衷是站在股东利益的角度，认为只有有利于提高每股收益的资本结构才是合理的，否则就不够合理。由此前的分析已经知道，每股收益的高低不仅受资本结构（财务风险）的影响，还受到销售水平高低（经营风险）的影响。每股收益分析是通过计算每股收益的无差别点来进行的。所谓每股收益的无差别点，是指每股收益不受融资方式影响的销售水平。根据每股收益无差别点，可以分析判断在什么样的销售水平下适于采用何种筹资方式。该方法也叫税后资本利润率平衡点法。每股收益无差别点可以通过计算得出。

每股收益（EPS）的计算公式为

$$\text{EPS} = \frac{(S-VC-F-I)(1-T)}{N} = \frac{(\text{EBIT}-I)(1-T)}{N} \tag{4-17}$$

式中　S——销售额；

　　　VC——变动成本总额；

　　　F——总固定成本；

　　　I——债务利息；

　　　T——企业所得税税率；

　　　N——流通在外的普通股股数；

　　　EBIT——息税前利润。

在每股收益无差别点（即某一销售水平或 EBIT 水平）上，无论是采用负债筹资，还是采用权益筹资，每股收益都是相等的。若以 EPS_1 代表负债筹资的每股收益，以 EPS_2 代表权益筹资的每股收益，则

$$\text{EPS}_1 = \text{EPS}_2$$

$$\frac{(S_1-VC_1-F_1-I_1)(1-T)}{N_1} = \frac{(S_2-VC_2-F_2-I_2)(1-T)}{N_2}$$

在每股收益无差别点上,$S_1 = S_2$,可统一用 S 表示,则:

$$\frac{(S-VC_1-F_1-I_1)(1-T)}{N_1} = \frac{(S-VC_2-F_2-I_2)(1-T)}{N_2}$$

能使上述条件公式成立的销售额 S 即为每股收益无差别点的销售额。

[例 4-12] 某公司原有资本 700 万元,其中,债务资本 200 万元(每年负担利息 24 万元),普通股资本 500 万元(发行普通股 10 万股,每股面值 50 元)。该公司由于扩大经营业务,现需追加筹资 300 万元,其筹资方式有以下两种:

(1) 全部发行普通股:需要增发 6 万股,每股面值 50 元。
(2) 全部筹借长期债务:债务利率仍为 12%,年利息 36 万元。

公司的变动成本率为 60%,固定成本为 180 万元,所得税税率为 25%。

将上述资料中的有关数据代入条件公式,则:

$$\frac{(S-0.6S-180\ \text{万元}-24\ \text{万元})(1-25\%)}{10\ \text{万股}+6\ \text{万股}} = \frac{(S-0.6S-180\ \text{万元}-24\ \text{万元}-36\ \text{万元})(1-25\%)}{10\ \text{万股}}$$

计算得出:

$$S = 750\ \text{万元}$$

此时的每股收益为:

$$\frac{(750\ \text{万元}-750\ \text{万元}\times 0.6-180\ \text{万元}-24\ \text{万元})(1-25\%)}{16\ \text{万股}} = 4.5\ \text{元/股}$$

上述每股收益无差别点分析,如图 4-1 所示。

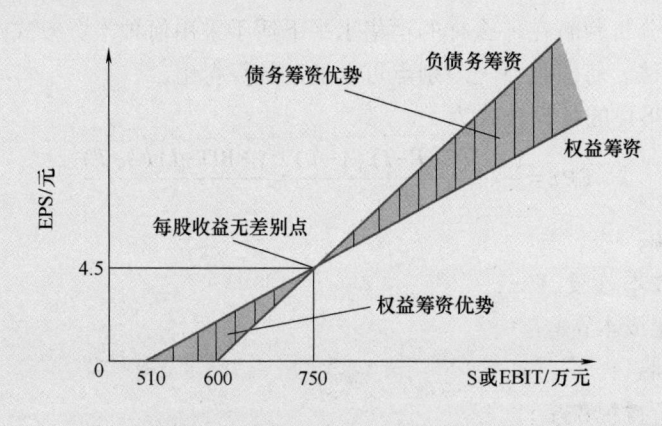

图 4-1　S-EPS 分析

从图 4-1 可以看出,当销售额高于 750 万元(每股收益无差别点的销售额)时,运用债务筹资可获得较高的每股收益;当销售额低于 750 万元时,运用权益筹资可获得较高的每股收益。

以上介绍的每股收益无差别点的计算,建立在债务永久存在的假设前提下,没有考虑债务本金偿还问题。实际上,尽管企业随时借入新债以偿还旧债,努力保持债务规模的延续,也不能不安排债务本金的清偿。这是因为施工企业的很多债务合同要求企业设置偿债基金，强制企业每年投入固定的金额。设置偿债基金使企业每年有一大笔费用支出，并不能用来抵减税负。设置偿债基金后的每股收益称为每股自由收益（VEPS），是企业的可供自由支配的资金，既可用于支付红利，也可用于进行其他新的投资。这种情况下的每股收益无差别点分析公式可改为

$$\frac{(S-VC_1-F_1-I_1)(1-T)-SF_1}{N_1}=\frac{(S-VC_2-F_2-I_2)(1-T)-SF_2}{N_2}$$

或

$$\frac{(EBIT_1-I_1)(1-T)-SF_1}{N_1}=\frac{(EBIT_2-I_2)(1-T)-SF_2}{N_2}$$

式中　SF_1、SF_2——企业在两种筹资方案下提取的偿债基金额。

2. 比较资金成本法

该方法的基本思路是，决策前先拟定若干个备选方案，分别计算各个方案的加权平均资金成本，并根据比较加权平均资金成本的高低来确定资本结构。

[例 4-13]　环宇公司原来的资本结构见表 4-3。普通股每股面值 1 元，发行价格为 10 元，目前价格也为 10 元，今年期望股利为 1 元/股，预计以后每年增加股利 5%。该企业使用的所得税税率为 25%，假设发行的各种证券均无筹资费用。

表 4-3　计划年初的资本结构　　　　　　　　　　（单位：万元）

筹资方式	金额
债券（年利率为 10%）	8000
普通股（每股面值 1 元，发行价 10 元，共 800 万股）	8000
合计	16000

该公司现拟增资 4000 万元，以扩大生产经营规模，现有如下三种方案可供选择：

甲方案：增加发行 4000 万元的债券，因负债增加，投资风险加大，债券利率提高至 12% 才能发行，预计普通股股利不变，但由于风险加大，普通股市价降低至 8 元/股。

乙方案：发行债券 2000 万元，年利率为 10%，发行股票 200 万股，每股发行价格为 10 元，预计普通股股利不变。

丙方案：发行股票 400 万股，普通股市价为 10 元/股。

分别计算三种方案的加权平均资金成本，并确定最佳方案。

(1) 计算计划年初加权平均资金成本

$$债券的比重=\frac{8000\text{万元}}{16000\text{万元}}\times100\%=50\%$$

$$普通股的比重=\frac{8000\text{万元}}{16000\text{万元}}\times100\%=50\%$$

债券的资金成本 = 10% × (1-25%) = 7.5%

股票的资金成本 = $\dfrac{1元}{10元}$ × 100% + 5% = 15%

计划年初加权平均资金成本 = 50% × 7.5% + 50% × 15% = 11.25%

(2) 计算甲方案的加权平均资金成本

债券的比重$_1$ = $\dfrac{8000 万元}{20000 万元}$ × 100% = 40%

债券的比重$_2$ = $\dfrac{4000 万元}{20000 万元}$ × 100% = 20%

普通股的比重 = $\dfrac{8000 万元}{20000 万元}$ × 100% = 40%

债券的资金成本$_1$ = 10% × (1-25%) = 7.5%

债券的资金成本$_2$ = 12% × (1-25%) = 9%

股票的资金成本 = $\dfrac{1元}{8元}$ × 100% + 5% = 17.5%

甲方案的加权平均资金成本 = 40% × 7.5% + 20% × 9% + 40% × 17.5% = 11.8%

同理可计算出乙方案和丙方案的加权平均资金成本分别为 11.25% 和 13%。

从计算的结果可以看出，乙方案的加权平均资金成本最低，所以，应该选用乙方案。

比较资金成本法通俗易懂，是确定资本结构的一种常用方法。因所拟订的方案数量有限，故有可能漏掉最优方案。同时，比较资金成本法仅以加权平均资金成本率最低为决策标准，没有具体测算财务风险因素，其决策目标实质上是利润最大化而不是公司价值最大化，一般适用于资本规模小、资本结构较为简单的非股份制企业。

3. 公司价值分析法

以每股收益的高低作为衡量标准对企业的资本结构进行决策的缺陷在于没有考虑风险因素。从根本上讲，财务管理的目标在于追求公司价值的最大化或股价最大化。然而只有在风险不变的情况下，每股收益的增长才会直接导致股价的上升。实际上经常是随着每股收益的增长，投资风险也逐渐加大。如果每股收益的增长不足以补偿投资风险增加所需的报酬，那么尽管每股收益在增加，投资者仍然会抛售股票致使股价下降，公司价值降低。而比较资金成本法则是以利润最大化为财务决策目标，也不符合现代股份制公司的财务管理目标要求。现代公司的最佳资本结构应当是可使公司的总价值最高的资本结构，同时，在公司总价值最大的资本结构下，公司筹资的加权平均资金成本应该也是相对最低的。

所谓最佳资本结构决策就是要在企业筹资过程中，找出最佳的负债点（资产负债率）。该结构既能充分发挥负债筹资的优点，又能回避筹资风险，促使公司总价值最大化。

股份制公司的市场总价值 V 应该等于其权益资金的总价值 S（以股票示意）加上债务资金的总价值 B（以债券示意）：

$$V = S + B$$

由于债券的市场价值波动相对较小,为简化起见,通常假设债券的市场价值等于它的面值,其他债务资金均以账面价值为依据。假设净投资为 0,净利润全部作为股利发放,则股票(权益资金)的市场价值可通过下式计算:

$$S = \frac{(EBIT - I)(1 - T)}{K_s} \tag{4-18}$$

式中 EBIT——息税前利润;
      I——债务年利息额;
      T——企业所得税税率;
      K_s——权益资金成本。

若采用资本资产定价模型法计算股票的权益资金成本:

$$K_s = R_F + \beta(R_m - R_F)$$

而公司的筹资成本,则应用加权平均资金成本(K_w)来表示。其计算公式为

$$K_w = K_b \left(\frac{B}{V}\right)(1 - T) + K_s \left(\frac{S}{V}\right) \tag{4-19}$$

式中 K_b——税前债务资金成本。

[例 4-14] 某公司资金全部由普通股资金组成,股票账面价值为 2000 万元,企业所得税税率为 25%,当前市场的无风险报酬率为 6%,平均风险股票必要报酬率为 14%。公司当年息税前利润为 500 万元。该公司认为目前的资本结构不合理,准备用发行债券购回部分股票的办法予以调整。经咨询调查,该公司目前债务利率和权益资本的成本情况见表 4-4。

表 4-4 不同债务水平对公司税前债务资金成本和权益资金成本的影响

债券的市场价值 B/万元	税前债务资金成本 K_b	股票 β 值	权益资金成本 K_s
0	6%	1.20	15.6%
200	6%	1.25	16.0%
400	6%	1.30	16.4%
600	7%	1.40	17.2%
800	7%	1.55	18.4%
1000	8%	1.80	20.4%

根据表 4-4 的资料,运用上述公式即可计算出筹措不同金额的债务时公司的价值和资金成本,见表 4-5。

表 4-5　公司市场价值和资金成本

债券市场价值 B/万元	股票市场价值 S/万元	公司市场价值 V/万元	税前债务资金成本 K_b	权益资金成本 K_s	加权平均资金成本 K_W
0	2403.85	2403.85	6%	15.6%	15.60%
200	2287.50	2487.50	6%	16.0%	15.07%
400	2176.83	2576.83	6%	16.4%	14.55%
600	1997.09	2597.09	7%	17.2%	14.44%
800	1809.78	2609.78	7%	18.4%	14.37%
1000	1544.12	2544.12	8%	20.4%	16.31%

从表 4-5 中可以看到，在没有债务的情况下，公司的总价值就是其原有股票的市场价值。当公司的债务资本部分地替换权益资本时，一开始公司总价值上升，加权平均资金成本下降；在债务达到 800 万元时，公司总价值最高，加权平均资金成本最低；债务超过 800 万元后，由于个股风险系数的大幅度提高，投资风险急剧增大，导致公司总价值下降，加权平均资金成本上升。因此，债务为 800 万元的资本结构是该公司的最佳资本结构。

4.4.3　资本结构的调整

在加权平均资金成本率过高、筹资风险较大、筹资期限弹性不足、展期性较差时，施工企业应及时进行调整资本结构。资本结构的调整，一般可在增加投资、减少投资、企业盈利较多或债务重组时进行。

在债务资金比例过高或自有资金比例过低时，可通过下列方式进行调整：

1）将长期债务如企业债券收兑或提前偿还。

2）股份有限公司可以将可转换债券转换为普通股股票。

3）在企业财务困难时，通过债务重组，将债务转为资本金。

4）增加资本金。股份有限公司可以发行新股或向普通股股东配股，有限责任公司可以增加资本金。

在自有资金比例过高或债务资金比例过低时，可通过下列方式进行调整：

1）减少资本金。股份有限公司可以收购本公司的股票，有限责任公司可以按比例发还股东投入的部分资金。

2）用企业留存收益偿还债务。

3）在企业盈利水平较高时，增加负债筹资规模。

复习思考题

1. 资金成本的含义是什么？研究资金成本有哪些作用？

2. 债务资金成本计算和权益资金成本计算存在什么差异？
3. 加权平均资金成本的含义是什么？
4. 什么叫作筹资风险？经营风险和财务风险是如何影响企业筹资决策的？
5. 什么是经营杠杆？经营杠杆系数的作用和含义是什么？
6. 什么是财务杠杆？财务杠杆系数的作用和含义是什么？
7. 财务人员应如何利用财务杠杆的作用为企业价值最大化服务？
8. 为什么销售水平变化剧烈的公司在融资决策中要谨慎使用债务融资？
9. 回避筹资风险，施工企业应做好哪几方面的工作？
10. 什么叫作资本结构？施工企业在考虑各种资金的比例关系时，应注意哪些方面的问题？
11. 在做出最佳资本结构决策时，企业可以从哪几个角度出发？可采用哪些决策方法？

习 题

1. 某建筑股份有限公司的资金来源及结构见表 4-6。

表 4-6 某建筑股份有限公司的资金来源及结构

资金来源	金额/万元
普通股股金	1000
留存收益	250
债券资金	750
银行借款	500

资料：
（1）该公司股票按面值发行，筹资费率为 3%，预计下一年发放的股利率为 10%，以后每年增长 2%。
（2）该公司发行债券的年利率为 8%，债券筹资费率为 1%。
（3）该公司银行借款年利率为 6%。
（4）该公司企业所得税税率为 25%。
根据上列资料，为该公司计算以下指标：
（1）普通股资金成本。
（2）留存收益成本。
（3）债券资金成本。
（4）银行借款成本。
（5）加权平均资金成本。

2. 某公司现有普通股 100 万股，股本总额 1000 万元，公司债务 600 万元。现公司拟扩大筹资规模，有两个备选方案：一是增发普通股 50 万股，每股发行价格 10 元；二是平价发行公司债券 500 万元。若公司债券年利率为 12%，所得税税率为 25%。
（1）计算两种筹资方式的每股收益无差别点。
（2）如果该公司预期息税前利润为 400 万元，对两个筹资方案做出择优决策。

3. 某公司去年销售总额为 2000 万元，其中，变动成本占 70%，总固定成本 150 万元。当前公司账面资本总额为 1600 万元，其中，股票账面价值 1400 万元，债务共计 200 万元。公司认为目前的资本结构不够合理，准备用举债筹资回购股票的方法予以调整。当前市场无风险报酬率为 6%，平均风险股票必要报酬率为 12%，企业所得税税率为 25%，在不同的债务筹资额度下，该公司股票的个股风险系数（β）和债务税前资金成本见表 4-7。

表 4-7　某公司股票的个股风险系数

债务筹资额度/万元	200	400	600	800
债务税前资金成本	8%	8%	8%	10%
股票 β 值	1.2	1.3	1.5	1.8

试确定该公司的最佳资本结构。

4. 假设某企业年度固定成本支出 150 万元，变动成本占总销售额的 80%。

计算在销售额为 3000 万元、1500 万元、750 万元时的企业经营杠杆系数并分析其波动规律。

5. 某公司相关数据见表 4-8。

表 4-8　某公司相关数据　　　　　　　　　　　　　　（单位：元）

项目	金额
销售收入	45750000
可变成本	22800000
固定成本	9200000
利息费用	1350000

（1）计算该销售量水平下的 DOL、DFL、DTL。

（2）当公司所得税税率为 25% 时，若销售收入增长 30%，计算该公司的税前收益和净收益分别增长多少。

第 4 章练习题
扫码进入小程序，完成答题即可获取答案

第 5 章 施工企业流动资产管理

学习目标

- 了解施工企业流动资产管理的内容，营运资金的含义，施工企业存货的内容
- 熟悉流动资产的特点和分类，企业置存现金的主要动机，施工企业持现成本的内容，应收账款产生的原因，主要存货的管理任务
- 掌握施工企业最佳现金持有量的决策方法，企业应收账款管理决策的内容，与存货管理有关的成本内容和计算，经济订货批量模型的使用，最佳保险储备量的决策。

5.1 流动资产管理概述

5.1.1 流动资产的概念与特点

1. 流动资产的概念

流动资产是指能够在一年或超过一年的一个施工经营周期内变现或被耗用的资产。它主要包括货币资金、短期投资（短期有价证券等）、应收及预付账款、存货等。流动资产属于企业经营过程中短期置存的资产，是企业资产的重要组成部分，其数额大小及构成在一定程度上制约着企业的财务状况，反映了企业的支付能力与短期偿债能力。

2. 流动资产的特点

（1）周转速度快、变现能力强

施工企业投资于流动资产上的资金，周转一次所需的时间较短，通常都能在一年或一个施工经营周期内收回。其中，货币资金具有 100% 的变现能力，其他流动资产如短期投资、应收票据等的变现能力也比较强。如果出现资金周转不灵、现金短缺的情况，企业可以迅速变现这些资产，用以偿还债务或购买材料投入再生产。

（2）流动资产的价值一般是一次性地转移或耗费，并不断改变形态

流动资产大都只能在一个施工生产过程中使用，在其参加施工生产过程后，大都立即消

失或改变了其原有物质形态。有的构成工程、产品的实体，有的在施工生产过程中消耗掉，因而它的价值也就一次性转移到工程、建设产品中去，具有流动性较强的特点。在资产负债表上，通常按其流动程度予以分别列示。

（3）流动资产在企业的生产经营过程中发挥着多方面的作用

流动资产有的表现为一种支付手段，如库存现金、银行存款；有的代表着企业的一项债权，如应收账款、应收票据等；有的则反映了企业生产经营的物质需要，如各种存货。

流动资金是指投放在流动资产上的资金，即企业用于购买、储存劳动对象及占用在生产过程和流通过程中的那部分周转资金。作为一种投资，流动资金是一个不断投入、不断收回，并不断再投入的循环过程，没有终止的日期，因此实操中很难直接评价流动资金的投资报酬率。流动资金投资评价的基本方法通常是以最低的资金成本满足生产经营周转的需要。

5.1.2　流动资产的分类

对流动资产进行分类，是加强流动资产管理及评价企业财务状况的需要。流动资产按其流动性的强弱，可分为速动资产和非速动资产。

速动资产是指企业的流动资产中周转速度相对较快、变现能力相对较强的那部分流动资产，包括库存现金、银行存款、其他货币资金、短期投资、应收票据、应收账款、其他应收款等。这些资产的变现能力及对整个流动资产变现速度的影响也不尽相同。变现能力最强的是库存现金、银行存款和其他货币资金，因为它们本身就是货币资金，不存在变现问题。其次为短期投资（短期有价证券），不受具体使用价值限制的特性及金融市场交易的灵活性决定了短期有价证券投资相对于其他实物形态资产较易向货币资金转化。各种结算资产（应收票据、应收账款、其他应收款等）大都属于已经完成结算、销售过程，进入款项待收阶段的工程、产品价款，其变现能力大于尚未进入结算、销售过程的存货资产。在结算资产中，应收票据不仅可以转让、贴现和抵押，而且由于其法律契约的性质，其变现能力必然强于应收账款等其他结算资产。

非速动资产是指流动性相对较弱、变现能力相对较差、除了速动资产以外的存货和一年内到期的非流动资产等项目。其中，存货包括原材料、周转材料、委托加工物资、未完工程、在产品和库存商品等。原材料、周转材料等属于生产储备，大都为施工生产专用材料，在市场上不易变现，价值变现风险较大；未完工程和在产品为正在施工中的工程和正在生产中的产品，根本不能流通变现；库存商品虽可进入市场销售，但能否销售变现，很大程度上取决于市场的需求。

5.1.3　流动资产的管理要求

为了有计划、合理地运用企业流动资产，保证生产、流通的正常进行，加速流动资金周转，以较少的资金占用取得较大的生产经营成果，就要加强流动资产的管理。对流动资产管理的基本要求包括以下内容。

1. 合理配置，保持最优资产结构

流动资产结构是指各种形态的流动资产占整个流动资产的比重。由于各种因素的影响，不同行业和类型的企业中流动资产结构也是不同的。但是具体到某一个企业，其流动资产结构是有其内在规律的。研究和分析施工企业流动资产的结构，掌握企业流动资产的具体分布情况和各个周转阶段上的资产比例关系，可以在占用资金总量一定的情况下，通过合理调配、组织，使资产同时科学地并存于各种形态，协调产供销平衡，促进经营活动有节奏、均衡地进行，以提高资产的使用效果。同时，通过研究流动资产结构，可以确定其管理重点，对于提高流动资产使用效果也能起到应有的作用。

2. 加强流动资产周转，提高其使用效果

流动资产在周转使用过程中依次改变其资产占用形态，其循环周转是企业实现再生产和取得盈利的前提。在一定时期内，流动资产周转速度越快，企业经济效益越好。加速流动资产周转对企业经济效益提高具有重要作用。加速流动资产周转，必须保证资产投向的合理性和周转过程中各环节运动上的顺畅性。

3. 正确处理盈利和风险的关系

占有一定量的流动资产是企业进行生产经营活动的必要条件。流动资产与固定资产应保持一定的比例。一般来说，流动资产的获利能力相对较弱，因此，如果企业占用流动资产过多，就会使整个企业利润率下降。但由于企业流动资产充足可以保证到期偿还债务，最大限度地降低支付利息的风险，因此企业应根据自身的要求，以及不同时期经济发展状况和市场状况，确定流动资产占用数额，处理好盈利和风险的关系，在尽量实现高盈利的同时，力求使风险降到最低。

5.1.4 营运资金的管理

营运资金又称营运资本，广义的营运资金又称总营运资金，是指企业的流动资产总额；狭义的营运资金又称净营运资金，是指流动资产减去流动负债后的差额，是企业用以维持正常经营所需要的资金。流动负债又称短期负债，是指需要在一年或超过一年的一个营业周期内偿还的债务。需要特别指出的是，通常在本年度内需要偿还的长期负债，企业也会按照流动负债进行管理和财务决策。

在企业流动资产中，来源于流动负债的部分，由于面临债权人的短期索求权，企业无法在较长时期内自由运用，只有扣除流动负债后的剩余流动资产占用的营运资金，才能为企业提供一个较为宽裕的自由使用时间。根据"资产（流动资产+非流动资产）=负债（流动负债+非流动负债）+所有者权益"这一会计恒等式，可知"营运资金=流动资产-流动负债=非流动负债+所有者权益-非流动资产"。因此，所谓营运资金实际上等于企业以非流动负债和所有者权益为资金来源的那部分流动资产。

营运资金作为流动资产的有机组成部分，是企业短期偿债能力强弱的重要标志。营运资金越多，企业短期偿债能力越强；反之，则越弱。因此，增加营运资金的规模，是降低企业短期偿债风险的重要保障。但是营运资金规模的加大，往往要求企业必须有更多的长期资金来源用于流动资产，这虽有助于企业减少短期偿债风险，但会增大企业的资金成本，影响企业盈利能力的提高，最终由于企业资金成本的提高和盈利能力的降低，而使未来的偿债风险相对加大。因此，合理的营运资金规模，必须建立在企业对风险、收益、成本三方面利弊得失充分权衡的基础上，只有这三者相对称的营运资金规模，才是最经济的。

从理论上来说，在流动负债既定的前提下，扩大营运资金规模所取得的边际投资收益（流动资产投资的边际收入-边际投资成本）恰好等于边际资金成本（营运资金所对应的长期资金相对增加的成本）时的营运资金规模是最佳的、最经济的。实际营运资金若低于这一最佳规模，则表明流动资产投资不足，既不能实现最大投资收益，又会影响企业的短期偿债能力。相反，若实际营运资金超过这一最佳规模，则表明企业流动资金投资过度，虽可减少企业短期偿债风险，但会提高企业的资金成本，降低企业的盈利能力。在实际工作中，施工企业对营运资金或流动资产究竟应当与流动负债保持怎样的比例关系，并无一个统一的标准。西方发达国家企业所提倡的流动资产与流动负债应保持 2∶1 的关系，营运资金与流动负债应保持 1∶1 的关系，这仅是一个经验性的参考标准。我国建筑施工企业应根据行业和企业的具体情况及建筑市场景气度的变化等因素，不断地对营运资金规模加以调整。

5.2 现金管理

现金泛指立即可以投入流动的交换媒介。它的首要特点是普遍的可接受性，即可以有效地立即用来购买商品、货物、劳务或偿还债务。现金是企业中流动性最强的资产。属于现金内容的项目，包括企业的库存现金、各种形式的银行存款、银行本票和银行汇票。它们都可以立即用来购买材料、劳务、支付税款或偿还债务。

有价证券是企业现金的一种转换形式。有价证券变现力强，几乎可以随时兑换成现金。所以当企业有多余现金的时候，常将现金兑换成有价证券；待企业现金流出量大于流入量需要补充现金时，再出让有价证券换回现金。在这种情况下，有价证券就成了现金的替代品，被视为现金管理内容的一部分。进行短期投资获取投资收益是持有有价证券的主要原因。

5.2.1 现金管理的目标

施工企业要进行施工生产活动，必须持有一定数量的现金。施工企业持有现金，主要有以下几个方面的动机。

1. 交易性动机

交易性动机是指企业持有现金以便满足日常生产经营活动的需要，如购买材料、支付工资、缴纳税款、支付股利等。企业每天的现金收入和现金支出，很少同时等额发生，持有一定数量的现金，可使企业在现金支出大于现金收入时，不致影响企业日常开支的需要。企业正常施工生产活动产生的现金收支及差额，与工程结算收入和施工规模呈正比例变动。其他现金收支，如买卖有价证券、购建固定资产、借入或偿还银行贷款等，比较难以预测，但随着施工规模的扩大，一般都有增加的倾向。

交易性动机是施工企业持有现金的根本动机。

2. 预防性动机

预防性动机是指企业持有现金以满足由于意外事件出现而产生的对现金的特殊需求。企业预计的交易性现金需要，一般是指正常施工经营情况下的现金需要量，但有许多意外情况会影响企业的现金收支，如已经结算的工程价款不能按时收取，发生水灾、火灾等自然灾害，施工过程中人为造成的伤亡事件等，都会打破企业的现金收支预算，使现金收支出现不平衡。持有一定数量的预防性现金，便可使企业更好地应付意外情况的发生。预防性动机所需的现金持有量主要取决于以下三个因素：①企业现金流量的不确定性强弱；②企业临时借款的能力大小；③企业愿意承担的支付风险程度。

3. 投机性动机

投机性动机是指企业持有现金，用于不寻常的购买机会或在证券价格向上波动时用以购买有价证券。如遇有廉价供应建筑材料的机会，便可用手持现金大量购入囤积；由于施工企业所需的建筑材料用量大，价格波动性强，因此，相对其他行业而言施工企业用于投机性动机置存现金的必要性更强。

企业缺乏必要的现金，将不能应付正常施工活动的开支，从而使企业蒙受损失。企业由此而造成的损失，叫作短缺现金成本。短缺现金成本不考虑企业其他资产的变现能力，仅就不能以充足的现金支付采购款及各项费用开支而言，其内容主要包括：①丧失购买机会，如不能及时购买材料致使影响工程施工而造成的损失和得不到折扣优惠；②不能及时支付各项应付款而造成的信用损失等。其中，失去信用而带来的损失难以准确计量，但其影响往往很大，甚至会导致供应单位拒绝或拖延供货，债权人要求立即清偿等。但是企业如果持有过量的现金，又会因这些资金不能投入周转无法取得盈利而遭受另一些机会损失。因为企业的库存现金没有利息收入，银行存款的活期利率也低于企业的资金利润率，持有过量的现金，形成现金闲置，必将降低企业的收益。这样，企业便面临现金不足和现金过量两个方面的威胁，企业的现金管理目标就要在资产的流动性和盈利能力之间做出抉择，既要保证企业施工经营活动所需的现金，降低支付风险和短缺现金成本，又不能使企业因持有过多的闲置现金而影响收益。

5.2.2 施工企业现金管理中的常见问题

1. 盲目承揽项目，造成资金沉淀甚至恶意拖欠

一些建筑施工企业为了取得施工项目，没有对业主的信誉及资金实力进行详细调查分析，更有不顾自身的经济实力而盲目投标的情况。一般来说，投标需要支付一定的投标保证金，如果中标还要缴纳履约保证金；如未中标，投标保证金的收回则需要一定的时间。同时期多处投标就会造成施工企业大量的资金占压。中标签订合同后，有的业主为了转移投资概算或资金压力，计量支付不及时或故意拖延开工时间和工期，有的甚至故意拖欠工程款，更加大了施工企业经营资金周转及债务偿还的难度，增大了财务风险。

2. 营运资金管理不合理

业主要求一个施工项目就必须开一个银行账户，有的甚至一个项目多头开户，会导致较多的资金沉淀；在项目施工过程中没有设置现金剩余的最低额度预警线，缺乏现金预算管理，流动负债与长期债务的到期日安排不合理，施工大宗物资购置资金使用分配不合理等，都会致使施工企业不能把工程资金优先用于必需开支和紧急事件的需要。

3. 非生产性开支及管理成本的增加

保证施工成本可控性是保证企业能够正常经营并获取最大利益的最主要手段。近年来，人力资源成本的上升、原材料价格上涨及管理费用的增加，造成了施工企业成本的急剧上升，加之投标时的定额及规费修订滞后等原因，对施工企业成本费用、利润影响都较大，相应给企业的现金流造成了影响和威胁。

4. 缺乏风险意识，盲目投资

施工企业在投资的过程中没有事先对投资项目做最基本的风险评价及可行性分析，对投资回收期及预期现金流盲目乐观、过高估计自身对项目的把控能力，往往会直接影响企业的资金周转，甚至会造成资金链的断裂。

5. 资产购置和资产租赁缺乏统一规划

施工企业的建设项目具有不可重复性、不可预测性等特点，施工过程中的某些设备和机械重复利用率低。若缺乏合理的租购规划，盲目购置资产容易造成机械设备利用不充分，将严重影响现金的科学使用和管理。

6. 筹资方式和途径选择不善引发财务危机

施工行业属于粗放型兼资本密集型行业，对资金的需求量较大。目前施工企业想通过股权筹资引入的战略投资者质量并不是很高，而我国的债权筹资担保信用体制不是很完善，有些中小施工企业很难取得银行的信贷支持，只能采用民间融资。但民间融资的利率畸高，可导致施工企业资金成本加大，现金流压力过高，将严重影响企业的正常运营。

5.2.3 施工企业加强现金管理的方法

1. 推行全面预算管理，加强现金流量预算管理与控制

施工企业要建立和完善预算编制、审批、监督、考核的全面预算控制体系。预算范围由单一的经营性资金收支计划，扩大到生产经营、基建、投资等全面资金预算。预算主体包括企业内部各分（子）公司及各项目经理部等独立核算单位。预算编制采取逐级编报、逐级审批、滚动管理的办法。

2. 灵活运用资金结算工具，加强工程项目现金流量回收与支付环节管理

（1）建立、完善内部结算中心制度

利用网银等结算工具实施资金的集中管理，及时调剂余缺；建立结算中心制度，严格控制多头开户和资金账外循环，实现内部资金的集中管理、统一调度和有效监控。结算中心一个口径对接银行，下属单位除保留日常必备的费用账户外，统一在结算中心开设结算账户，实行资金有偿使用。如业主要求必须开具专户，也必须纳入企业结算中心管理。

（2）推行资金集中管控，实现支出报账制的财务管理模式

完（竣）工和在建各个项目经理部对现金的支出和结算情况负责，每收回一笔工程款后，应及时上报企业总部，对现金的资金使用计划也应一同上报，使总部能够及时了解和掌握项目资金的来源和使用情况，并对本期工程收入做到心中有数，对现金支出的合理性做到全面掌握，及时纠正不合理的款项支出。如有特殊情况，资金计划中预留小额日常开支和紧急情况资金不能满足项目经理部需要时，可立即将紧急资金计划上报企业总部，批复后使

用。各施工企业可根据管理跨度和管理权限，由内部结算中心传递审批或网上审批、支付，并告知项目经理部及报账财务。

(3) 在资金支付上，严格统一管理

财务总部委派一个会计人员建立项目财务平台，负责该项目资金使用计划的审批传递、支付、制作凭证，财务总部配备一个复核会计对所有项目的开支进行复核。同时，工程项目委派一个报账员（出纳）按资金使用计划报账。采用这种操作模式可以每日对资金收支进行监控，实行弹性预算，保持安全资金存量。同时，这种模式能使财务支出的合法性、合规性得以保障，避免项目经理部、财务部各自为政的局面出现，使财务操作规范化，提高财务管理的效益和效率。

3. 合理选择筹资方式，加强机械设备及大型项目投资管理

(1) 建立最低余额预警制度

建立最低余额预警制度即施工企业在不进行重组或扩张的情况下，对经营活动中出现现金流短缺的风险预警，这是短期融资的前提。出现该现金短缺预警，只能靠回收债权或短期借款、加强存量流转资金使用效率等办法解决。对长期筹资活动进行管理首先要从筹资渠道入手，施工企业在选择融资渠道时要本着风险小、筹资成本低的原则，优先通过提升核心竞争力吸引战略投资者的股权筹资，另外，树立良好的企业形象，争取通过发行债券、融资租赁、信用担保或抵押贷款等融资方式解决相关融资问题。

(2) 加强机械设备及大型项目投资管理

在购置专项设备和周转材料前，相关部门应提出可行性报告（充分论证是否为急需购置的设备，并提供设备的性能、质量及价格、资金来源、投资回收期等重要参数），通过设备购置审批经各权限审批后购置。施工企业原则上不投需垫资施工的项目，建设单位有明确要求需要垫资施工的，必须由具备担保资格的建设单位进行担保，从而将企业垫资风险降到最低。对高风险领域或不相关产业，施工企业应尽量选择回避，避免因该投资项目占用企业大量资金又缺乏专业管理人才的状况，进而出现资金短缺，影响企业信誉，造成不必要的经营和财务风险。

5.2.4 现金预算管理

为了实现现金管理的目标，企业各个职能部门必须密切配合、协调行动，通过编制现金预算的方法，来规划和控制企业未来的现金收支活动，并对各个时期现金收支余缺采取相应的对策。

现金预算一般采用现金收支预算法，按年分季或分月编制。现金收支预算法是将预算期内可能发生的一切现金收支项目分类列入现金预算表内，以确定收支差异，从而采取适当的财务对策的方法。按现金收支预算法编制的现金预算表，主要包括现金收入、现金支出、现金余缺、现金融通四个部分。

1. 现金收入

现金收入部分包括期初现金余额和本期现金收入额。本期现金收入主要由以下来源组成：

(1) 工程结算收入

工程结算收入包括预算期内收取的上期期末点交和本期期中点交的工程款。因为期末点交工程款，一般要到下期期初才能进行结算，所以应包括报告期期末点交、在预算期期初结算的工程款，而不包括预算期期末点交、在下一个预算期期初结算的工程款。如果企业对工程款采用分次预收、竣工后一次结算的办法，则在工程结算收入中应包括预算期期中预收的工程款。在这种情况下，计算预算期工程结算收入时，应扣除预算期应归还的预收工程款。

又如施工企业向发包建设单位预收有备料款，则应增设"预收备料款"项目，用以列示预算期内向发包建设单位预收的备料款。在这种情况下，计算预算期工程结算收入时，应当扣除预算期应归还的预收备料款。

(2) 产品销售收入

如果施工企业有附属工业企业的话，会产生产品销售收入，这部分收入应根据附属工业企业预算期产品销售量和销售价格计算。

(3) 其他业务收入

其他业务收入包括除产品销售收入以外的其他业务收入，如机械作业收入、材料销售收入、无形资产转让收入和固定资产出租收入等，根据有关部门提供的预算期收入数计算。

(4) 收回应收款额

根据报告期应收款的余额，考虑预算期应收款的催收情况和可能收回的款额数计算。

(5) 利息、股利收入

利息、股利收入包括存款、债券利息收入和对外投资分得的现金股利或利润。

期初现金余额与本期现金收入额相加，即预算期内可动用现金合计。

2. 现金支出

现金支出部分包括本期现金支出额和期末现金必要余额。本期现金支出主要由以下各项支出组成：

(1) 材料采购支出

由供应部门根据预算期施工生产计划、材料消耗定额，结合材料库存，按照保证施工生产和合理储备、节约占用资金的原则，提出材料采购用款计划。财务部门应结合预算期现金收入情况和储备资金占用情况，对供应部门提出的材料采购用款计划进行审核，然后加以确定，以防盲目采购，形成积压。

(2) 职工工资、福利费支出

职工工资、福利费支出应根据预算期工资总额计划数和职工福利费提取数结合实际开支情况确定。

(3) 其他生产费用支出

其他生产费用支出包括机械租赁费、水电费、土方运输费、办公费、差旅费、劳动保护费等生产费用支出。这项应根据工程生产任务、有关取费标准及职工人数、费用开支标准等计算确定。

（4）税费支出

税费支出包括预算期内支付的增值税及其附加、所得税、车船税、土地使用税、印花税等税费支出。

（5）归还应付账款

根据预算期内应该偿还并可能偿还的应付款数额计算。

（6）利息、股利支出

利息、股利支出包括借款利息、应付债券利息和对投资者支付现金股利或利润等。

（7）购建固定资产、临时设施和无形资产支出

期末现金必要余额是指在正常施工经营条件下，企业在预算期期末必须持有的现金。因为企业的现金收支，随着建筑市场及企业施工经营条件的变化，具有不确定性，很难准确估算。为使现金预算具有一定的弹性，应将期末必须持有的现金，纳入现金支出部分。这样，有利于企业对预算期内现金收支进行统筹规划，防范现金性筹资风险。

本期现金支出加期末现金必要余额，即预算期动用现金合计。

3. 现金余缺

现金余缺部分反映预算期内现金收支轧抵后的余缺额。如果预算期内可动用现金合计大于动用现金合计，说明现金有多余；反之，则说明现金短缺。现金多余或短缺揭示企业预算期现金收支的不平衡性。在编制现金预算出现现金短缺时，应积极与有关部门反复协商，采取各项措施，既要做到增收节支，保证现金收支在预算期的总额平衡，又要做到预算期内各季、各月现金收支在时间上的相互协调。这是现金预算管理的主要内容。

4. 现金融通

现金融通包括现金多余的处置和现金短缺的融资。对于现金的多余或短缺的处置或融资方式，应视现金余缺的具体情况而定。一般来说，临时性的现金多余，可以考虑先归还短期借款，然后用以购买有价证券。如果现金多余是经常性、长时期的，则比较适宜于归还长期借款或进行长期有价证券投资。与此相对应，对于临时性现金短缺，可出售短期有价证券或向银行举借短期借款加以弥补；如果是经常性、长时期的现金短缺，则可向银行举借长期借款或发行企业债券予以弥补。

施工企业现金预算表的格式见表 5-1。

表 5-1　现金预算表　　　　　　　　　　××年度

项目	合计	一季度	二季度	三季度	四季度
期初现金余额					
本期现金收入 　其中：工程结算收入 　　　　产品销售收入 　　　　其他业务收入 　　　　收回应收款 　　　　利息、股利收入 　　　　⋮					

(续)

项目	合计	一季度	二季度	三季度	四季度
本期可动用现金					
本期现金支出					
其中：材料采购支出					
职工工资、福利费支出					
其他生产费支出					
税费支出					
归还应付款					
利息、股利支出					
购建固定资产、临时设施、无形资产支出					
⋮					
期末现金必要余额					
本期动用现金合计					
现金余缺					
现金融通					
银行短期借款					
银行长期借款					
归还短期借款					
归还长期借款					
投资有价证券					
出售有价证券					
发行企业债券					
收回企业债券					

5.2.5　最佳现金持有量的确定

编制现金预算，能预计预算期内现金收支的余缺，以便企业事先做出财务安排，防止现金多余或短缺给企业带来的不利影响。但现金预算的编制，要先确定预算期内期末现金的必要余额，即企业最佳现金持有量。特别是在存在有价证券这一准货币的情况下，企业要处理两者的比例和转换关系，才能既满足企业施工经营的需要，防止现金短缺，又能对多余的现金加以充分利用，取得最佳的现金管理效益。

最佳现金持有量的确定，通常可采用成本分析模式、存货管理模式、现金周转模式等方式来加以计算和决策。

1. 成本分析模式

对于企业来讲，现金虽然是流动性最强的资产，但同时也是收益性最差的资产。企业持有现金会产生相应的成本损失，成本分析模式是通过分析企业持有现金的成本项目，寻找使持有现金成本相对最低的必要现金持有量。企业持有现金的成本项目包括持有一定数量的现金而发生的机会成本、现金管理成本、因持有现金替代品的有价证券而产生的现金转换成本和因现金不足产生的现金短缺成本。

持有现金的成本分析

（1）机会成本

持有现金的机会成本是指因持有一定数量现金而丧失的再投资收益。现金作为企业的一项资金占用,是有代价的,这种代价就是它的机会成本。假定某企业年平均持有现金为500000元,资金成本率为10%,则该企业年持有现金的机会成本为50000元(500000元×10%),现金持有量越多,机会成本越高。企业为了施工经营活动的正常进行,需要持有一定数量的现金,付出相应的机会成本代价是必要的。但持有现金量过多,机会成本会大幅度上升,影响企业的经济效益。

(2)现金管理成本和转换成本

持有现金除了要付出机会成本代价外,还会发生管理费用,如管理人员工资、安全措施费等。由于持有现金大都存入银行,这些费用为数不多,而且属于固定性费用,与现金持有量之间没有明显的比例关系。现金转换成本是指企业用现金购入有价证券及转让有价证券换取现金时需要支付的交易费用,如委托买卖佣金、委托手续费、证券过户费等,它通常与交易次数有关,与现金持有量无关。

(3)现金短缺成本

现金的短缺成本是指企业因缺乏必要的现金,不能应付业务开支需要,而使企业蒙受的损失或为此付出的代价。现金的短缺成本随着现金持有量的增加而下降,随着现金持有量的减少而上升。无论如何,当企业置存足够量的现金时,短缺成本都不复存在。

上述总成本与现金持有量的关系可以通过图5-1反映出来。

从图5-1中可以看出,总成本线的方向主要受到机会成本线和短缺成本线的双重影响。上述成本之和最小的现金持有量就是最佳现金持有量。

在实际工作中,运用成本分析模式确定最佳现金持有量的具体步骤为:①根据不同的现金持有量测算并确定有关成本数值;②按照不同现金持有量和相关的成本资料编制最佳现金持有量测算表;③在测算表中找出总成本最低时的现金持有量,即最佳现金持有量。

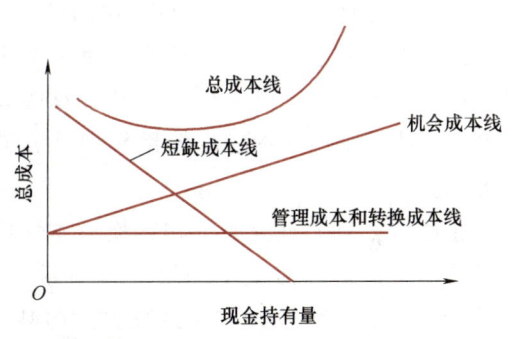

图5-1 总成本与现金持有量关系图

[例5-1] 某企业现有四种持现方案,相关成本资料见表5-2。

表5-2 现金持有方案及相关成本 (单位:万元)

方案	A	B	C	D
现金持有量	250	500	750	1000
机会成本率	10%	10%	10%	10%
短缺成本	120	67.5	20	0
总成本	145	117.5	95	100

通过分析比较表5-2中各方案的总成本可知,C方案的总成本最低,因此,该企业的最佳现金持有量是750万元。

105

2. 存货管理模式

存货管理模式来源于存货管理的经济订货批量模型，即认为现金的持有方式在许多方面与存货管理有相似之处，因此，可以用存货管理的经济订货批量模型来确定企业的目标现金持有量。该模式的着眼点也是现金持有的相关成本最低，但该模式的采用仅对企业持有现金的机会成本和与转换次数有关的转换成本进行研究，而将管理成本视同固定的决策无关成本予以剔除，同时由于短缺成本产生的不确定性较强也不予考虑。

前面说过，现金转换成本包括委托买卖佣金、委托手续费和证券过户费等，以及单边收取的交易印花税（仅向卖方收取，税率 0.1%）。严格地讲，转换成本不都属于固定费用，有的也具有变动费用性质。假设企业将所需现金总额都以有价证券形态持有，在证券总额既定的条件下，无论变现次数怎样变动，所需支付的委托佣金额度是相同的。因此，那些依照委托成交金额计算的转换成本（如印花税等）与证券变现次数关系不大，属于决策无关成本。这样，与证券变现次数密切相关的转换成本便只包括其中的固定性交易费用。这种转换成本与证券变现次数呈线性关系，在现金需要总量既定的前提下，现金持有量越少，进行证券变现的次数就越多，相应的转换总成本就越大；反之，现金持有量越多，证券变现的次数就越少，需要的转换成本开支也就越小。因此，现金持有量的多少必然通过证券变现次数多少而对转换成本产生影响。

对现金持有量产生影响的除了持有现金的机会成本和证券转换成本外，实际上还有现金短缺成本，即在现金持有量不足而又无法及时通过有价证券变现加以补充而给企业造成的损失。但是由于现金短缺成本具有很大的不确定性，所造成的无形资产损失也难以计算，因此在采用存货经济批量模型计算最佳现金持有量时，对现金短缺成本一般不加以考虑。

通过以上有关机会成本和转换成本性质及其与现金持有量的关系的分析，可知在现金需要总量既定的前提下，现金持有量越多，持有机会成本越大，但由于证券变现次数减少，需要的转换成本也会减少。而减少现金持有量，尽管可以降低持有现金的机会成本，但转换成本却会随着证券变现次数的增加而增加。持有现金的机会成本与转换成本随现金持有量变动呈现出的相反趋向，要求企业必须对现金与有价证券的分割比例做出合理安排，从而使机会成本与转换成本保持最低的组合水平。这种能使持有现金机会成本与转换成本保持最低组合水平的现金持有量，就是最佳现金持有量。

以下举例来说明采用存货管理模式确定最佳现金持有量的方法。

[例 5-2] 假定某企业年现金需要总量为 2400 万元，持有现金的机会成本率为 5%，每次转换成本为 4 万元（即每次有价证券变现的固定性交易费用，与证券变现的额度无关），则持有现金机会成本与转换成本按不同现金持有量的变动情况见表 5-3。

从表 5-3 可知，当年现金持有量为 600 万元时，年持有现金总成本最低，为 31 万元，因此 600 万元为该企业的最佳现金持有量。

表 5-3　现金持有方案及相关成本表　　　　　　　（单位：万元）

年现金需要总量（1）	转换次数（2）	年现金持有量 (3)=(1)/(2)	现金平均置存量 (4)=(3)/2	机会成本 (5)=(4)×5%	转换成本 (6)=(2)×4	年持有现金总成本 (7)=(5)+(6)
2400	1次	2400	1200	60	4	64
2400	2次	1200	600	30	8	38
2400	3次	800	400	20	12	32
2400	4次	600	300	15	16	31
2400	6次	400	200	10	24	34
2400	12次	200	100	5	48	53

在实际工作中，可以用数学公式直接计算。

一定现金持有量发生的机会成本、转换成本之和的计算公式为

总成本(TC) = 现金机会成本 + 现金转换成本

$$= 现金平均置存量 \times 现金机会成本率 + 变现次数 \times 每次固定交易成本 \quad (5\text{-}1)$$

$$= \frac{N}{2}K + \frac{T}{2N}F$$

$$最佳现金持有量(N^*) = \sqrt{\frac{2TF}{K}} \quad (5\text{-}2)$$

$$最低成本(TC^*) = \sqrt{2TFK} \quad (5\text{-}3)$$

式中　T——年度现金需要总量；

　　　F——单次固定转换成本；

　　　K——现金机会成本率；

　　　N——平均现金持有量；

　　　N^*——最佳现金持有量。

用表 5-3 中数据代入上式，即得：

$$最佳现金持有量 = \sqrt{\frac{2 \times 2400\ 万元 \times 4\ 万元}{5\%}} = 619.7\ 万元$$

必须指出，采用存货经济批量模式确定最佳现金持有量，是以下列假设为前提的：①企业所需的现金均可通过有价证券变现获得；②预算期内现金需要总量可以预测；③现金的支出比较稳定，波动较小，而且当现金余额降为 0 时，均可通过变现有价证券及时加以补足，即不存在短缺现金成本；④有价证券的收益率及每次变现的固定交易费用可以获悉。当然在算得最佳现金持有量后，还要充分考虑现金短缺成本的影响，并适当增加现金保险储备额度，以尽量减少短缺现金带来的不利影响。

3. 现金周转模式

现金周转模式是从现金周转的角度出发，根据现金的周转速度来确定最佳现金持有量的

一种方法。其基本工作步骤包括以下几步：

(1) 计算现金周转期

现金周转期是指企业从购买材料支付现金到销售产品回收现金所需要的时间。这一时间段包括：①应付账款周转期，即从企业购入材料形成应付账款之日起，到企业以现金支付应付账款所间隔的时间；②存货周转期，即从企业用现金支付购买材料款到存货售出为止所需要的时间；③应收账款周转期，即从存货售出产生应收账款开始，到应收账款收回所需要的时间。

$$现金周转期 = 存货周转期 + 应收账款周转期 - 应付账款周转期 \quad (5-4)$$

(2) 计算现金周转率

现金周转率是指一年中现金的周转次数，其计算公式为

$$现金周转率 = \frac{360 \text{ 天}}{现金周转天数} \quad (5-5)$$

(3) 计算最佳现金持有量

最佳现金持有量的计算公式为

$$最佳现金持有量 = \frac{年现金需求额度}{现金周转率} \quad (5-6)$$

> [例 5-3] 某公司计划年度预计应付账款周转周期为 30 天，存货周转周期为 90 天，应收账款周转周期为 45 天，年度现金需求总额为 780 万元，则最佳现金持有量的计算如下：
>
> 现金周转期 = 90 天 + 45 天 - 30 天 = 105 天
>
> 现金周转率 = 360 天 ÷ 105 天 = 3.43
>
> 最佳现金持有量 = 780 万元 ÷ 3.43 = 227.41 万元

该方法充分考虑了企业经营过程中的现金需求特点和需求环节，计算简便易理解。该方法的缺陷是年度现金需求总额的确定是一个预计数，对其预测的准确度要求较高，而企业所面临的市场环境是复杂多变的，所以容易出现一些误差。

5.3 应收账款管理

5.3.1 应收账款概述

1. 应收账款的概念

应收账款是企业在建造和销售产品、提供劳务的过程中附带提供商业信用，采取延期收款、赊销等结算、销售方式而产生的应向发包建设单位等客户收取的款项。施工企业的应收账款主要是指施工企业在施工经营活动中，依据价款确认书或合同规定而向发包方、分包方主张的债权。

2. 应收账款的种类

施工企业产生的应收账款一般分为四种：①依据合同约定由发包方应付而未付的预付

款；②在施工过程中，未能按合同规定的时间和数额支付所形成的拖欠进度款；③工程、劳务决算确认时，扣除已付款项后的应付而未付的剩余款；④在保修期满后，应收回的扣除合理保修费用后的保修金余额。

3. 应收账款产生的原因

在市场经济条件下，应收账款的存在有其必然性和合理性。应收账款的实质是企业的一项资金投放政策，目的是为了扩大销售和盈利。近几年来，随着商品经济的发展，商业信用的推行，应收账款已成为企业流动资产管理中的一个日益重要的问题。而目前在我国的建筑市场中，应收账款更是成为企业的神经中枢。除正常商业信用产生的应收账款外，由于竞争激烈，施工企业往往为生存，低价竞争以求中标，加上建设单位提出苛刻的垫资条件，经常拖欠应收账款，有些发包单位甚至连正常的工程进度款都不能及时足额拨付，因此极易造成施工企业资金回收困难，形成高额的债权，甚至逐年累增。

4. 应收账款的成本

应收账款形成后，可能会产生四个方面的成本：①孳息成本，即企业有银行存款的利息损失；②机会成本，即资金被占用后失去了再投资创造新价值的利益；③管理成本，即应收账款的核算费用、收账费用，必要的诉讼费用等；④坏账损失成本，如果应收账款全部或部分无法收回或收回的可能性极小，就会形成坏账，产生坏账损失。

5. 应收账款的管理目标

施工企业由于特殊的产品销售方式及建筑产品市场竞争的激烈，应收账款（应收工程款）在企业资金中占有很大的比重，是导致企业资金紧张的主要因素。因此，管理好应收账款（应收工程款）具有重要的意义。施工企业应收账款的管理贯穿合同履行的全过程，甚至持续到工程、劳务结束后的若干年。

应收账款的实质是施工企业与发包建设单位或其他业务往来单位之间的一种商业信用行为。应收账款政策的存在增强了企业的市场竞争力，扩大了企业的承包规模，会在一定程度上为企业创造更高的收益，但企业只要一发生应收账款，就不可避免地存在风险并产生成本。因此，应收账款管理的目标，就是在充分发挥应收账款增加收益的功能的基础上，降低应收账款的成本，使提供商业信用、扩大工程承包和产品销售所增加的收益，大于其所占用的资金成本和发生的管理成本及坏账损失。

5.3.2 应收账款管理决策

1. 信用政策

施工企业要管好应收账款，必须针对不同企业先制定不同的应收账款信用政策。一般而言，应收账款的信用政策包括信用条件、信用标准和收账政策三个部分。

（1）信用条件

信用条件是指施工企业要求客户支付延期付款或赊销款项的条件，一般由信用期限、折扣期限和折扣标准三个要素组成。如前文例中所提及"2/10，N/30"即指信用期限为30天，折扣期限为10天，折扣标准为2%。这里的信用期限即施工企业为付款单位规定的最长付款期限，折扣政策则是为了鼓励付款单位提前付款而提供的优惠条件。

(2) 信用标准

信用标准是企业同意向发包建设单位等客户提供商业信用而提出的基本要求，或者说是对客户信用要求的最低标准。通常以预期的坏账损失率做为判别标准。企业如将信用标准定得过高，将使许多客户达不到所设定的标准而被企业商业信用拒之门外，这虽有利于降低违约风险及收账费用，但会影响企业市场竞争能力的提高和经营收入的扩大。相反，如采用较低的信用标准，虽有利于企业扩大工程承包和产品销售，提高市场竞争能力和占有率，但要冒较大的坏账损失风险并发生较多的收账费用。因此，企业应根据自身情况和目标客户的具体信用情况，确定合理的客户信用标准。

企业在确定信用标准时要注意以下两点：

1) 一要考虑企业承担违约风险的能力。当企业具有较强的违约风险承担能力时，可以较低的信用标准提高市场竞争能力，争取客户，扩大工程承包和产品销售；反之，只能选择严格的信用标准以尽可能降低违约风险。

2) 二要考虑同行业竞争对手所定的信用标准，尽量使企业在市场竞争中处于相对优势的地位。

企业可以通过顾客评价的"5C"系统来设定某一客户的信用标准。

1) 品质（Character）。品质是指客户的信誉，即履行偿债义务的可能性。企业必须设法了解客户过去的付款记录，考查其是否有按期如数付款的一贯做法，与其他合作企业的关系是否良好等。

2) 能力（Capacity）。能力是指客户的偿债能力，可以通过其流动资产的数量、质量及与流动负债的比例来衡量。

3) 资本（Capital）。资本是指客户的财务实力和财务状况，表明顾客可能偿还债务的背景。

4) 抵押（Collateral）。抵押是指客户拒付款项或无力支付款项时能用作抵押的资产。这对于较大金额的应收账款及对不明底细或信用状况有争议的顾客尤为重要。

5) 外在条件（Conditions）。外在条件是指可能影响顾客付款能力的经济环境。经济环境对客户付款能力的影响往往是客户无法控制的。

(3) 收账政策

收账政策是指当客户违反信用条件、拖欠账款时所采取的收账措施。当企业向客户提供商业信用时，必须考虑以下三个问题：①客户是否会拖欠账款，程度如何？②怎样最大限度地防止客户拖欠账款？③一旦账款遭到拖欠，企业应采取怎样的对策？上述①②两个问题主要依靠信用调查和严格信用审批进行控制；问题③必须通过制定完善的收账政策，采取有效的收账措施来解决。

应收账款的催收是应收账款管理中的一项重要工作，包括应收账款账龄分析、确定收账程序和收账方法。

一般来说，客户的应收账款一旦逾期，拖欠时间越长，账款催收难度越大，越有可能成为坏账。因此，进行账龄分析、密切注意账款回收的期限情况，是提高应收账款收现效率的重要环节。

应收账款账龄分析也叫作应收账款账龄结构分析。它是指企业在某一时点，将各笔应收账款按照合同签订的日期进行归类，并算出各账龄应收账款余额占总计余额比重所做的分析。在分析账龄时，可将不同账目区分为：信用期内，超过信用期1个月、6个月、1年、2年、3年等。对不同拖欠时间的账款、不同信用状况的客户，企业应查明拖欠原因，制定不同的收账程序和收账方法。

客户拖欠工程款的原因，要分析是工程项目竣工前拖欠，还是工程项目竣工后拖欠。前者要分析其是否是由于投资缺口发生的拖欠。后者要分析其是项目投产后产生经济效益有还款能力情况下的拖欠，还是项目投产后经济效益不好没有还款能力的拖欠。对故意拖欠账款的客户，在催收后仍不还的客户，可由企业的律师采取法律行动。

对因经营管理不善、财务出现困难，但经过一定时期努力即可偿还的客户，企业应帮助客户渡过难关，同意延期偿还，或同意客户进行债务重组，将应收账款债权转为长期投资；如客户遇到的不是暂时性困难，而是已经债台高筑、资不抵债、达到破产界限的，应及时向法院起诉，以期在破产清算时尽量获得债权的部分清偿。

2. 企业信用条件备选方案的评价

决定企业信用政策效果的关键在于信用条件的设计。企业可以通过计算不同信用条件备选方案的成本效益水平来决定是否放宽或收缩信用条件。较为优越的信用期限有利于增加工程承包量和产品的销量，但也会增加应收账款的机会成本和产生坏账损失的概率。有力度的折扣政策能够有效刺激提前付款，减少机会成本损失和坏账率，但减少了回收款总额，给企业造成损失。

企业采用赊销政策涉及的成本项目包括维持赊销业务所占据的资金的机会成本、收账费用和坏账损失等。

$$应收账款的机会成本 = 年度平均日赊销 \times 平均收账天数 \times 变动成本率 \times 资金成本率 \quad (5-7)$$

[例5-4] 某公司现采用信用期30天全额付款的信用政策，拟改为信用期60天全额付款的信用政策，公司资金成本为15%。相关数据见表5-4。

表5-4 各方案数据信息表

信用期项目	30天	60天
年赊销量/件	100000	120000
单价/(元/件)	5	5
单位变动成本/(元/件)	4	4
固定成本/元	50000	50000
可能的收账费用/元	3000	4000
可能的坏账损失/元	5000	9000

（1）边际收益增加

$$[(120000-100000)\times(5-4)]元=20000元$$

（2）应收账款占用资金的机会成本增加

$$30\text{ 天信用期的机会成本}=\left(\frac{100000\times5}{360}\times30\times\frac{4}{5}\times15\%\right)元=5000元$$

$$60\text{ 天信用期的机会成本}=\left(\frac{120000\times5}{360}\times60\times\frac{4}{5}\times15\%\right)元=12000元$$

机会成本增加（12000-5000）元=7000元

（3）收账费用和坏账损失

收账费用增加：（4000-3000）元=1000元

坏账损失增加：（9000-5000）元=4000元

（4）改变信用政策的税前损益=收益增加-成本费用增加

$$=20000 元-(7000+1000+4000)元=8000元$$

[例5-5] 承[例5-4]，假设公司为吸引顾客尽早付款，提出了 2/30，$N/60$ 的现金折扣条件，估计会有75%的顾客（按60天信用期所能实现的销售量计算）将享受现金折扣优惠，同时收账费用降低到3500元，坏账损失减少至6000元。则有：

（1）边际收益增加

$$[(120000-100000)\times(5-4)]元=20000元$$

（2）应收账款占用资金的机会成本增加（对比$N/30$政策）

$$30\text{ 天信用期的机会成本}=\left(\frac{100000\times5}{360}\times30\times\frac{4}{5}\times15\%\right)元=5000元$$

$$60\text{ 天信用期的机会成本}=\left(\frac{120000\times5\times25\%}{360}\times60\times\frac{4}{5}\times15\%+\frac{120000\times5\times75\%}{360}\times30\times\frac{4}{5}\times15\%\right)元$$

$$=7500元$$

应计利息增加(7500-5000)元=2500元

（3）收账费用和坏账损失（对比$N/30$方案）

收账费用增加：（3500-3000）元=500元

坏账损失增加：6000-5000=1000元

（4）折扣成本增加

（600000×75%×2%-0）元=9000元（$N/30$方案无折扣）

（5）改变信用政策的税前损益=收益增加-成本费用增加

$$=[20000-(2500+500+1000+9000)]元=7000元$$

结论：显然带折扣政策的60天信用期政策收益净增加值7000元小于不带折扣的60天信用期政策收益净增加值8000元，说明该方案的折扣率给高了，或者折扣期给长了，因此还需要调整。

5.3.3 应收账款的日常管理

管理应收账款实行恰当的信用政策，在很大程度上依赖经验和判断，而经验来自于严密的日常管理工作。

1. 做好客户的信用调查

在提供商业信用之前对客户的信用进行评价是应收账款日常管理的重要内容。只有如实评价客户的信用状况，才能正确地执行企业的信用政策，而要评价客户的信用状况，必须对客户的信用进行调查，收集有关的信息资料。

信用调查是以被调查客户及其他单位保存的有关资料为基础，通过加工整理获得被调查客户信用的一种方法。信用调查的主要资料来自以下几个方面：

(1) 客户财务报告

通过对客户财务报告的分析，可基本上掌握客户的财务状况和还款能力。

(2) 信用评估机构对客户评定的信用等级

目前，许多信用评估机构都对企业信用状况进行评估，并将企业的信用状况分为 AAA、AA、A、BBB、BB、B、CCC、CC、C 三等九级。其中，AAA 为最优等级，C 为最差等级。信用评估机构的信用调查细致，评估方法科学，可信度较高。当然，在采用信用评估机构评定的信用等级时，也要先对信用评估机构的资质进行调查。

(3) 银行信用部的材料

许多银行都设有信用部，为其信贷部门和其客户提供服务。不过银行对客户调查的资料，一般不向其他单位提供，如有需要可通过开户银行征询有关的信用资料。此外，还可向财税部门、工商行政管理部门、行业协会、国有资产管理部门、证券交易所等搜集、征询客户有关的信用资料。

2. 对客户的信用进行评估

搜集客户的信用资料以后，要对这些资料进行分析，并对客户信用状况进行评估。在进行客户信用评估时，可采用信用评分法。信用评分法即先对一系列反映企业信用状况的财务比率和信用情况进行评价，确定得分，然后进行加权平均，求得客户的信用评分，并以此进行信用评估的一种方法。据以评估企业信用的财务比率和信用情况的项目，除新建尚未投产的企业外，可考虑采用速动比率、资产负债率、主营业务利润率、信用评估等级（即信用评估机构评定的信用等级）、付款历史（即逾期还款和违约历史）状况、企业发展前景等。

上述各项财务比率、信用情况的权数及其客户的得分见表 5-5，可根据下列公式算得该客户的信用评分：

$$Y = \sum_{i=1}^{n} W_i X_i \tag{5-8}$$

式中 Y——某客户的信用评分；

W_i——第 i 项财务比率和信用情况的权数；

X_i——第 i 项财务比率和信用情况的信用得分。

表 5-5　财务比率、信用情况的权数及客户得分

项目	财务比率和信用情况	信用得分 0~100 分	权数	加权平均数 W_iX_i
速动比率	2	80 分	0.2	16 分
资产负债率	50%	80 分	0.1	8 分
主营业务利润率	10%	75 分	0.1	7.5 分
信用评价系数	A	80 分	0.3	24 分
付款历史	尚好	75 分	0.2	15 分
企业发展前景	尚好	75 分	0.1	7.5 分
信用评分	—	—	—	78 分

在采用信用评分法进行信用评分时，分数如在 80 分及以上，一般可认为客户信用状况良好；分数如在 60~79 分，可认为客户信用状况一般；分数如在 60 分以下，可认为客户信用状况较差。

3. 施工企业应收账款的事前、事中和事后控制

（1）应收账款的事前控制

事前控制就是在赊销行为尚未发生以前对企业应收账款的质量和规模的控制。施工企业由于产品、销售和结算的特殊性，事前控制尤其重要。首先，企业应在承包工程前进行严密的项目可行性分析，力争做到亏损的工程不揽、信用低的工程不揽、施工环境差的工程不揽、巨额垫资的工程不揽、资金不到位的工程不揽。为了保证能及时收回应收工程款，还必须加强工程合同管理。其次，每项工程都应和客户按规定根据工程项目审批文件、设计要求和中标内容签订工程建造合同，为工程结算提供依据和法律保证。订立合同要遵循平等互利、协商一致、等价有偿的原则，使合同合法、合理，内容完善，条款清楚，要求具体、责任分明、奖罚得当，以保证合同的顺利履行。最后，严格工程合同的审查，对于那些内容不清、责任不明、权利与义务不相当，未经报批或批准的项目要及时与对方协商撤销，不留隐患，以保证结算顺利进行。争取在合同中将工程结算的具体形式、工程款的支付方式、保障形式、延时支付的处罚等写入合同，以保障企业自身的利益。

（2）应收账款的事中控制

事中控制就是在企业赊销业务活动过程中对应收账款的质量和规模的控制。企业建立信用政策后，由于宏观经济形势的变化、市场竞争的激烈、企业自身状况及客户状况的改变，必然引起应收账款的占用水平和质量发生变化。为此，企业必须根据变化了的情况，修正和调整已有的信用政策，尽量减少坏账损失的风险。

应收账款的事中控制一般是在加强财务部门专业管理的同时，充分发挥采购、施工生产和工程结算（销售）部门的积极性，通过各部门密切配合进行的。

施工企业首先要保证施工生产的正常顺利进行，争取提供优质的施工产品，创造良好的收账环境。

对于建设单位有意拖延付款或拒付，要认真分析，查找真实原因；对于建设单位暂时性

的资金困难，可以适当放宽收款期限，以便为双方合作打下良好基础；对于合理的拒付，要查找自身的原因，及时整改，尽早拿到工程结算款；对于无理的拒付，在通过沟通协商仍然无法奏效的情况下，不应妥协，可通过要求支付违约金、停工、行使留置权等方式，要求对方及时支付，所发生的各种损失也应要求对方承担，以避免完工后的资金回收困难。

企业还要加强自身账款回收管理工作的积极性和管理水平，注意收集施工过程中的签证资料，做好后期起诉的准备工作。如果是由于建设单位不能及时付款而造成的停工或工期延误，需要收集书面证据，及时向甲方提出索赔。由于甲方设计变更导致工作量增加的，最好是等甲方出具有效签证后再施工，相应的工程价款也应要求及时到位。工程完工后，要抓紧时间办理验工计价，及时将工程结算资料交付建设单位审批，并督促建设单位在合同约定的期限内支付工程款。

（3）应收账款的事后控制

事后控制就是在应收账款收回或发生坏账损失后，总结经验教训，评价工作成绩，提出改进措施的控制过程。具体工作包括：

1）运用会计资料计算营业收入增加的幅度，剔除影响营业额变化的非信用因素，结合坏账损失、收账费用和机会成本的发生额，对比分析、综合判断，实事求是地评价企业信用政策的成效或失误，并总结经验教训，以利于改进应收账款的管理工作。

2）利用应收账款的周转率、坏账损失率等财务指标，结合其他财务资料，开展纵向和横向的比较，对信用政策的成效和应收账款的管理工作做出客观而公允的评价。

总之，施工企业要充分重视应收账款的管理工作，分清职责、完善制度、加强监控、降低风险。但不论企业采用怎样的应收账款政策和管理方法，只要有商业信用行为的存在，坏账损失的发生就是难以避免的。企业应根据有关规定和实际情况，提取坏账准备，并对发生的坏账损失冲销提取的坏账准备。

5.4 存货管理

5.4.1 存货的内容和分类

存货是指企业在日常生产经营过程中持有的以备出售或者耗用的各种资产。这些资产有的处于生产过程中，有的处于原材料、构配件或产成品状态。

施工企业的存货，按其经济内容可以分为以下几类。

1. 材料

施工企业的材料是指建筑施工的主要材料、结构件、机械配件、周转材料等劳务对象和经营管理部门使用的低值易耗品。材料和固定资产不同，施工项目的主要材料在一次施工生产过程中使用，并在施工生产过程中变更或消失其原有物质形态，或将其本身的物质加到工程或产品的物质里去，因而其价值将一次转入工程和产品的成本中。周转材料是指施工企业在施工过程中能够多次使用，并可基本保持原来的形态而逐渐转移其价值的材料，主要包括钢模板、木模板、脚手架和其他周转材料等，分为在库周转材料和在用周转材料两类。

施工企业应当根据具体情况对周转材料采用一次转销、分期摊销、分次摊销或定额摊销的方法。

1）一次转销法：一般应限于易腐、易糟的周转材料，于领用时一次计入成本、费用。
2）分期摊销法：根据周转材料的预计使用期限分期摊入成本、费用。
3）分次摊销法：根据周转材料的预计使用次数摊入成本、费用。
4）定额摊销法：根据实际完成的工程实物工作量和预算定额规定的周转材料消耗定额，计算确认本期应摊入成本、费用的金额。

施工企业要从事施工生产经营，必须储备一定数量的材料，占用一定数额的资金。如何节约使用材料储备资金，及时保证施工生产经营所需材料的供应，是财务管理中一项重要的工作。

2. 设备

设备是指企业购入的作为劳动对象，构成建筑产品的各类设备，如企业建造房屋所购入的组成房屋建筑的通风、供水、供电、卫生和电梯等设备。

3. 未完工程

未完工程是指尚未完成施工过程，正在建造的各类建设工程。

4. 在产品和产成品

对施工企业而言，在产品和产成品是指附属工业企业的尚未完成生产过程正在加工的各类工业产品，以及已完成生产过程并已验收入库的各类完工产品和成品。

5. 商品

商品是指企业购入的专门用于销售的无须任何加工的各类物品，其目的是获取买卖价差。

5.4.2 存货管理的目标

如果施工企业能在生产投料时随时购入所需的原材料，或者能在销售某种物料时随时购入该项商品，就不需要存货。但实际上，企业总有储存存货的需要，并因此占用或多或少的资金。施工企业以货币资金订购材料开始，直到出库这一过程所占用的流动资金称为存货储备资金。施工企业的存货储备资金在流动资金中一般占有最大的比重。施工企业的生产过程实际上就是建筑材料的消耗过程，所以施工企业的存货储备资金额度大，周转频繁。如何用好、用活这部分资金是盘活企业资产、加快资金周转、提高资金利润率的关键。因此对存货储备资金加强管理是施工企业财务管理的一个重要课题，是提高施工企业经济效益的一项重要措施。

企业置存存货一般出于三个目的：①保证生产建设或销售的连续性需要；②出自进货价格的考虑；③争取获得买卖价差（投机收益）。

持有存货多，占用储备资金就大，相应的仓储费、保险费、维护费、管理费和损耗等费用也会加大，而持有存货过少则一旦缺货就会造成停工损失或者丧失有利的销售机会等。

存货管理的目标就是要尽力在各种存货成本与存货效益之间做出权衡，达到两者的最佳结合。

5.4.3 储备存货的有关成本

与储备存货有关的成本包括取得成本、储存成本、缺货成本三种。

1. 取得成本

取得成本是指为取得某种存货而支出的成本，通常用 TC_A 来表示。存货的取得成本又分为订货成本和购置成本两部分内容。

（1）订货成本

订货成本是指为取得订单而付出的基础成本，如办公费、差旅费、邮资和电报电话费等支出。订货成本中有一部分与订货次数无关，如常设采购机构的基本开支等，称为订货的固定成本，用 F_1 表示；另一部分与订货次数有关，如差旅费、邮资等，称为订货的变动成本。每次订货的变动成本用 K 表示；订货次数等于存货年需要量 D 与每次进货量 Q 的比值。订货成本的计算公式为

$$\text{订货成本} = F_1 + \frac{D}{Q}K \tag{5-9}$$

（2）购置成本

购置成本是指存货本身的价值，经常用数量与单价的乘积来确定。年需要量用 D 表示，单价用 U 表示，于是购置成本为 DU。

订货成本加上购置成本，就等于存货的取得成本 TC_A。其公式可表达为

取得成本 = 订货成本 + 购置成本

= 订货固定成本 + 订货变动成本 + 购置成本

$$TC_A = F_1 + \frac{D}{Q}K + DU \tag{5-10}$$

2. 储存成本

储存成本是指为保存和管理存货而发生的成本，包括存货占用资金所应计的利息（若企业用现有现金购买存货，便失去了现金存放银行或投资于证券本应取得的利息，即"放弃利息"；若企业借款购买存货，便要支付利息费用，即"付出利息"）、仓库费用、保险费用、存货破损和变质损失等，通常用 TC_C 来表示。

储存成本也分为固定成本和变动成本。固定成本与储备存货数量的多少无关，如仓库折旧、仓库职工的固定月工资等，常用 F_2 表示。变动成本与储备存货的数量有关，如存货占压资金的应计利息、存货的破损和变质损失、存货的保险费用等。存货的单位变动成本用 K_C 来表示。在计算期内，期初的存货数量如果是 Q，期末则应将存货用完，因此，企业的期内平均存货数量仅为批量进货数量的一半，即 $Q/2$。储存成本用公式表达如下：

储存成本 = 储存固定成本 + 储存变动成本

$$TC_C = F_2 + \frac{Q}{2}K_C \tag{5-11}$$

3. 缺货成本

缺货成本是指由于存货供应中断而造成的损失，包括材料供应中断造成的停工损失、产

成品库存缺货造成的拖欠发货损失和丧失销售机会的损失（还应包括需要主观估计的商誉损失）；如果生产企业以紧急采购代用材料解决库存材料中断之急，那么缺货成本表现为紧急额外购入成本（紧急额外购入的开支会大于正常采购的开支）。缺货成本用 TC_S 表示。如果以 TC（Total Cost）来表示企业存货的总成本，则其计算公式为

$$TC = TC_A + TC_C + TC_S = F_1 + \frac{D}{Q}K + DU + F_2 + K_C\frac{Q}{2} + TC_S \tag{5-12}$$

企业存货的最优化，即使上式的 TC 值最小。

5.4.4 存货决策

存货的决策涉及四项内容，即决定进货项目、选择供应单位、决定进货时间和决定进货批量。决定进货项目和选择供应单位是销售部门、采购部门和生产部门的职责。财务部门要做的是决定进货时间（T）和决定进货批量（Q）。按照存货管理的目的，需要通过合理的进货批量和进货时间，使存货的总成本最低，这个使存货总成本最低的订货批量叫作经济订货量或经济批量。有了经济订货量，可以很容易地找出最适宜的进货时间。

与存货总成本有关的变量（即影响总成本的因素）很多，为了解决比较复杂的问题，有必要简化或舍弃一些变量，先研究解决简单的问题，然后再扩展到复杂的问题。这需要设立一些假设，在此基础上建立经济订货量的基本模型。

1. 经济订货量基本模型

经济订货量基本模型需要设立的假设条件包括以下几个：

1）企业能够及时补充存货，就是需要订货时便可立即取得存货（库中存货可以用到 0）。
2）能集中到货，而不是陆续入库（库中的最高存量为 Q）。
3）不允许缺货，即无缺货成本（$TC_S = 0$），理想的存货管理不应该出现缺货。
4）企业对货品的需求量稳定，并且能预测，即 D 为已知常量。
5）存货单价不变，即 U 为已知常量，不考虑折扣和价格上调。
6）企业现金充足，不会因现金短缺而影响进货。
7）所需存货市场供应充足，不会因供货中断而影响企业及时进货。

设立了上述假设后，存货总成本的公式可以简化为

$$TC = F_1 + \frac{D}{Q}K + DU + F_2 + K_C\frac{Q}{2}$$

当 F_1、K、D、U、F_2、K_C 均为已知常量时，TC 的大小仅取决于 Q（每次进货批量）。为了求出 TC 的极小值，对其进行求导演算，可得出下列公式：

$$经济订货量\ Q^* = \sqrt{\frac{2KD}{K_C}} \tag{5-13}$$

这一公式称为经济订货量基本模型，求出的每次订货批量，可使 TC 达到最小值。

这个基本模型还可以演变为其他形式：

$$年最佳订货次数\quad N^* = \frac{D}{Q^*} = \sqrt{\frac{DK_C}{2K}}$$

存货总成本　　　　　　　　$TC_{Q^*} = \sqrt{2KDK_C}$

最佳订货周期　　　　　　　$t^* = \dfrac{1}{N^*} = \sqrt{\dfrac{2K}{DK_C}}$

经济订货占用资金　　　　　$I^* = \dfrac{Q^*}{2} U = U \sqrt{\dfrac{KD}{2K_C}}$

注：周期 t 的单位为年。

> **[例 5-6]** 某企业每年耗用某种材料 3600kg，该材料单位成本 10 元/kg，单位存储成本为 2 元/kg，一次订货成本为 25 元。
>
> 经济订货量：$Q^* = \sqrt{\dfrac{2KD}{K_C}} = \sqrt{\dfrac{2 \times 3600 \times 25}{2}}$ kg = 300kg
>
> 年最佳订货次数：$N^* = \dfrac{D}{Q^*} = \dfrac{3600\text{kg}}{300\text{kg}/\text{次}} = 12$ 次
>
> 存货总成本：$TC_{Q^*} = \sqrt{2KDK_C} = \sqrt{2 \times 25 \times 3600 \times 2}$ 元 = 600 元
>
> 最佳订货周期：$t^* = \dfrac{1}{N^*} = \dfrac{1}{12}$ 年 = 1 月
>
> 经济订货占用资金：$I^* = \dfrac{Q^*}{2} U = \dfrac{300\text{kg}}{2} \times 10$ 元/kg = 1500 元

经济订货量也可以用图解法求得，具体做法是：先计算出一系列不同进货批量的各相关成本，然后在坐标图上描出由各有关成本构成的订货成本线、储存成本线和总成本线，总成本线的最低点相对应的订货批量，即为经济订货量。

如上例中，不同批量下的相关成本指标见表 5-6。

表 5-6　不同批量下相关成本指标

项目	订货批量						
	100kg	200kg	300kg	400kg	500kg	600kg
平均存货/kg	50	100	150	200	250	300
储存成本/元	100	200	300	400	500	600
订货次数/次	36	18	12	9	7.2	6
订货成本/元	900	450	300	225	180	150
总成本/元	1000	650	600	625	680	750

不同批量的有关成本变动情况如图 5-2 所示。从以上成本指标的计算和下面的图形中可以很清楚地看出，当订货批量为 300kg 时总成本最低，小于或大于这一订货批量都是不合算的。

2. 基本模型的扩展

经济订货量的基本模型是在前述各假设条件下建立的，但现实中企业的存货管理能够满足所有这些假设条件的情况十分罕见。为使模型更接近实际情况，具有较高的可用性，需逐

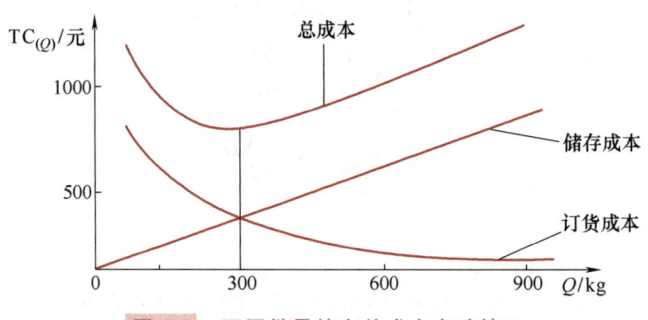

图 5-2 不同批量的有关成本变动情况

一放宽假设，同时改进模型。

（1）订货提前期

一般情况下，企业的存货不能做到随用随时补充，因为即使没有供货紧张问题，从企业发出订单到对方组织货品发出，再到入库也需要一定时间。因此不能等存货用空再去订货，而需要提前订货。在提前订货的情况下，企业再次发出订货单时，库中尚有的存货库存量，称为再订货点，用 R 来表示。它的数量等于交货时间（L）和每日平均需用量（d）的乘积：

$$R = Ld \tag{5-14}$$

[例 5-7] 假设企业从订货日至到货期的时间间隔为 10 天，每日存货需要量为 10kg/天，那么

$$R = Ld = 10\ 天 \times 10\text{kg}/天 = 100\text{kg}$$

即企业在还有 100kg 存货时，就应当再次订货，等到下批订货到达时（10 天后），原有库存刚好用完。此时，有关存货的每次订货批量、订货次数、订货间隔时间等并无变化，与存货瞬时补充时相同。订货提前期经济批量模型如图 5-3 所示。

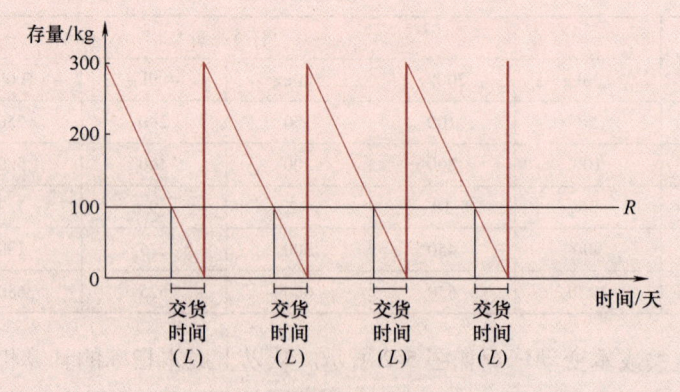

图 5-3 订货提前期经济批量模型

这就是说，订货提前期对经济订货量并无影响，只不过在达到再订货点（库存 100kg）时发出订货单罢了。

（2）存货陆续供应和使用

在建立基本模型时，是假设存货一次全部入库，因此存货增加时存量变化为一条垂直的直线，且库存的最高量为 Q。事实上，各批存货可能陆续到达，陆续入库，使库存量陆续增加。尤其是产成品入库和在产品转移，几乎总是陆续供应和陆续耗用的。在这种情况下，需要对图 5-3 的基本模型做一些修改。

设每批订货数为 Q，由于每日送货量为 P，则该批订货全部送达所需的日期数为 $\frac{Q}{P}$，则：

$$送货期内耗用量 = \frac{Q}{P}d$$

$$最高库存量 = Q - \frac{Q}{P}d$$

$$平均库存量 = \frac{1}{2}\left(Q - \frac{Q}{P}d\right)$$

$$存货总成本\ TC_Q = \frac{D}{Q}K + \frac{1}{2}\left(Q - \frac{Q}{P}d\right)K_C$$

$$= \frac{D}{Q}K + \frac{Q}{2}\left(1 - \frac{d}{P}\right)K_C$$

在订货变动成本与储存变动成本相等时，TC_Q 有最小值，因此，存货陆续供应和使用的经济订货量公式为

$$经济订货量\ Q^* = \sqrt{\frac{2KD}{K_C} \cdot \frac{P}{P-d}} \tag{5-15}$$

将这一公式代入上述 TC_Q 公式，可得出存货陆续供应和使用的经济订货量总成本公式：

$$TC_{Q^*} = \sqrt{2KDK_C\left(1 - \frac{d}{P}\right)} \tag{5-16}$$

[例 5-8] 某零件年需用量 D 为 3600 件，每日送货量 P 为 30 件，每日生产耗用量 d 为 10 件，单价 U 为 10 元，一次订货成本 K 为 25 元，单位储存变动成本 K_C 为 2 元。存货数量的变动如图 5-4 所示。则：

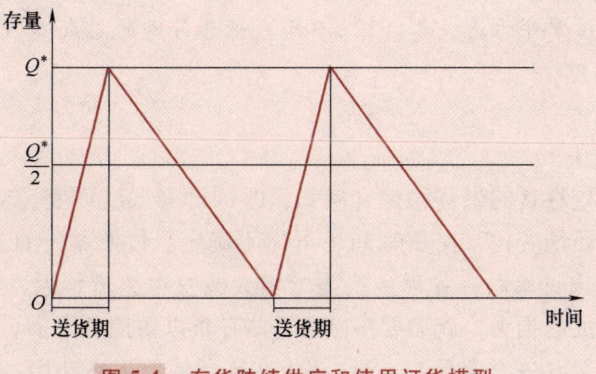

图 5-4 存货陆续供应和使用订货模型

$$Q^* = \sqrt{\frac{2 \times 25 \times 3600}{2} \times \frac{30}{30-10}} \text{ 件} = 367 \text{ 件}$$

$$TC_{Q^*} = \sqrt{2 \times 25 \times 3600 \times 2 \times \left(1 - \frac{10}{30}\right)} \text{ 元} = 490 \text{ 元}$$

陆续供应和使用的经济订货量模型，还可以用于企业自制或外购某种货品的选择决策。自制零件属于边送边用的情况，单位成本可能较低，但每批零件投产的生产准备成本比一次外购订货的订货成本可能高出许多。外购零件的单位成本可能较高，但订货成本可能比较低。要在自制零件和外购零件之间做出选择，需要全面衡量它们各自的总成本，才能得出正确的结论。这时，就可借用陆续供应或瞬时补充的模型，通过计算进行对比。

[例 5-9] 某施工企业使用 A 零件，可以外购，也可以自制。如果外购，单价4元/件，一次订货成本10元，一次性到货；如果自制，成本3元/件，每次生产准备成本600元，每日供货量50件。零件的全年需求量为3600件，储存变动成本为零件价值的20%，每日生产的平均需求量为10件。

下面分别计算零件外购和自制的总成本，以选择相对较优的方案。

（1）外购零件

$$Q^* = \sqrt{\frac{2KD}{K_c}} = \sqrt{\frac{2 \times 10 \times 3600}{4 \times 20\%}} \text{ 件} = 300 \text{ 件}$$

$$TC_{Q^*} = \sqrt{2KDK_c} = \sqrt{2 \times 10 \times 3600 \times 4 \times 20\%} \text{ 元} = 240 \text{ 元}$$

$$TC = DU + TC_{Q^*} = 3600 \text{ 件} \times 4 \text{ 元/件} + 240 \text{ 元} = 14640 \text{ 元}$$

（2）自制零件

$$Q^* = \sqrt{\frac{2KD}{K_c} \cdot \frac{P}{P-d}} = \sqrt{\frac{2 \times 600 \times 3600}{3 \times 20\%} \times \frac{50}{50-10}} \text{ 件} = 3000 \text{ 件}$$

$$TC_{Q^*} = \sqrt{2KDK_c \left(1 - \frac{d}{P}\right)} = \sqrt{2 \times 600 \times 3600 \times 3 \times 20\% \times \left(1 - \frac{10}{50}\right)} \text{ 元} = 1440 \text{ 元}$$

$$TC = DU + TC_{Q^*} = 3600 \text{ 件} \times 3 \text{ 元/件} + 1440 \text{ 元} = 12240 \text{ 元}$$

由于企业自制该零件的总成本（12240元）低于外购的总成本（14640元），所以应选择自制为宜。

（3）保险储备量决策

前面的讨论中假定存货的供需稳定且确知，即每日需求量不变，交货时间也固定不变。实际上，每日需求量可能变化，交货时间也可能不确定。按照某一订货批量（如经济订货批量）和再订货点发出订单后，如果生产需求增大或发生送货延迟，就会发生缺货或供货中断。为防止由此造成的损失，就需要多储备一些存货以备应急之需，这部分多储备以应急的存货称为保险储备量（安全存量）。这些存货在正常情况下不动用，只有当存货过量使用或送货延迟，可能出现缺货时才动用。保险储备如图5-5所示。

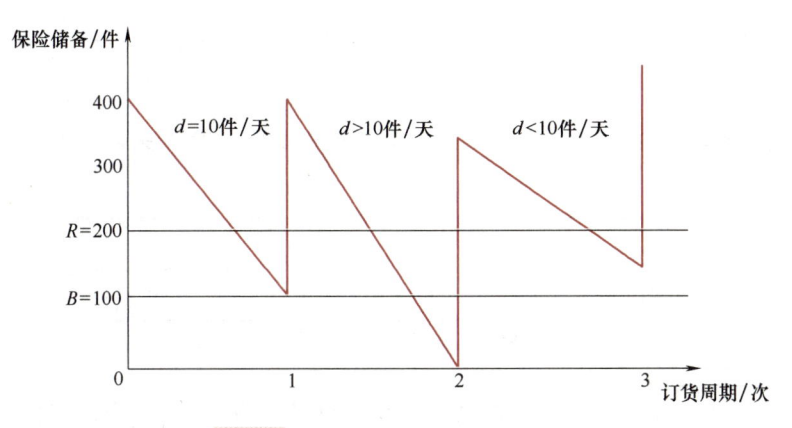

图 5-5 建立保险储备的订货模型

在图 5-5 中，若年需用量 D 为 3600 件，已计算出经济订货量为 300 件，每年订货 12 次。又知全年平均日需求量 d 为 10 件/天，平均每次交货时间 L 为 10 天。为防止需求变化引起缺货损失，设保险储备量 B 为 100 件，再订货点 R 由此而相应提高，则：

R = 交货时间×平均日需求+保险储备

   $= Ld+B$

   $= 10$ 天×10 件/天+100 件

   $= 200$ 件

在第一个订货周期里，$d = 10$ 件/天，不需要动用保险储备；在第二个订货周期内，$d >$ 10 件/天，需求量大于供货量，需要动用保险储备；在第三个订货周期内，$d <$ 10 件/天，不仅不需要动用保险储备，正常储备也未用完，下次存货即已送到。

建立保险储备，固然可以使企业避免缺货或供应中断造成的损失，但存货平均储备量加大却会使储备成本升高。研究保险储备的目的就是要找出合理的保险储备量，使缺货或供应中断损失和增加的储备成本之和最小。决策方法上可先计算出各不同保险储备量的总成本，然后再对总成本进行比较，选定其中最低的。

如果设与存货的保险储备有关的总成本为 $TC_{S,B}$，缺货成本为 C_S，保险储备成本为 C_B，则：

$$TC_{S,B} = C_S + C_B$$

设单位缺货成本为 K_U，一个订货周期中可能的平均缺货量为 S，年订货次数为 N，保险储备量为 B，存货的单位储存成本为 K_C，则：

$$C_S = K_U S N$$

$$C_B = B K_C$$

$$TC_{S,B} = K_U SN + BK_C \tag{5-17}$$

现实中，缺货量 S 具有概率性，其概率可根据历史经验估计得出；保险储备量 B 可以根据需要选择而定。

[例 5-10] 假定某存货的年需要量 D 为 3600 件，单位储存变动成本 K_C 为 2 元/件，单位缺货成本 K_U 为 4 元/件，交货时间 L 为 10 天；已经计算出经济订货量 Q 为 300 件/次，每年订货次数 N 为 12 次。交货期内的存货需要量及其概率分布见表 5-7。

表 5-7 交货期内的存货需要量及其概率分布

日需要量 d/件	7	8	9	10	11	12	13
概率 P	0.01	0.04	0.20	0.50	0.20	0.04	0.01

先计算不同保险储备的总成本。

1) 不设置保险储备量，即令 $B=0$，且以 100 件为再订货点。此种情况下，当供货期的需求量为 100 件或其以下时，不会发生缺货，其概率为 0.75（0.01+0.04+0.20+0.50）；当需求量为 110 件时，缺货 10 件（110 件-100 件），其概率为 0.20；当需求量为 120 件时，缺货 20 件（120 件-100 件），其概率为 0.04；当需求量为 130 件时，缺货 30 件（130 件-100 件），其概率为 0.01。因此，$B=0$ 时缺货的期望值 S_0、总成本 $TC_{S、B}$ 可计算如下：

$$S_0 = 10 \text{件} \times 0.2 + 20 \text{件} \times 0.04 + 30 \text{件} \times 0.01 = 3.1 \text{件}$$

$$TC_{S、B} = K_U S_0 N + B K_C = 4 \text{元/件} \times 3.1 \text{件} \times 12 + 0 \times 2 \text{元/件} = 148.8 \text{元}$$

2) 设置保险储备量为 10 件，即 $B=10$ 件，以 110 件为再订货点。此种情况下，当需求量为 110 件或其以下时，不会发生缺货，其概率为 0.95（0.01+0.04+0.20+0.50+0.20）；当需求量为 120 件时，缺货 10 件（120 件-110 件），其概率为 0.04；当需求量为 130 件时，缺货 20 件（130 件-110 件），其概率为 0.01。因此，$B=10$ 件时缺货的期望值 S_{10}、总成本 $TC_{S、B}$ 可计算如下：

$$S_{10} = 10 \text{件} \times 0.04 + 20 \text{件} \times 0.01 = 0.6 \text{件}$$

$$TC_{S、B} = 4 \text{元/件} \times 0.6 \times 12 + 10 \text{件} \times 2 \text{元/件} = 48.8 \text{元}$$

3) 设置保险储备量为 20 件，则 $R=120$ 件，同理可计算：

$$S_{20} = 10 \text{件} \times 0.01 = 0.1 \text{件}$$

$$TC_{S、B} = 4 \text{元/件} \times 0.1 \times 12 + 20 \text{件} \times 2 \text{元/件} = 44.8 \text{元}$$

4) 设置保险储备量为 30 件，即 $B=30$ 件，以 130 件为再订货点。此种情况下可满足最大需求，不会发生缺货，因此：

$$S_{30} = 0$$

$$TC_{S、B} = 4 \text{元/件} \times 0 \times 12 \text{次} + 30 \text{件} \times 2 \text{元/件} = 60 \text{元}$$

比较不同保险储备量的总成本，以总成本最低者为最佳，本例中 $B=20$ 件的总成本最低，应确定保险储备量为 20 件或者说以 120 件为再订货点。

以上例题是为解决由于需求量变化引起的缺货问题，而由于交货迟延引起的缺货问题，原理是一样的，只需将迟延天数引起的缺货折算为增加的需求量即可。如［例 5-10］中，若企业迟延交货 3 天的概率为 0.01，则可以认为缺货 30 件（3 天×10 件）或者交货期内需求量为 130 件的概率为 0.01。这样就把交货迟延问题转化成需求过量问题了。

5.4.5 施工企业主要存货的管理

1. 施工企业材料的管理

施工企业的存货储备资金绝大部分用于施工材料的储存占用方面。尽管目前施工企业对材料的管理已经逐步加强，但仍然存在一些较为普遍的问题，大体表现在以下几个方面。

（1）采购计划不周密

一些企业领导和业务部门只重视生产计划，忽视采购供应计划。不少施工企业材料采购环节依然存在漏洞，舍近求远、舍贱求贵的现象时有发生。材料采购缺乏计划与科学的指导，采取"高额储备多多益善"的采购政策，结果造成大量材料积压，长期占用资金，甚至造成浪费，影响企业的经济效益。

（2）材料储备资金管理无重点

在资金周转各环节中主次不分，平均使用力量，没有重点环节重点控制。在资金的拨向分布上，不分轻重缓急，致使资金周转不灵。

对材料储备资金进行管理，能够有效提高资金使用效益，为企业控制成本，减少资金占用，提高材料储存和利用。主要工作应从以下几个方面进行。

1）加强材料采购供应的计划管理。管理人员要对本年度施工工程计划进行分析，建立数学模型，确定主要材料的最佳经济批量和最佳进货时间，确定全年所需建筑材料的品种、数量、交货期等，然后编制采购供应计划。采购供应计划是材料储备资金管理最为重要的一环，既不能因节约资金材料供应不上，也不能造成积压，占用资金。为促进储备资金得到最经济合理的使用，还必须确定一个经济订购量。按照最佳采购批量原理，按照工程项目不同时期的不同建筑材料需求量，确定建筑材料的采购批量：一方面能保证工程所需的建筑材料用量，降低材料的缺货成本；另一方面能使库存材料占用的资金最少，保证资金正常周转循环。

2）对材料实行定额控制管理。为保证工程施工需要，并取得良好的经济效益，必须制定科学合理的材料储备定额。

① 经常性储备定额是指前后两批材料入库的供应间隔期内，保证建筑产品生产正常进行所必需的经济合理的储备数量。经常性储备定额主要由材料入库间隔时间和平均每日需用量决定，其计算公式为

$$经常性储备定额 = (进料间隔时间 + 材料准备天数) \times 平均每日需用量 \tag{5-18}$$

确定进料间隔天数是一项比较复杂的工作，因为它的影响因素很多，如供应条件、供应距离、运输方式、订购数量，以及有关的采购费用和保管费用等。

② 保险储备定额是指材料供应工作中发生延误等不正常情况下，保证施工生产所需的材料储备数量。主要由保险储备天数和每日需用量决定，其计算公式为

$$保险储备定额 = 保险储备天数 \times 平均每日需用量 \tag{5-19}$$

确定保险储备天数一般是按上年统计资料实际材料入库平均误期天数来确定的。在实际

工作中应分析供应条件的变化情况。一般就地就近组织供应，供应中断的可能性很小，保险储备可以减少到 0。

③ 季节性储备定额。施工企业的材料供应经常受到季节性影响。为保证施工生产的正常进行，需要一定数量的季节性储备。例如，年初开工项目多，钢材、水泥及地方材料用于基础和主体结构的需用量大；年底施工进行到装修竣工程度，主要材料需用量小而其次材料、装饰材料需用比例增大。这类材料要根据施工进度需要确定季节性储备定额，以便在供应中断后，可继续保证建筑施工生产需要，其计算公式为

$$季节性储备定额 = 平均每日需用量 \times 季节性施工天数 \quad (5\text{-}20)$$

根据上述的分析计算，材料储备的最高定额和最低定额应该为

$$最高储备定额 = 经常性储备定额 + 保险储备定额$$

$$最低储备定额 = 保险储备定额$$

材料储备定额是编制材料供应计划，监控库存水平，核定施工企业流动资金计划的重要依据，也是组织采购计划订货的主要依据。

3) 用 ABC 分析法进行材料的库存管理。除了采用经济批量法进行决策以外，用 ABC 分析法进行材料的库存管理也是一种有效的存货日常控制方法。各类材料按 ABC 分析法进行分类，有助于掌握重点，区别不同情况，分别采取相应的控制措施。ABC 分析法是一种在错综复杂、品种繁多的材料中抓住重点材料、照顾一般材料的管理方法。现以建筑施工中需用的近 2000 种材料的分类为例，其标准为：①主要材料（钢材、水泥、木材）品种少，但约占资金 80%，划为 A 类；②其他材料（砖、沙、石灰等）约占资金 15%，划为 B 类；③次要材料（钉子、电线、油漆、铁丝等）约占资金 5%，划为 C 类。

上述材料的重要程度各不相同。A 类材料在品种上占的比重小，但存货的价值高，因此必须把管理的重点放在 A 类材料上；B 类材料占用资金比例也较为可观，应引起重视，加强管理；C 类材料由于品种繁多，资金占用少，一般来说根据供应条件规定最大储备量和最小储备量就可以。这样有利于采购部门和仓库部门集中精力抓好 A 类材料和 B 类材料的管理。

在保证建筑施工生产的前提下，资金利用率越高，经济效益越好，施工企业在月终可根据实际资金运用率按规定的奖罚标准进行奖罚。这样既可限制材料采购部门采购非急需的材料，又可促使材料供应部门及时处理呆滞积压材料，促进资金盘活。

2. 施工企业在建工程的管理

施工企业的在建工程，是指已经施工但还没有完成工程承包合同中规定已完工程的内容，因而还未向发包单位结算工程价款的建筑安装工程。

(1) 在建工程管理与工程价款结算方式

在建工程的内涵与采用的工程价款结算方式密切相关。建筑安装工程价款的结算方式主要有以下几种：

1) 按月结算，即在月终按已完分部分项工程结算工程价款。在采用按月结算工程价款时，在建工程是指月末尚未完工的分部分项工程。

2) 分段结算，即按工程形象进度划分的不同阶段（部位）分段结算工程价款。在采用

分段结算工程价款时，在建工程是指尚未完成各个工程部位施工内容的工程。

3）竣工后一次结算，即在单项工程或建设项目全部建筑安装工程竣工以后结算工程价款。在采用竣工后一次结算工程价款时，在建工程是指尚未竣工的单项工程和建设项目。

（2）在建工程施工成本

施工企业的在建工程，按施工成本计算。工程施工成本是指建筑安装工程在施工过程中耗费的各项生产费用。按其是否直接耗用于工程的施工过程，分为直接费用和间接费用。

1）直接费用。

① 材料费。材料费是指在施工过程中所耗用的、构成工程实体或有助于工程形成的各种主要材料、外购结构件成本及周转材料的摊销和租赁费。

② 人工费。人工费是指直接从事工程施工的工人（包括施工现场制作构件工人、施工现场水平和垂直运输等辅助工人，但不包括机械施工人员）的工资和职工福利费。

③ 机械使用费。机械使用费是指建筑安装工程施工过程中使用施工机械所发生的费用（包括机上操作人员的工资，燃料、动力费，机械折旧、修理费，替换工具及部件费，润滑及擦拭材料费，安装、拆卸及辅助设施费，使用外单位施工机械的租赁费，以及保管机械而发生的保管费等）和按照规定支付的施工机械进出场费等。

④ 其他直接费。其他直接费是指现场施工用水、电、风、气费，冬雨季施工增加费，夜间施工增加费，流动施工津贴，材料两次搬运费，生产工具用具使用费，检验试验费，工程定位复测、工程点交和场地清理费用等。

2）间接费用。

间接费用是指企业所属各施工单位如分公司、项目经理部为组织和管理施工生产活动所发生的各项费用，包括临时设施摊销费、施工单位管理人员工资、职工福利费、折旧费、修理费、工具用具使用费、办公费、差旅费和劳动保护费等。

工程直接费用加上分配的间接费用，就构成工程施工成本。工程施工成本不是工程完全成本，它不包括企业的管理费用、财务费用等期间费用。因为按照现行财务会计制度的规定，期间费用直接计入当期损益，不分配计入工程成本，所以在建工程只按工程施工成本计算。

复习思考题

1. 什么是流动资产？施工企业的流动资产具有哪些特点？
2. 区分速动资产和非速动资产对企业财务管理有什么意义？
3. 现金管理的目标是什么？施工企业应如何提高现金的使用效率？
4. 什么是现金预算？它是如何编制的？在编制时为什么必须考虑现金持有量？
5. 最佳现金持有量的确定通常可以采取哪几种模式来分析计算？
6. 应收账款产生的主要原因是什么？其管理的目标又是什么？
7. 企业的信用政策包括哪几项？在建筑市场不景气时，施工企业应采取什么样的信用政策？
8. 应收账款日常管理的主要工作内容有哪些？
9. 施工企业存货管理的目标和主要任务是什么？

10. 什么叫作经济订货批量？材料采购的经济订货批量是如何决策的？

习 题

1. 某施工企业欲对现金的持有方案做出决策，现有五种方案可以选择，有关持现成本已基本确定，见表 5-8。

表 5-8　五种现金持有方案及相关成本表　　　　　　　　　　（单位：元）

项目	甲	乙	丙	丁	戊
现金持有量	180000	250000	320000	400000	500000
机会成本	9000	12500	16000	20000	25000
管理成本	20000	20000	20000	20000	20000
短缺成本	14000	9500	4500	1500	0

试分析五种方案并比较择优。

2. 企业某年度预测赊销额 2400 万元，信用条件为 $N/30$，变动成本率为 65%，资金成本率为 20%。假设企业收账政策和固定成本总额不变，目前有三个信用条件备选方案，A 是维持 $N/30$ 不变；B 是 $N/60$；C 是 $N/90$。各方案的预估赊销水平、坏账损失和收账费用见表 5-9。

表 5-9　各方案预估成本费用表

项目	A（$N/30$）	B（$N/60$）	C（$N/90$）
年赊销额/万元	2400	2640	2800
应收账款平均收账天数/天	30	60	90
坏账损失率	2%	3%	5%
收账费用/万元	24	40	56

（1）确定最佳信用方案。

（2）如果企业选择了 B 方案，为了加速收款，决定给出"2/10，1/20，$N/60$"的折扣政策，估计约有 60% 的客户（按赊销额计算）会利用 2% 的折扣，15% 的客户会利用 1% 的折扣，坏账损失率会降低到 2%，预估收账费用为 30 万元。请评价是否应提供折扣政策。

3. 某施工企业的材料采购和管理实行专人负责制。其中，A 材料采购员每年固定工资为 4.2 万元，租赁仓库租金为 18 万元，A 材料管理员工资为 3.9 万元。该企业每年需该材料 4000t，每批订货费用 500 元，每次订货 800t，材料价格为 300 元/t，储存成本为 40 元/t，假设不考虑短缺成本。试计算该企业 A 材料的全年存货成本。

4. 某施工企业施工生产用水泥计划年消耗量为 8000t，水泥价格为 600 元/t，每次采购费用为 4000 元，保管费用为水泥库存价值的 10%，不考虑水泥缺货损失。请根据上列资料为该企业计算水泥采购经济批量。

5. 某公司对某产品的年使用数量为 90000 件（设 360 天/年），假设其订货数量只能是 100 的倍数，购买价格为 15 元/件，单位储存成本为单位购买价的 30%，一次订货成本为 500 元，缺货成本为 12 元/件，日送货量上限为 1200 件，交货期的存货需要量及其概率分布见表 5-10。

表 5-10 交货期的存货需要量及其概率分布

需要量/件	500	750	1000	1250	1500	1750	2000
概率	0.01	0.04	0.2	0.5	0.2	0.04	0.01

（1）计算某公司的经济订货量。

（2）每年应订货多少次？

（3）计算最佳保险储备量。

（4）库存水平为多少时应补充存货？

6. 某企业使用的 A 零件可以外购，也可以自制。外购时价格为 10 元/件，一次订货成本为 25 元，且每次订货只能是 100 的倍数；如果自制，成本为 8 元/件，每次生产准备成本为 1400 元，日产量为 100 件，且每批产量只能是 100 的倍数。该零件的全年需求量为 7200 件，储存变动成本为零件价值的 25%，每日平均需求量 20 件。分别计算两种方案的总成本，并比较择优。

第 5 章练习题

扫码进入小程序，完成答题即可获取答案

第6章

施工企业固定资产管理

> **学习目标**
> ● 了解施工企业固定资产的种类，计价方法，固定资产投资特点和投资决策程序，固定资产更新改造的内涵和主要管理内容
> ● 熟悉固定资产折旧的依据，折旧的计提范围，固定资产投资决策应考虑的主要影响因素
> ● 掌握固定资产折旧计提的方法和适用性，固定资产需要量的核定方法，固定资产更新改造决策的方法等

6.1 固定资产管理概述

在施工企业进行生产经营活动所需要的劳动资料中，有些劳动资料的价值一次性转移进入企业成本、费用，实物形态也随之消亡；有些劳动资料的价值却分次进入企业成本、费用，实物形态仍保持完整。这种企业为使用而非出售拥有的，通常使用期限在一年以上，单位价值超过规定标准（按企业规模大小分别规定），并且在使用过程中保持原有物质形态的劳动资料就是固定资产，它包括房屋及建筑物、施工机械、运输设备、生产设备和工具器具等。施工企业的固定资产是从事建筑安装工程施工的重要物质条件。

值得注意的是，有些资产的单位价值虽然低于规定标准，但属于企业的主要劳动资料，也应列入固定资产；有些劳动资料的单位价值虽然超过规定标准，但更换频繁、易于损坏，也可以不作为固定资产；不属于生产经营主要设备的物品，单位价值较高并且使用期限超过一年的，一般也应当作为固定资产管理。

固定资产在企业运营中显示出以下特点：

1）形态不变性。固定资产以其自身性能为生产经营服务，但在任何一个经营周期内都不改变其实物形态，直到报废。

2）固定资产的价值与其价值的载体在生产经营过程中存在着时间上与空间上的分离。固定资产价值是随着生产经营周期的推进逐步与其承载物相脱离的。

3）长期效益性。固定资产往往要为几个生产经营周期服务，其作用力要持续数年，在一个较长的时期内为企业带来持续的经济效益。

6.1.1 固定资产的分类

施工企业的固定资产种类复杂、数量繁多，在施工及经营过程中发挥着各自不同的作用。为了加强固定资产的管理，提高固定资产的使用效率，有必要对其按照一定的标准进行正确分类。施工企业的固定资产按其经济用途和使用情况可分为以下七类。

1. 生产用固定资产

生产用固定资产是指直接用于生产经营和科研开发，通过提供产品和科研成果而带来直接或间接经济效益的固定资产。这类固定资产的特征表现为增加固定资产的数量就会提高生产经营和科研能力，是为企业直接提供收入的资产。

（1）房屋

房屋是指施工生产单位及其行政管理部门使用的房屋，如厂房、办公楼和工人休息室等。与房屋不可分割的各种附属设备，如水、暖、卫生、通风和电梯等设备，其价值均应包括在房屋价值之内。

（2）建筑物

建筑物是指除房屋以外的其他建筑物，如水塔、储油缸、蓄水池、企业的道路、围墙和停车场等。

（3）施工机械

施工机械是指施工生产用的各种机械，如起重机械、挖掘机械、土方铲运机械、凿岩机械、基础及凿井机械、筑路机械和钢筋混凝土机械等。

（4）生产设备

生产设备是指加工、维修用的各种机器设备，如土木加工设备、锻压设备、金属切削设备、焊接及切割设备、动力设备和传导设备等。

（5）运输设备

运输设备是指运输原料及部件用的各种运输工具，如铁路机车、水路船舶和陆路汽车等。

（6）仪器及试验设备

仪器及试验设备是指对材料、工艺和产品进行研究试验用的各类仪器设备，如计量用的天平，测绘用的经纬仪、水准仪，探伤用的探伤仪，以及材料试验用的各种试验机等。

（7）其他生产使用的固定资产

其他生产使用的固定资产是指不属于以上各类的生产用固定资产，如消防用具、办公用具，以及行政管理用的轿车、电话等。

2. 非生产用固定资产

非生产用固定资产是指用于企业职工的生活福利，只发生直接成本，而不会带来直接收入的各种固定资产，如职工宿舍、招待所、医院、学校、幼儿园、俱乐部、食堂和浴室等单位所使用的房屋、设备、器具等。这类资产对企业来说是必不可少的，会直接影响企业职工的生产积极性和劳动效率，从而间接影响生产用固定资产能否达到最佳利用状态，并最终影响企业的收入实现和收入多少。

3. 租出固定资产

租出固定资产是指出租给外单位使用的，对本企业来说是多余和闲置的固定资产。

4. 未使用固定资产

未使用固定资产是指尚未投入生产经营和施工建设中的新增固定资产，调入尚待安装的固定资产，进行改建、扩建而停用的固定资产，其他原因长期停用但今后还要使用的固定资产。

5. 不需用固定资产

不需用固定资产是指企业生产经营中不再需要而应处理的固定资产。这类资产的产生往往是企业改变生产经营和服务方向所导致的。

6. 融资租入固定资产

融资租入固定资产是指企业以融资租赁方式租入的大型施工机械和机器设备、运输设备、生产设备等固定资产。

7. 土地

土地是指已经估价单独入账的土地。因征用土地而支付的补偿费，应计入与土地有关的房屋建筑物的价值之内，不再单独作为土地价值入账。

6.1.2 固定资产的计价

固定资产的计价，即以货币形式对固定资产进行的价值计算，借以反映企业所拥有的固定资产价值，并在一定程度上反映企业的生产能力，以及固定资产的价值补偿状况，实现对固定资产的价值管理。

固定资产的计价原则上按在生产经营过程中能够独立发挥作用的每一项资产作为一个计价对象，从属于主体财产或它不可分割的附属物、附属设备等，均应包括在主体财产之内。固定资产计价的基本方法有三种。

1. 按原始价值对固定资产计价

原始价值是指企业通过购建等各种形式取得固定资产，以及使之达到预期使用状态前发生的一切合理、必要的支出，包括购置价、运费和安装调试费等。固定资产的原价，应根据取得固定资产的不同来源分别确定。由于原值是实际发生并有支付凭证的支出，因而按原值计价具有客观性和可验证性的特点。但是随着经济环境的变化，物价水平发生变动，加上固定资产不断折旧，固定资产的原值就可能与现值相差很远，这样固定资产的原值也就不能真实地反映企业现时的经营规模，因此也无法真实反映企业当前的财务状况。

2. 按重置完全价值对固定资产计价

重置完全价值是指按现行市场价格重新购建和安装某项固定资产所需要的全部支出。按重置完全价值计价可以比较真实地反映固定资产的现时价值，但由于人力、财力、物力所限及市场的复杂状况，企业一般不对固定资产进行重新估价，只有对盘盈的固定资产或根据国家规定对固定资产重估时才按重置完全价值对固定资产进行价值重估。

3. 按账面净值对固定资产计价

净值又称折余价值，是指固定资产原值减去累计折旧后的余额。它可以反映固定资产的现有价值和新旧程度。这种计价方法主要用于计算盘盈、盘亏、毁损固定资产的溢余、损失，以及对外投资转出固定资产的作价。

$$固定资产新旧程度=\frac{原值-累计折旧}{原值}=\frac{净值}{原值} \quad (6-1)$$

6.1.3 固定资产的日常管理

企业的固定资产种类繁多、数量大、技术性强，而且分散在企业的各个部门和各级单位。如何管好固定资产，不但关系到企业财产的安全与完整，而且关系到如何充分发挥固定资产效能，保障企业生产经营顺利进行。为了提高固定资产的使用效率，保护固定资产的安全完整，必须对固定资产的日常使用加强管理。固定资产的日常管理工作通常包括以下几个方面。

1. 实行固定资产归口分级管理制度

固定资产管理首先要健全固定资产管理制度，严格购建、验收、使用、保管、调拨、盘点和报废清理等多项手续，防止短缺、失修、损坏或降低技术技能。固定资产归口分级管理就是在固定资产管理中正确安排各方面的权责关系，把固定资产管理和生产技术管理结合起来，激励各职能部门、各级单位职工积极参与管理的一种行之有效的管理制度。其基本制度包括两方面。

（1）固定资产归口管理

在企业经理和总会计师的领导下，在企业财务部门的统一协调下，按照固定资产的类别归口给有关职能部门负责管理。例如，施工机械、生产设备归设备部门负责管理；运输设备归运输部门负责管理；房屋建筑物、管理用具归行政部门负责管理。各归口管理部门负责对所管的固定资产合理使用、维护和修理，定期对固定资产的使用保管情况进行检查，并认真遵守有关制度，保证固定资产的安全完整。

（2）固定资产分级管理

在归口管理的基础上，根据"谁用谁管"的原则，按使用地点分别把固定资产管理责任落实到工程队、班组，实行分级管理，并对归口职能部门负责。固定资产的归口分级管理还应和各部门、各级的物质利益相结合，根据管理固定资产的责任履行情况进行奖惩，实行企业内部固定资产管理责任制。这样便可做到层层负责任，件件有人管，使固定资产的安全保管和有效利用得到可靠保障。

2. 对固定资产利用效果进行考核

企业使用的资金中固定资产所占的比重一般较大，因而固定资产利用效果的好坏关系整个企业资金的利用效果，所以企业要注重固定资产的合理使用，尽可能发挥现有固定资产的使用潜能，不断提高固定资产的利用效果，减少占用资金。由于固定资产的货币表现是固定资金，因此，固定资产利用效果的考核主要是通过固定资金产值率和固定资金利润率两个指标进行计算分析，从而揭示固定资产使用中存在的问题，改进资产利用情况。

$$固定资金产值率=\frac{企业总产值}{固定资产平均原始价值}\times100\%$$
$$固定资金利润率=\frac{企业利润总额}{固定资产平均原始价值}\times100\% \quad (6-2)$$

用现有的固定资产完成尽可能多的建筑安装工程，就可减少占用资金。因此，在固定资产管理工作中，必须根据施工生产任务查定企业所需的固定资产，调配处理那些多余或不适用、不需用的固定资产，同时用好、维修好固定资产，提高固定资产的完好率和利用率。此外，在重新购建固定资产时，必须进行技术经济分析和财务效益分析，优选经济上合理的技术，使企业以较少的固定资产投资，取得较大的经济效益。

3. 重视固定资产的价值管理和风险管理

企业拥有的固定资产其价值转移周期都在一年以上，固定资产在生产过程中产生的有形损耗和无形损耗都比较显著，虽然计提固定资产折旧已考虑了上述两因素对固定资产价值的影响，但折旧主要是从价值补偿角度出发的。如果要准确地反映企业现有固定资产的真实价值，从而揭示企业资产总额的客观价值，则市场价值无疑是最为恰当的一个标准，因此从稳健原则出发，计提固定资产减值准备，合理地计算企业固定资产账面价值与市场价值的差距，并确认差额为企业损失，是企业固定资产价值管理和风险管理的一项重要内容。

企业会计准则关于企业计提固定资产减值准备的规定是，如果企业的固定资产实质上已经发生了减值（账面价值>市场价值）应当计提减值准备，并且在"资产减值损失"与"固定资产减值准备"两个账户中同时确认。

对于存在下列情况之一的固定资产，应当全额计提减值准备：①长期闲置不用，在可预见的未来不会再使用，且已无转让价值的固定资产；②由于技术进步等原因，已不可使用的固定资产；③虽然固定资产尚可使用，但使用后产生大量不合格品的固定资产；④已遭毁损，以至于不再具有使用价值和转让价值的固定资产；⑤其他实质上已经不能为企业带来经济效益的固定资产。

6.1.4 固定资产折旧

固定资产折旧是指固定资产在使用过程中因逐渐损耗而转移到企业成本、费用中去的那部分价值，也就是生产经营过程中由于使用固定资产而在使用年限内应摊销的固定资产价值。管好用好固定资产折旧，对于保证固定资产顺利更新，充分发挥固定资产的使用效率，具有十分重要的意义。

1. 计提固定资产折旧的依据

固定资产折旧应根据固定资产的损耗程度来确定。固定资产的损耗程度主要取决于固定资产的有形损耗和无形损耗。有形损耗是指固定资产在使用过程中由于使用磨损和自然力的作用而引起使用价值和价值的损耗。固定资产的有形损耗，取决于固定资产的物质磨损程度，而固定资产的物质磨损程度的大小，又与固定资产的使用条件、使用强度、使用技术、维修保养及固定资产自身的结构、性能等有密切的关系。无形损耗是指由于科学技术进步和劳动生产率的提高而引起的固定资产价值的贬值和损耗。由于劳动生产率提高，生产同样性能的机器设备所耗费的劳动减少，使新机器设备的价值低于原来机器设备的价值，使原来的机器设备相对"贬值"。不过，根据历史成本的原则，对机器设备进行重估价值时，才会给企业带来实际损失，不进行重估价值，机器设备则按取得时的实际成本入账，其价值不会发生损失。由于科学技术的发展和应用，技术新、效率高的机器设备不断出现，采用这些新机器设备所产生的经济效益比原有旧设备的经济效益要好得多，迫使企业不得不采用新设备，淘汰旧设备，使原有设备提前报废，从而带来原有固定资产价值的损失。

提取固定资产折旧，需要同时考虑固定资产的有形损耗和无形损耗，但是这种损耗程度很难用技术方法精确测量，只能根据有关因素加以估计，再利用一定的数学方法来计算。这些因素包括以下几方面：

(1) 固定资产的原值或账面净值

固定资产原值是指应计提折旧的固定资产的账面原始价值；账面净值是应计提折旧的固定资产的折余价值。企业有些计提折旧的方法以固定资产账面原值为依据；有些以固定资产的账面净值（折余价值）为依据。

固定资产从投入使用开始，即发生价值损耗，按理应立即开始计提折旧；而固定资产报废或停止使用后应立即停止计提折旧。但在实际工作中，为操作方便起见，现行制度规定，企业在具体计算折旧时，一般按足月原价计提，即：月份内开始使用的固定资产，当月不计提折旧，从下月起计提折旧；月份内减少或者停用的固定资产，当月仍计提折旧，从下月起停止计提折旧。提足折旧的逾龄固定资产不再计提折旧，提前报废的固定资产，其损失计入企业营业外支出，不得补提折旧。

(2) 固定资产预计使用年限

预计使用年限是指根据固定资产本身的结构、负荷程度和工作条件并结合有形损耗和无形损耗事先加以预计的固定资产正常服务年限。由于有形损耗和无形损耗都难确认，固定资产使用年限是一个估计数，同样具有随意性。因此，《中华人民共和国企业所得税法实施条例》（简称《企业所得税法实施条例》）中对各类固定资产计算折旧的最低年限做了细致的规定，如果国务院财政、税务主管部门另有规定的遵循相关规定。施工企业可以根据固定资产的性质和使用情况，合理确定固定资产的使用寿命和预计净残值。固定资产的使用寿命和预计净残值一经确定，不得随意变更。

企业应按规定的折旧年限计算提取折旧。但由于规定的折旧年限具有弹性，所以一经确定某一具体折旧年限，一般不得随意变更。

(3) 固定资产预计净残值

固定资产净残值是指预计的固定资产报废时可以收回的残余价值扣除预计清理费用后的数额。由于固定资产报废时有一定的残余价值，这一残值收入不应作为折旧摊入成本；而固定资产报废清理时发生的清理费用则应作为固定资产使用的一种追加耗费摊入成本。由于残值和清理费用均为预计数，为了计算简便，通常可以综合两个因素考虑，即将预计残值收入扣除清理费用后的净残值，以固定资产原值的一定比例表示，这就是预计净残值率。《企业所得税法实施条例》第五十九条规定，固定资产按照直线法计算的折旧，准予扣除。企业应当根据固定资产的性质和使用情况，合理确定固定资产的预计净残值。固定资产的预计净残值一经确定，不得变更。从上述规定可以看出，税法不再对固定资产残值率做硬性规定，将固定资产残值率的确定权交给企业，但是强调合理性，要求企业根据生产经营情况，固定资产的性质和使用情况，尊重固定资产的自身特性和企业使用固定资产的实际情况，合理确定固定资产的预计净残值。这一规定具有很大的灵活性，给予了企业充分的自主权。

上述影响固定资产折旧的诸多因素主要是基于固定资产有形损耗而考虑的。然而，随着科学技术的进步，新技术、新产品日新月异，对固定资产无形损耗的影响日趋严重。为了减少无形损耗造成的损失，一般有以下做法：一是在确定固定资产折旧年限时在物理年限的基础上适当缩短（考虑不同企业的承受能力规定一定的弹性区间）；二是充分利用生产设备的生产能力，使其价值尽快全部转移；三是在使用期内对固定资产不断进行技术改造，缩短它与效率更高、更先进的设备之间的距离；四是采用加速折旧的方法，加快提足折旧额，以确保固定资产及时快速更新。

2. 固定资产折旧的计提范围

按照企业的现行制度规定，企业的下列资产应计提折旧：①企业拥有产权的房屋和建筑物；②在用的机器设备、仪器仪表、运输车辆和工具器具；③季节性停用和修理的设备；④以经营租赁方式租出的固定资产；⑤以融资租赁方式租入的固定资产。

企业的下列固定资产不计提折旧：①房屋、建筑物以外的未使用、不需用的固定资产；②以经营租赁方式租入的固定资产；③已经提足折旧仍继续使用的固定资产；④按照规定提取维检费的固定资产；⑤破产、关停企业的固定资产；⑥以前已经估价单独入账的土地。

注意，已经全额计提固定资产减值准备的固定资产不需再计提折旧。

3. 固定资产折旧方法的选择

根据企业会计准则的规定，企业固定资产计提折旧的方法可以在平均年限法、工作量法、双倍余额递减法、年数总和法中选择。我国绝大多数企业的固定资产折旧选择平均年限法，只有符合规定条件的企业才可以选择加速折旧方法。《中华人民共和国企业所得税法》规定，企业的固定资产由于技术进步等原因，确需加速折旧的，可以缩短折旧年限或者采取加速折旧的方法。

固定资产的折旧方法

（1）平均年限法

平均年限法也称使用年限法，是以固定资产的预计使用年限为单位来计算折旧的方法。这种方法的特点是将应提取的折旧总额，按照固定资产的预计使用年限平均计算，所计算的每一期的折旧额是相等的。平均年限法的计算公式为

$$\begin{aligned}
年折旧额 &= \frac{折旧总额}{折旧年限} \\
&= \frac{原始价值-(预计残值-清理费用)}{折旧年限} \\
&= \frac{原始价值-预计净残值}{折旧年限} \\
&= \frac{原始价值\times(1-预计净残值率)}{折旧年限}
\end{aligned}$$

(6-3)

$$预计净残值率 = \frac{预计净残值}{原始价值}$$

$$年折旧率 = \frac{1-预计净残值率}{折旧年限} \tag{6-4}$$

$$月折旧率 = \frac{年折旧率}{12}$$

$$月折旧额 = (固定资产原始价值-预计净残值) \times 月折旧率 \tag{6-5}$$

> **[例 6-1]** 设固定资产原值为 10000 万元，综合折旧年限为 5 年，净残值率为 3%，用平均年限法计算折旧。
>
> $$年折旧率 = \frac{1-3\%}{5} \times 100\% = 19.4\%$$
>
> $$各年折旧额 = 10000\ 万元 \times 19.4\% = 1940\ 万元$$

（2）工作量法

工作量法是按照固定资产生产经营过程中所完成的工作量计提折旧的一种方法，其计算公式分为两种。

1) 对于运输类机械设备，按照行驶里程计算折旧。

$$单位行驶里程折旧额 = \frac{原值 \times (1-预计净残值率)}{总行驶里程} \tag{6-6}$$

$$月折旧额 = 单位行驶里程折旧额 \times 本月行驶里程$$

2) 对于生产机械设备，按照工作小时和工作台班计算折旧。

$$每小时(台班)折旧额 = \frac{原值 \times (1-预计净残值率)}{总工作小时(台班数)} \tag{6-7}$$

$$月折旧额 = 每工作小时(台班)折旧额 \times 本月工作小时数(台班数)$$

（3）双倍余额递减法

双倍余额递减法是按照固定资产账面净值乘以平均年限法折旧率的两倍来计算折旧额的方法，它是一种加速折旧法，其计算公式为

$$年折旧率 = \frac{2}{折旧年限} \times 100\%$$

$$月折旧率 = \frac{年折旧率}{12} \tag{6-8}$$

$$月折旧额 = 固定资产账面净值 \times 月折旧率$$

实行双倍余额递减法计提折旧的固定资产，应在其折旧年限到期前两年内，将固定资产净值扣除预计净残值后的净额平均摊销。

> **[例 6-2]** 施工企业某项固定资产的原始价值为 20 万元，预计净残值为 10000 元，折旧年限为 5 年，采用双倍余额递减法计算各年折旧额。
>
> $$该固定资产的年折旧率 = \frac{2}{5} \times 100\% = 40\%$$

各年计提的折旧额计算见表6-1。

表6-1 各年计提的折旧额计算表　　　　　　　　　（单位：元）

使用年限/年	年折旧额	累计折旧额	账面净值
0			200000
1	80000	80000	120000
2	48000	128000	72000
3	28800	156800	43200
4	16600	173400	26600
5	16600	190000	10000

（4）年数总和法

年数总和法是根据折旧总额的递减分数（折旧率）来确定年折旧额的方法，它也是一种加速折旧方法，其计算公式为

$$\text{年折旧额} = \text{折旧总额} \times \text{递减分数(各年折旧率)}$$
$$= (\text{固定资产原值} - \text{预计净残值}) \times \text{递减分数(各年折旧率)} \qquad (6\text{-}9)$$

$$\text{递减分数} = \frac{\text{固定资产尚可提折旧的年限}}{\text{固定资产折旧年限的各年年数之和}}$$

$$= \frac{\text{折旧年限} - \text{已提折旧年限}}{\text{折旧年限} \times (\text{折旧年限} + 1) \div 2}$$

[例6-3] 施工企业某项固定资产的原始价值为188000元，预计净残值为8000元，折旧年限为5年，采用年数总和法计算各年折旧额。

$$\text{折旧总额} = 188000 \text{元} - 8000 \text{元} = 180000 \text{元}$$

$$\text{固定资产使用年限的各年年数之和} = 5 \times \frac{(5+1)}{2} \text{年} = 15 \text{年}$$

各年应提的折旧额见表6-2。

表6-2 施工企业各年应提的折旧额　　　　　　　　　（单位：元）

使用年数/年	尚可提折旧年数/年	各年年数之和/年	折旧率	折旧总额	应提折旧额	折余价值
1	5	15	5/15	180000	60000	128000
2	4	15	4/15	180000	48000	80000
3	3	15	3/15	180000	36000	44000
4	2	15	2/15	180000	24000	20000
5	1	15	1/15	180000	12000	8000

6.2 固定资产投资决策

固定资产是施工企业长期资产的重要组成部分。企业拥有的固定资产规模在一定程度上决定了企业的生产能力和获利能力，企业拥有的固定资产的先进性也会在某种意义上帮助企业在竞争中处于优势地位。而施工企业固定资产的整体高价值度决定了企业进行固定资产投资决策是企业的重大决策行为，应该充分调查、谨慎对待。

6.2.1 固定资产投资的特点

1. 固定资产投资的回收时间长

固定资产投资或者固定资产价值的回收是采取在使用寿命期间分期收回的方式进行的。这意味着固定资产投资一经投入，便会在较长时间内影响企业；一项固定资产投资至少需要数年才能收回。固定资产投资的这种收回方式，要求固定资产的使用必须在较长时间内都能取得稳定的投资收益。因此在固定资产管理中，要强化固定资产投资的预期管理，准确预测固定资产的未来收益。

2. 固定资产投资的变现能力较差

固定资产的特征，一方面是其价值逐渐转移，并在销售收入中以折旧成本抵扣的形式收回；另一方面它主要是房屋建筑和大型施工、运输机械设备等，这些资产不易改变用途，出售困难，变现能力差。将两方面综合不难看出，固定资产投资具有不可逆转性，这就要求企业合理安排现金流入和流出计划，以避免可能的财务风险。

3. 固定资产投资面临的风险较大

固定资产具有用途固定性和长期使用性。在市场需求不断变化的今天，这一特性与消费的多变性是互相矛盾的。在固定资产投入使用后，由于市场需求的突然变动或周期变动，很可能使固定资产的利用效果不再适合市场需要。这样，固定资产投资不仅得不到相应的报酬，而且可能造成损失。为此，企业必须使固定资产的生产和服务周期与市场需求周期一致，并有应付市场突变的措施。因为有的固定资产投资的市场需求弹性极小而生产和服务周期很长，有的固定资产投资的市场需求弹性极大而生产和服务周期很短，在后一种情况下更应加强固定资产使用周期的管理。而市场的突然变动是事先无法预料的，为应付这种变动，应使固定资产用途多样性，尽量避免投资专项固定资产。

4. 固定资产使用成本是一种非付现成本

固定资产使用成本是以折旧形式提取，并通过销售抵扣而进入货币准备金形态，以备固定资产更新投资使用的。由于固定资产折旧是分期提取的，而固定资产的实物更新则是在若干年以后才进行的。所以，固定资产折旧，一方面会以成本形式抵扣收入；另一方面，在提取折旧时不仅不用支付现金从而成为非付现成本，而且还以货币准备金形态存在。这样，企业可以在固定资产更新之前，利用这部分货币准备金进行投资，以充分发挥这一部分货币资金的作用。为此，在管理上，既要考虑充分运用这部分准备金，也要确保在固定资产更新改造之前有足够的资金用来进行固定资产的再生产。这里确定两者的时间衔接是十分重要的。

5. 固定资产的资金运用要考虑货币时间价值

固定资产投资既有一次投资也有分次投资，这里就存在时间价值的不同，必须将它们进行价值同口径计算。固定资产使用后，通过折旧收回投资是按时间顺序分期收回的，从货币时间价值的角度看，越是提前收回的货币资金，其价值越大，反之亦然。折旧形成的货币资金的时间价值包括两部分：①提前折旧收回的货币的时间价值；②提前折旧收回货币资金，从而延期纳税而带来的货币时间价值。考虑固定资产使用后，折旧分期进行而带来的时间价值差异，也必须将其与投资初始日进行价值同口径计算，这不仅使不同期的折旧的时间价值相同，也能与投资的时间价值吻合。在固定资产管理中考虑时间价值，不仅要合理选择资金的投入时间，也要通过折旧方式的选择，合理确定折旧时间和折旧数额，如快速折旧的选择既能使固定资产价值的收回提前，又能使前期收回的数额更多。这样，折旧所包含的时间价值相对较大。

6. 固定资产资金占用量相对稳定，实物营运能力取决于企业的资产管理和利用程度

固定资产一经形成，在资金占用数量上就会保持相对稳定，而不像流动资产投资那样经常变动。而且，固定资产投资一经完成，其实物营运能力也被确定。在相关业务范围内，实际固定资产营运能力的增加，并不需要增加固定资产的投资。通过挖掘潜力、提高效率，就可以使现有固定资产完成增加的工程量。而实际的固定资产营运能力的下降，也不可能使固定资产已经投入的资金减少。这一特点要求企业在固定资产管理上必须充分挖掘固定资产的使用或营运效率，使固定资产处于满负荷工作状态。

7. 固定资产投资次数相对较少，而投资额较大

流动资产投资是一种经常性投资。它具有数量少、次数繁多、收回迅速的特点。与之相对，固定资产投资一般较少发生，特别是大规模的固定资产投资，一般要几年甚至几十年才发生一次。尽管投资次数少，但每次资金的投放量却较多。固定资产投资包括房屋建筑物、施工机械、运输工具、生产设备等的投资，花费往往十分巨大。这种投资不仅在投资期对企业的财务状况有较大的影响，即企业必须筹措大量的资金，有可能形成当期资金压力，而且，对企业未来的财务状况也会有较大影响，如偿债压力等。根据这些特点，进行固定资产投资时，必须进行充分的可行性论证，合理安排资金预算和还款计划，做到心中有数，不给企业造成财务压力。

8. 固定资产投资的实物形态与价值形态可以分离

固定资产投资完成投入使用后，随着固定资产的磨损，固定资产价值便有一部分脱离其实物形态，转化为货币准备金，而其余部分仍存在于实物形态中。在使用年限内，保留在固定资产实物形态上的价值逐年减少，而脱离实物形态转化为货币准备金的价值却逐渐增加。直到固定资产报废，其价值才得到全部补偿，实物也得到更新。这样，固定资产的价值与其实物形态又重新统一起来。这一特点说明，由于企业各种固定资产的新旧程度不同、实物更新时间不同，企业可以在某些固定资产需要更新之前，利用脱离实物形态的货币准备金去投资兴建固定资产，再利用新固定资产所形成的货币准备金去更新旧的固定资产，这样可以充分发挥资金的使用效能。

6.2.2 固定资产投资决策的程序

施工企业固定资产投资具有较大的风险,一旦决策失误,就会严重影响企业的财务状况和现金流量,甚至会使企业走向破产。因此,固定资产投资必须按特定的程序,运用科学的方法进行可行性分析,以保证决策能够正确有效。

固定资产投资决策一般遵循以下程序。

1. 选择投资机会

选择投资机会即提出投资项目或选定投资项目。企业的各级领导者都可提出新的投资项目。一般而言,企业的高级领导提出的投资方案,大多是大规模的战略性投资方案,具体方案一般由生产、市场、财务等各方面专家组成的专门小组写出;基层人员或中层人员提出的投资方案,主要是战术性投资项目,其方案由主管部门组织人员拟定。

提出投资项目是就投资的方向提出原则性设想,其依据是资源利用和市场状况。机会选择较粗略,主要靠笼统的估算,而不是详细分析,其目的是找到投资方向和领域。

2. 投资项目的评价

投资项目的评价主要涉及如下几项工作:①把提出的投资项目进行分类,为分析评价做好准备;②计算有关项目的预计收入和成本,预测投资项目的现金流量;③运用各种投资评价指标,把各项投资按可行性的顺序进行排列;④写出评估报告,请上级批准。

项目评估一般委托建设单位和投资企业以外的中方咨询机构完成,以保证科学、公正和客观地进行评估。

3. 投资项目的决策

投资项目评价后,企业领导者要做最后决策。投资额较小的项目,有时中层经理就有决策权;投资额较大的投资项目一般由总经理决策;投资额特别大的投资项目,要由董事会甚至股东大会投票表决。

4. 执行投资项目

这是把设计变成现实的过程。决定对某项目进行投资后,要积极筹措资金,实施投资计划。如果是施工建设项目,则从建设选址到竣工验收,交付使用称之为投资建设期。这一阶段包括投资项目选址,设计,制订年度建设计划,施工准备和施工,生产准备,竣工验收,交付使用。通过对这些内容的控制,从而对工程进度、工程质量、施工成本进行控制,以使投资按预算规定实施,项目保质如期完成。如果是投资大型机械设备,则应充分监控设备购买、安装、调试和试运行等环节,以确保投资预期的顺利实现。

5. 投资项目的再评价

在投资项目的执行过程中,应关注原来所做的投资决策是否合理和正确,一旦情况不符合预期,就要随时根据市场变化做出新的评价。这阶段工作通常围绕以下两个环节进行:①通过评价项目的生产、财务、管理方面的问题及原因,项目建设成本、生产能力等与预测数据的差异及原因,项目投产后的社会、政治、经济影响及前景展望等,对项目进行总结评价;②按照业已实现的投资收益,分析投资项目是否能按期收回投资;如果不能,应提出解决方法。

6.2.3　固定资产投资决策的制定

1. 固定资产需用量的核定

核定固定资产需用量，就是根据企业生产经营发展方向确定的计划生产任务和企业现有的生产能力，计算企业正常生产经营所需要的固定资产数量。正确核定固定资产需用量，有利于确定企业固定资产的投资规模和投资方向，对挖掘固定资产潜力，合理占用固定资金，提高固定资金利用效果具有重要的意义。

施工企业必须根据施工生产任务查定企业所需的固定资产，做好这项工作，一方面可以使企业及时发现完成施工生产任务所需机械设备的不足状况，以便及时加以补充；另一方面可以对多余的机械设备及时调配处理，做到物尽其用，减少固定资金占用量。同时使企业管理部门、财务部门、设备采购部门能够心中有数，以便控制机械设备、房屋建筑物的采购和建造，促使施工生产单位充分利用现有资源。

（1）核定固定资产需用量的要求

核定固定资产需用量，必须结合企业的建设经营规划进行，并注意以下问题：

1）搞好固定资产清查。固定资产清查就是要查清企业固定资产的实有数量，做到账实相符。具体内容包括：一是要对企业的全部机器设备、仪器、厂房、仓库和建筑物等固定资产的数量进行逐项登记、造册，查清现有固定资产的实有量；二是要根据国家规定的技术标准对各类固定资产的质量进行逐项鉴定，查明哪些设备完好、哪些带病运转、哪些停机维修、哪些应该报废；三是要根据各类机器设备的技术规范，分别查明单台设备的设计生产能力、现有生产能力和生产某种产品的全部设备的综合生产能力。只有确实查清现有固定资产的数量、质量和能力，才能正确核定出各类资产的合理需用量。

2）以企业确定的计划生产任务为根据。核定固定资产需用量，要根据企业确定的计划生产任务，并结合市场需要确定企业今后的生产发展趋向而加以核定。

3）要同挖潜、革新、改造和采用新技术结合起来。核定固定资产需用量，既要保证生产的需要，又要减少资金占用，把企业的设备潜力挖掘出来。要弄清现有设备的薄弱环节，采取技术革新和组织措施，改造老设备，合理使用关键设备。还要考虑采用新技术的可能性，要尽可能地采用先进的科学技术成果，不断提高企业生产技术的现代化水平。

4）要充分发动全员，有科学的计算依据。核定固定资产需用量是一项涉及面很广的工作，企业财务部门应当同设备、动力、房屋等管理部门密切协作，依靠企业全员的共同努力做好这项工作。

（2）核定固定资产需用量的基本方法

核定固定资产需用量是指企业根据预期的工程规模、施工能力和经营方向，对预期内固定资产需要数量所进行的测定工作。由于施工企业固定资产种类多、数量大，核定时不可能详细地逐一计算各类固定资产的需用量，只能结合企业的生产经营特点，分清主次，抓住重点。在全部固定资产中，生产经营用设备是企业进行生产经营活动的主要物质技术基础，它的利用潜力最大，品种繁多，占用的投资额也较多。因此，一定要着重做好施工生产用设备需要数量的核定工作。

核定施工生产设备需用量的基本方法是以生产能力和预期工程规模相对比，即在测定生产能力和计划年度预期工程规模的基础上计算需用量。其基本步骤和方法是：首先，核定现有生产设备的实有量，并在挖掘内部潜力的基础上，分别测定单台设备生产能力和计划年度预期工程规模总产量；其次，计算计划年度生产设备需用量，对多余和缺少的生产设备提出处理意见；最后，如果增加设备再拟定追加固定资产的备选方案，经过效益分析从中选出最佳投资方案后作为编制固定资产需用量计划的依据。

1) 产值计算法。产值计算法是利用价值形式，根据企业承担的预期工程规模或生产能力，综合测算施工企业应拥有全部固定资产价值的方法。一般根据企业目标产值固定资金率的标准计算确定。产值计量法的计算公式为

$$\text{计划年度固定资产需用量} = \text{计划年度施工产值} \times \text{产值固定资金率} \quad (6\text{-}10)$$

$$\text{产值固定资金率} = \frac{\text{全年固定资产平均总值}}{\text{全年计划完成施工产值}} \times 100\% \quad (6\text{-}11)$$

[例 6-4] 某建筑公司年度计划施工产值为 25000 万元，目标产值固定资金率为 56%，则：

$$\text{固定资产需用量} = 25000 \text{ 万元} \times 56\% = 14000 \text{ 万元}$$

2) 分类定额法。分类定额法是根据目标装备定额（职工人均占有机械设备价值），确定机械设备需用量的方法。分类定额法的计算公式为

$$\frac{\text{固定资产需用量}}{(\text{机械设备})} = \text{企业实有职工人数} \times \text{职工人均占有机械设备价值} \quad (6\text{-}12)$$

装备定额是根据不同类型的施工企业，按平均每个职工应占有的机械设备价值来综合计算的，企业可根据行业平均水平或平均先进标准来确定本企业的目标装备定额。

3) 直接计算法。直接计算法是根据企业每年度预期工程规模（实物工程量）和各种类型机械设备的产量定额，确定各种类型机械设备的需用量的方法。直接计算法的计算公式为

$$\text{某种机械设备需用量} = \frac{\text{年度预期工程规模（实物工程量）}}{\text{单位设备工作时间} \times \text{单位时间定额产量}}$$

$$= \frac{\text{年度预期工程规模（实物工程量）}}{\text{单位设备年产量定额}} \quad (6\text{-}13)$$

[例 6-5] 某建筑公司本年计划完成施工产值为 18000 万元。根据历史资料测算，每 10 万元施工产值中的土方工程量为 110m³，其中，挖土工程量为 80m³，回填土工程量为 30m³。土方平均运距为 2.5km，土容量为 1.5t/m³，则 18000 万元施工产值所含挖、填土方工程量及土方运输量计算如下：

（1）土方工程量

挖土：$(18000 \div 10) \times 80\text{m}^3 = 144000\text{m}^3$

回填土：（18000÷10）×30m³ = 54000m³

合计：144000m³ + 54000m³ = 198000m³

（2）土方运输量（按挖土方全部运出和回填土方全部运进计算）

$$198000m^3 \times 1.5t/m^3 \times 2.5km = 742500t \cdot km$$

设挖土机斗容量在1m³以下，单斗挖土机年产量定额为32000m³/台，1t自卸翻斗车年定额货运量为9000t·km/台，则完成上述工程量所需机械设备和运输设备计算如下：

$$1m^3 单斗挖土机 = \frac{144000m^3}{32000m^3/台} = 4.5 台$$

$$1t 自卸翻斗汽车 = \frac{742500t \cdot km}{9000t \cdot km/台} = 82.5 台$$

经换算可知，完成年度土方工程量需0.3m³斗容量单斗挖土机15台，或0.4m³斗容量单斗挖土机9台和0.3m³斗容量单斗挖土机3台；需4t自卸翻斗汽车和3.5t自卸翻斗汽车各11辆。

一般来讲，根据以上计算结果尚不能直接决定增加或减少设备，而必须综合考虑各种因素后再确定。例如，应根据国家基本建设的需要、本企业经营战略和经营方针及提高企业技术素质的要求来确定企业生产能力。同时，应以企业主要施工、生产设备的生产能力为根据来配置辅助配套设备及其他固定资产。应在摸清家底，查清各类固定资产的数量、质量、能力和价值的基础上，分清在用、备用和不需用等情况，据以确定需要数量。对于多余生产能力，应在材料、人员、技术有保证的情况下，积极对外承揽任务，开展多种经营，将多余生产能力利用起来；对于生产能力不足的设备，应立足充分挖掘企业内部潜力，采取有效措施，提高生产效率，或适当增添设备。通过以上方法，使固定资产生产能力与预期工程规模达到基本平衡，既能充分发挥现有设备生产潜力，又能保证预期目标任务的完成。

2. 制定固定资产投资决策应考虑的因素

（1）资金时间价值

固定资产的投资金额大，投资回收期长，在对其进行投资决策时只有充分考虑资金时间价值的影响，得到的结论才能更客观、可靠。当然，要结合货币时间价值进行投资决策就必须选用折现的决策方法并确定恰当的折现率。

（2）现金流量

现金流量指的是在投资活动过程中，由于某一个项目而引起的现金支出或现金收入的数量。在投资决策分析中，"现金"是一个广义的概念，它不仅包括货币资金，也包含与项目相关的非货币资源的变现价值。例如，在投资某项目时，投入企业的原有固定资产的价值，这时的"现金"就包含了该固定资产的变现价值或其重置成本。

固定资产的投资决策应以现金流入作为项目的收入，以现金流出作为项目的支出，以净现金流量作为项目的净收益，并在此基础上评价投资项目的经济效益。投资决策中的现金流量一般由以下三部分构成：

1）现金流出量。在投资决策中，一个方案的现金流出量是指在实施此方案的过程中所需要投入的资金，主要包括：投放在固定资产上的资金，项目建成投产后为正常经营活动而投放在流动资产上的资金，以及为使机器设备正常运转而投入的维护修理费等。

2）现金流入量。与现金流出量相对应，现金流入量指的是由于实施了该方案而增加的现金。现金流入量主要包括：经营利润、固定资产报废时的残值收入、项目结束时收回的原投入在该项目流动资产上的流动资金及固定资产的折旧费用。计提固定资产折旧虽然将导致营业利润的下降，但并不会引起现金的支出，所以可将其视为一项现金流入。与折旧相同，无形资产的摊销也形成企业的一项现金流入。

3）净现金流量。净现金流量（以 NCF 表示）指的是一定期间内现金流入量与现金流出量之间的差额。

一个项目从准备投资到项目结束，经历了项目准备及建设期、生产经营期及项目终止期三个阶段。因此，有关项目净现金流量的基本计算公式为

$$
\begin{aligned}
\text{净现金流量} &= \text{投资现金流量} + \text{营业现金流量} + \text{项目终止现金流量} \\
&= -(\text{投资在固定资产上的资金} + \text{投资在流动资产上的资金}) + \\
&\quad (\text{各年经营损益之和} + \text{各年所提折旧之和}) + \\
&\quad (\text{固定资产的残值收入} + \text{收回原投入的流动资金})
\end{aligned}
\tag{6-14}
$$

从上面净现金流量的基本计算公式中可以看出，有关项目的净现金流量包括：投资现金流量、营业现金流量和项目终止现金流量。由于缴纳所得税也是企业的一项现金流出，因此在计算有关现金流量时，还应该将所得税的影响考虑进去。于是，现金流量也可从另一个角度进行说明，具体如下：

1）投资现金流量。投资现金流量包括投资在固定资产上的资金和投资在流动资产上的资金两部分。其中投资在流动资产上的资金一般在项目结束时将全部收回。这部分现金流量在会计上一般不涉及企业的损益，因此不受所得税的影响。

投资在固定资产上的资金有时是以企业原有的旧设备进行投资的。在计算投资现金流量时，一般是以设备的变现价值作为其现金流出量的（但是该设备的变现价值通常并不与其折余价值相等）。另外还必须注意将这个投资项目作为一个独立的方案进行考虑，即假设企业将该设备出售可能得到的收入（设备的变现价值）及企业由此而可能支付或减免的所得税，即：

$$
\text{投资现金流量} = \frac{\text{投资在流动}}{\text{资产上的资金}} + \frac{\text{设备的}}{\text{变现价值}} - \left(\frac{\text{设备的}}{\text{变现价值}} - \text{折余价值}\right) \times \text{税率} \tag{6-15}
$$

2）营业现金流量。营业现金流量是指从投资项目投入使用后，在其寿命周期内由于生产经营所带来的现金流入和现金流出的数量。从净现金流量的角度考虑，缴纳所得税是企业的一项现金流出，因此，这里的损益指的是税后净损益，即税前利润减所得税，或税后收入减税后成本。

折旧作为一项成本，在计算税后净损益时是包括在成本当中的，但是由于它不需要支付现金，因此需要将它当作一项现金流入看待。

综上所述，企业的营业现金流量可用公式表示如下：

$$\begin{aligned}营业现金流量&=税后净损益+折旧\\&=税前利润\times(1-税率)+折旧\\&=(收入-总成本)\times(1-税率)+折旧\\&=(收入-付现成本-折旧)\times(1-税率)+折旧\\&=收入\times(1-税率)-付现成本\times(1-税率)-折旧\times(1-税率)+折旧\\&=收入\times(1-税率)-付现成本\times(1-税率)+折旧\times税率\end{aligned} \quad (6\text{-}16)$$

3) 项目终止现金流量。项目终止现金流量包括固定资产的残值收入和收回原投入的流动资金。在投资决策中，一般假设当项目终止时，将项目初期投入在流动资产上的资金全部收回。这部分收回的资金由于不涉及利润的增减，因此也不受所得税的影响。固定资产的残值收入如果与预定的固定资产残值相同，那么在会计上也同样不涉及利润的增减，因此也不受所得税的影响。但是在实际工作中，最终的残值收入往往不等于预计的固定资产残值，它们之间的差额会引起企业的利润增加或减少，因此在计算现金流量时，不能忽视这部分的影响。

$$\begin{aligned}项目终止现金流量=&实际固定资产残值收入+原投入的流动资金-\\&(实际残值收入-预计残值)\times税率\end{aligned} \quad (6\text{-}17)$$

固定资产投资决策的具体方法参看工程经济学中有关项目投资内容，本书不做详细介绍。

6.3 固定资产的更新改造

6.3.1 固定资产更新改造的含义

固定资产更新改造是对技术上或经济上不宜继续使用的旧资产，以新的固定资产更换，或用先进的技术对原有的设备进行局部改造。随着现代科学技术的迅猛发展，生产经营及消费观念的快速变革，任何企业都会遇到固定资产更新改造问题，它是施工企业管理决策的一项重要内容。

固定资产更新改造不仅是实物的更新改造过程，而且也是价值的补偿过程。固定资产在使用期间所发生的价值损耗，是通过产品实现的价值（销售收入），以成本形式收回而得到补偿的。折旧的本质是一种用于更新改造固定资产的准备金。从时间上来讲，固定资产的价值补偿和实物补偿（或更新改造）是分离的，但价值补偿和实物更新改造又存在着密切的联系：固定资产价值的逐渐转移和补偿，是实现固定资产实物更新改造的必要前提，没有折旧的逐渐计提和积累，就不可能对固定资产进行实物更新改造；而且只有对固定资产进行实物更新改造，累积折旧才能重新转化为固定资产。

固定资产更新改造决不意味着复制原样，特别是机器设备的更新改造，总是在技术不断进步的条件下，用更先进的、效率更高的机器设备，去替换已经陈旧、不再继续使用的机器设备，或者替换那些虽然可以用，但在技术上不能保证产品质量、效率低、消耗高，以及在经济上不合算的机器设备。

6.3.2 固定资产更新改造的管理内容

随着科学技术的飞速发展，企业固定资产更新改造的周期也在加快，这就要求对固定资产的更新改造做出必要的规划，并确保其资金的落实。这关系到企业的经营规模和生产能力的维护与发展，也对企业折旧政策的确定有直接影响。企业财务管理的一项重要内容就是要根据企业折旧基金积累的程度和企业开拓发展的要求，建立起企业固定资产适时更新改造的规划，并在资金上做好必要的准备，以满足企业周期性固定资产更新改造的要求。

固定资产更新改造管理的具体工作包括以下三项。

1. 制定分阶段固定资产更新改造的规划

企业应根据其自身的生产特点和优势，在充分了解国内外市场的生产量、需求量和企业产品市场占有率的情况下，结合各种有效的经济预测，提出企业分阶段、有计划、有步骤的固定资产更新改造规划。在制定规划时，要特别注意企业折旧基金积累的程度和一定时期可动用的总额，以及要对外筹措的资金数额和自身所具有的筹资能力。

企业在制定固定资产更新改造规划时，必须要尽可能地确定具体更新改造的固定资产种类、数量和质量标准。根据不同的种类和数量，确定预计要达到的经济合理的经营规模。然后，根据不同的质量要求，选择先进的技术装备。

2. 提出合理的固定资产更新改造的资金预算

企业应根据分阶段固定资产更新改造的规划，制定出各期所需的资金需要量。也就是说，企业财务管理人员应根据更新改造规划要求的更新改造设备的数量和质量及房屋建筑物面积，按照其更新改造施工的进度和时间长短，及各期预计资金的占用数，制定较为详细的分阶段资金筹措和投放的预算。同时，应按照分阶段需要的投放资金预算，合理地安排好资金的来源。当然其中一部分资金首先考虑从企业内部积累来提供。这包括企业一定时期的累计折旧和企业的盈余公积及未分配利润等。这部分自有资金的筹措数应占企业资金预算和投放总量的多少比例，应在资金预算中确定一个标准，以便在具体实施投资计划时做到心中有数。

如企业现金资金不足，则应考虑对外筹措来完成，具体的筹资手段在有关章节均有介绍，这里不再赘述。但在利用外部筹资进行固定资产更新改造时，要注意这样几个问题：首先，其筹资的绝对额是否超过更新资金预算的有关标准；其次，资金筹措的成本是否过高，是否超过企业资金预算时规定的资金成本率；再次，要将筹资与资金合理使用相结合，既要根据不同的固定资产更新改造的项目采取不同的筹资手段，同时也要将更新改造项目的预算收益率与企业筹资的资金成本率相比较，预算收益率不能达到或超过资金成本率的项目，说明其没有更新改造的价值。

3. 正确估计配套流动资金的需要量

进行固定资产更新改造除了必须筹措和投放一定数量的长期资金以外，还有必要考虑相应配套的流动资金，否则这种更新改造项目仍不能有效地为企业形成实际生产能力。所以，固定资产的更新改造要结合流动资产的投入一同预算和规划，同时必须要考虑各更新改造项目工程完工后要配套发生的流动资金量。这种流动资金量的预测，应根据规划的各期产量、材料消耗额、产品成本水平、各种存货的存量等不同因素来估算。

6.3.3 固定资产更新改造决策

固定资产更新改造投资与一般投资是有区别的。一般来讲，设备的简单更新改造不改变企业的生产能力，也不增加企业的现金流入。其现金流量主要是现金流出，即使有少量的残值变价收入，也非实质性的收入增加。因此，固定资产更新改造决策一般不采用折现分析法，而是比较继续使用和更新改造投资的年成本（即差量分析），以年平均成本较低的方案为优选对象。

1. 计算固定资产的平均年成本

企业固定资产的平均年成本是与该资产相关的现金流出的总现值与年金现值系数的比值，其计算步骤是：①计算现金流出的总现值，然后分摊给每一年；②如果各年营运成本相同，只将原始投资和残值摊销到各年，然后求和，即可得出年平均现金流出量；③将残值从原始投资中扣除，视为每年承担相应的利息，然后与净投资摊销额及每年营运成本总计，求出每年平均成本。

2. 根据固定资产更新的主要原因进行固定资产更新改造决策

正常的固定资产更新一般是由三方面原因引起的。

(1) 不宜大修引起的更新

某些固定资产可以通过大修来延长其使用年限，但在经济上是否合算，就需要对大修和更新之间进行分析。

[例 6-6] 某建筑公司有一台设备可以通过大修继续使用 3 年，预计大修费用为 4 万元。大修后还需日常维护，其营运成本为 2000 元；若报废，更新设备需投资 10 万元（已考虑原设备残值），预计使用年限为 12 年，每年营运成本为 800 元，假定公司的资金成本为 14%，试确定最终方案。

(1) 计算大修方案的平均年成本

投资摊销额 = 40000 元 ÷ $(P/A, 14\%, 3)$ = 40000 元 ÷ 2.3216 = 17229.50 元

营运成本 = 2000 元

平均年成本 = 17229.50 元 + 2000 元 = 19229.50 元

(2) 计算更新投资方案的平均年成本

投资摊销额 = 100000 元 ÷ $(P/A, 14\%, 12)$ = 100000 元 ÷ 5.6603 = 17666.91 元

营运成本 = 800 元

平均年成本 = 17666.91 元 + 800 元 = 18466.91 元

根据上述计算，大修方案的年平均成本更高。因此，该建筑公司应选择更新方案。

(2) 不适用引起的更新

所谓"不适用"是指某项固定资产本身状况是良好的，仍然可以运行使用，只是由于实际情况变化，其生产能力已不适应企业生产经营的需要，因此必须进行更新。

[例 6-7] 某建筑公司有一台设备的现有能力已经不能满足需要，目前有两个可供选择的方案。

A 方案：继续使用现有设备并添置一台具有同等能力的设备。现有设备的重置成本为 40000 元，还可使用 5 年，每年营运成本为 1600 元，预计净残值为 4000 元；新购同等能力的设备价格为 60000 元，预计使用 8 年，每年营运成本为 1000 元，预计净残值为 6000 元。

B 方案：更新现有设备，购买一台能力增加一倍的设备，设备的购买价为 120000 元，预计使用 8 年，每年营运成本为 800 元，残值为 20000 元。假定该公司的资本成本为 14%，试选择比较合理的方案。

(1) 计算 A 方案的年平均成本

1) 现有设备年平均成本的计算：

投资摊销额 =(40000 元 - 4000 元)÷(P/A,14%,5)= 36000 元÷3.4331
= 10486.45 元

营运成本 = 1600 元

A 方案的年平均成本 = 10486.45 元 + 1600 元 = 12086.45 元

2) 新购同等能力设备年平均成本的计算：

投资摊销额 =(60000 元 - 6000 元)÷(P/A,14%,8)= 50400 元÷4.6389
= 11640.44 元

营运成本 = 1000 元

新购同等能力设备的年平均成本 = 11640.44 元 + 1000 元 = 12640.44 元

3) A 方案年平均成本的计算：

A 方案年平均成本 = 12086.45 元 + 12640.44 元 = 24726.89 元

(2) 计算 B 方案的年平均成本

投资摊销额 =(120000 元 - 20000 元 - 40000 元)÷(P/A,14%,8)= 60000 元÷4.6389
= 12933.82 元

注：需将旧设备出售卖价 40000 元扣除。

营运成本 = 800 元

B 方案的年平均成本 = 12933.82 元 + 800 元 = 13733.82 元

根据上述计算和对比可知，B 方案的年平均成本低于 A 方案。因此，该公司应选择 B 方案，即购入一台能力增加一倍的新设备。

(3) 技术陈旧引起的更新

所谓"陈旧"，这里特指机器设备本身的性能降低，若继续使用，不能产生应有效果，应进行更新。利用上述差量分析法同样也能做出是否需要更新的决策。

复习思考题

1. 固定资产的特点是什么？施工企业固定资产包括哪些种类？

2. 固定资产计价的基本方法有哪几种？它们各自的作用如何？

3. 施工企业固定资产的日常管理工作有哪些内容？

4. 企业如何对固定资产效果进行考核？

5. 企业固定资产折旧计提的依据和主要影响因素有哪些？

6. 企业固定资产折旧计提的范围和主要的折旧方法是什么？

7. 施工企业固定资产投资的特点有哪些？

8. 固定资产投资决策应遵循怎样的程序？

9. 施工企业固定资产需用量核定的主要工作有哪些？可以采用哪几种方法核定？

10. 制定固定资产投资决策应考虑哪两方面因素？

11. 什么是固定资产更新改造？固定资产更新改造管理的主要内容有哪些？

12. 固定资产更新改造的主要原因有哪些？如何进行不同情况下的固定资产更新改造决策？

习 题

1. 施工企业某项固定资产的原始价值为 80 万元，预计净残值为 30000 元，折旧年限为 10 年。

分别采用平均年限法、双倍余额递减法和年数总和法计算各年折旧额并进行比较。

2. 某小型施工企业有两个工地，2023 年的计划工作量分别为 3100 万元和 4200 万元。根据该企业 2018 年的历史资料可知，每万元工作量的混凝土搅拌量为 10m³，1m³ 混凝土为 2.4t。2023 年建筑工程造价比 2018 年提高 40%。

搅拌好的混凝土用 1t 机动翻斗车运送，平均运距为 1km。1t 机动翻斗车的年产量定额为 6000t·km，1m³ 斗容量混凝土搅拌机年产量定额为 4500m³。

该企业目前共有 0.8m³ 斗容量混凝土搅拌机 10 台，0.4m³ 斗容量混凝土搅拌机 6 台；1t 机动翻斗车 15 辆。

根据上列资料计算：

（1）2023 年混凝土搅拌机和 1t 机动翻斗车的需要量。

（2）2023 年需要增加的混凝土搅拌机和 1t 机动翻斗车的数量。

3. 某建筑公司有一台设备可以通过大修继续使用 5 年，预计大修费用为 8 万元。大修后每年日常维护营运成本为 3000 元；若报废，更新设备需投资 25 万元（已考虑原设备残值），预计使用年限为 15 年，每年营运成本为 1800 元，假定该公司的资金成本为 18%。

分析应选择哪个方案更合理？

4. 某建筑公司有 1 台设备的现有生产能力已经不能满足需要，目前有两个可供选择的方案。

A 方案：继续使用现有设备并添置一台具有同等能力的设备。现有设备的重置成本为 40000 元，还可使用 5 年，每年营运成本为 1600 元，预计净残值为 3000 元；新购同等能力的设备购买价为 65000 元，预计使用 10 年，每年营运成本为 1000 元，预计净残值为 5000 元。

B 方案：更新现有设备，购买一台能力增加一倍的设备，设备的购买价为 12 万元，预计使用 10 年，每年营运成本为 800 元，残值为 8000 元。

假定该公司的资金成本为 18%。

分析应选择哪个方案比较合理？

第7章 施工企业证券投资管理

学习目标

- 了解股票投资、债券投资、基金投资的目的和特点,以及各种投资形式的优缺点
- 熟悉证券投资组合的策略
- 掌握股票估价和股票投资收益率的计算,债券估价和债券投资收益率的计算

7.1 施工企业证券投资概述

7.1.1 施工企业证券投资的概念

有价证券是指标有票面金额,用于证明证券持有人或该证券指定的特定主体对特定财产拥有所有权或债权的凭证。因为有价证券不是劳动产品,故其自身并没有价值,但由于它代表了未来一定的财产权利,持有人可凭该证券直接取得一定数量的商品和货币,或取得利息、股息收入,因此有价证券可以在证券市场上自由买卖和流通。

有价证券有广义和狭义之分。狭义的有价证券即资本证券,广义的有价证券包括商品证券、货币证券和资本证券。

施工企业进行有价证券投资是指施工企业以国家或本企业以外的发行机构公开发行的有价证券为购买对象的投资行为。可供施工企业投资的有价证券包括国债、短期融资券、可转让存单、企业股票及企业债券等。有价证券投资是企业投资结构的重要组成部分。随着我国证券市场的发展和完善,投资品种将日益增多,有价证券投资管理已成为施工企业财务管理的一个重要内容。

7.1.2 有价证券的特征

1. 产权性

有价证券的产权性是指有价证券记载了权利人的产权内容,代表着一定的财产所有权,拥有证券就意味着享有财产的占有、使用、收益和处分的权利。财产权利与证券密不可分，两者融为一体。虽然证券持有人并不实际占有财产，但可以通过持有证券在法律上拥有有关财产的所有权或债权。

2. 收益性

有价证券的收益性是指持有的有价证券本身可以获得一定数额的收益，这是投资者转让资本所有权或使用权的回报。有价证券代表的是对一定数额的某种资产的所有权或债权，而资产是一种特殊的价值，它要在社会经济运行中不断运动，不断增值，最终形成高于原始投入的价值。由于这种资产的所有权或债权属于有价证券投资者，投资者持有有价证券也就同时拥有取得这部分资产增值收益的权利，因而有价证券本身具有收益性。有价证券的收益表现为利息收入、红利收入和买卖证券的价差。收益的多少通常取决于该资产增值数额的多少和证券市场的供求状况。

3. 流动性

有价证券的流动性是指证券变现的难易程度。有价证券具有高变现程度必须满足三个条件：容易变现、变现的交易成本较小、本金保持相对稳定。证券的流动性可通过到期兑付、承兑、转让、贴现等方式实现。流动性是证券的生命力所在，不同证券的流动性是不同的。证券流动性的强弱受证券期限、利率水平及计息方式、信用度、知名度、市场便利程度等多种因素的制约。

4. 风险性

有价证券的风险性是指实际收益和预期收益的背离，或者说是证券收益的不确定性。在现有的社会生产条件下，未来经济的发展变化有些是投资者可以预测的，而有些则无法预测，因此，投资者难以确定所持有的证券能否取得收益和能取得多少收益，从而就使持有证券具有风险性。从整体上说，证券的风险和收益成正比。通常情况下，风险越大的证券，投资者要求的预期收益越高；风险越小的证券，预期收益越低。

5. 期限性

在各类有价证券中，股票没有期限，可视为无期证券。而债券一般具有较为明确的还本付息期限，以满足不同投资者和筹资者对融资期限及与此相关的收益率的需求。债券的期限具有法律的约束力，是对融资双方权益的保护。

7.1.3　有价证券投资的意义

1. 获得投资收益

利润是企业从事生产经营活动取得的财务成果。企业要获得利润，必须将筹集的资金投入使用。将资金直接用于企业的生产经营中，或将资金以股权、债权的方式投入其他企业以获取报酬。

2. 促进企业生存和发展

企业从事正常的生产经营活动时，各项生产要素不断更新，为了保证生产的持续进行，就要求企业不断地将现金形态的资金进行有效投资，这是企业生存的基本条件。这种有效投资包括了固定资产投资，也包括有价证券的投资。同样，当企业扩大生产规模时，也需要进一步地进行投资，才能使企业的资产稳健增长，各类有价证券的投资为企业提供了有效增值的渠道。

3. 降低企业风险

在市场经济条件下，企业不可避免地面临各类风险。例如，企业为了增强偿债能力、降低财务风险，必须保持资产良好的流动性。在企业的资产中，分为长期资产和流动资产两大类。长期资产的流动性较差，一般不能直接用于偿还债务；而现金作为流动性最强的流动资产可以直接偿还债务，但现金储备过多，又会降低资产的收益性。因此通过购买股票、债券等有价证券来调剂资金的储备，不仅保持了资产的流动性，也降低了资金的风险，增加了企业的收益。

4. 参与证券发行企业的管理和控制

企业进行所有权证券投资的一个重要目的就是通过认购股票，成为股票发行公司的股东，从而参与该公司的经营管理，或与发行公司形成"母子"公司的关系，从而控制该公司的业务及经营管理，使之有利于自身的发展。

7.1.4 有价证券投资的种类

1. 按时间长短分类

企业有价证券投资按照时间长短不同，可分为短期投资和长期投资。

（1）短期投资

短期投资是指能够随时变现、持有时间不超过一年的有价证券，利用债券、股票等有价证券进行投资，具有投资风险小、变现能力强、收益率高等特点。

（2）长期投资

长期投资是指不准备随时变现，持有时间超过一年的有价证券。长期投资具有风险大、变现能力差、收益率高且时间长等特点。

2. 按投资品种分类

企业有价证券投资按照投资对象的不同，可以分为债券投资、股票投资、证券投资基金三类。

（1）债券投资

债券投资是指企业将资金投向各类债券，如国债、公司债券和金融债券。国债又称为政府债券，是指政府为解决先支后收、资金临时性短缺而由财政部发行的一种国家债务凭证；金融债券是指经人民银行或政府金融管理部门批准，由金融机构发行的债务凭证；公司债券是指公司为筹集资金，经政府金融管理部门批准发行的债务凭证。债券反映的是一种债权债务关系。债券收益较为稳定，投资风险较小。

（2）股票投资

股票投资是指企业通过认购股票，成为股票发行公司股东并获取股利收益或价差收益的投资活动。股票投资的目的有三方面：①为了获得投资收益，包括股利收益与股票买卖价差收益等；②为了参与股票发行公司的经营管理，达到以小控大的目的；③为了密切与股票发行公司的业务关系。

（3）证券投资基金

证券投资基金是指基金托管人经国务院证券监督机构核准，通过发行基金单位，集中投资者的资金，进行股票、债券等金融工具投资，实行利益共享、风险共担的有价证券。

证券投资基金反映的是一种信托关系，它不涉及所有权的转移，证券投资基金的投资在一定条件下可以赎回。证券投资基金由投资专家进行操作，按照组合投资原则进行分散投资，因此能提高投资收益，降低投资风险。证券投资基金的投资收益与投资风险介于普通股与债券之间。

3. 按权属分类

（1）股权投资

股权投资是指投资企业以购买股票、兼并投资、联营投资等方式向被投资企业进行的投资。投资企业拥有被投资企业的股权，股权投资形成被投资企业的资本金。股权投资根据方式不同分为股票投资和项目投资，股票投资是以购买发行企业股票的方式对被投资企业进行的投资，其特点是拥有企业的管理权、决策权和收益权；项目投资是指企业以现金、实物资产、无形资产等方式对被投资企业进行的投资。其特点是投资金额大、投资周期长、收益性强。

（2）债券投资

债券投资是指投资企业以购买债券等方式向被投资企业进行的投资，从而形成彼此的债权债务关系。债券投资与股权投资相比，具有投资收益稳定、收益小、风险低的特点。

4. 按投资风险分类

（1）确定性投资

确定性投资是指在对未来投资决策的各种影响因素及影响程度都明确掌握的情况下进行的投资。例如，企业购买债券，还本付息日期及还本付息金额都事先知道，因此属于确定性投资。

（2）风险性投资

风险性投资是指在对未来投资决策的各种影响因素和影响程度不能明确掌握的情况下进行的投资。例如，企业购买股票和发行股票的收益数额往往不能事先准确知道，甚至连是收益还是损失都不能把握，这种投资属于风险性投资。

以上两者相比，风险性投资风险大，期望的收益也大；确定性投资风险小，其收益也小，同时确定性投资对企业的财务风险影响也小，对投资企业自营生产经营的影响也相对较小。

7.2 股票投资

7.2.1 施工企业股票投资的特点

股票是一种有价证券，它是股份公司签发的证明股东所持有股份的凭证。购买股票是企业投资的一种重要方式。股票投资的特点是相对于债券投资而言的，它属于权益性投资，其特点主要体现在以下几方面：

1. 股票投资是权益性投资

企业进行的股票投资属于权益性投资,股票代表了所有权的凭证,购买了股票就成为发行公司的股东,可以参与公司的经营决策,有选举权和被选举权,同时也承担被投资企业的损失,因而是利益与风险共享的投资行为。

2. 股票投资的风险较大

企业进行股票投资后,不能要求股份公司偿还本金,一旦不想再继续持有股票,只能在证券市场上进行转让。股票投资的收益主要取决于股票发行公司的经营状况和股票市场的行情。如果公司的经营状况不佳,经济形势不景气,股票价格就会下跌,投资就会遭受较大损失,甚至部分或全部不能收回投资。

3. 股票投资收益不稳定

股票投资的收益主要是公司发放的股利和股票转让的价差收益,其稳定性较差。股利的多少,视企业经营状况和财务状况而定,派多、派少均无法律规定,而股票转让的价差收益则取决于股票市场的行情及购买时点。

4. 股票价格波动性大

影响股票价格的因素是多方面的,政治因素、经济因素、投资者心理因素和企业的盈利情况等,都会影响股票价格。投资者既可能在股票市场上赚取丰厚的利润,也可能损失惨重。

5. 能适当降低购买力风险

当发生通货膨胀时,随着物价的普遍上涨,股票的股利和股价也会随之上涨,与其他固定收益的证券投资相比,能适当地降低购买力风险,从而降低通货膨胀的影响。

7.2.2 施工企业股票价值的计算

1. 股票投资的相关概念

企业在进行股票投资过程中大部分接触到的是普通股,当然一些公司除了发行普通股之外还会发行优先股。优先股股东在公司向股东发放股利时享有高于普通股股东的优先权。股利及公司破产清算时的资产,先于普通股股东支付给优先股股东。但优先股股东每年通常只能获得相同数量的股利,而支付给普通股股东的股利是不断变化的。普通股股东获得的股利取决于现在和以前公司的收益水平及公司未来的发展计划。这里仅阐述普通股投资。

股票可以提供期望的现金流量,股票的估价过程即求出未来现金流量的现值。未来现金流量由两部分构成:

1)每年支付的股利。

2)当投资者卖出股票时希望获得的价格,它包括初始投资的返还及资本利得或资本损失。

2. 股票投资价值计算

在股票投资价值计算中,可运用下述四种股票估值模型:

(1)股票价值基础模型

任何资产的价值都是该资产未来期望产生的现金流量的现值。股票价格也是由一系列现金流量的现值决定的。对于投资者来说,期望现金流量是由期望股利和股票出售时的期望价格构成的。股票投资的现金流

股票估值模型

量图如图 7-1 所示。

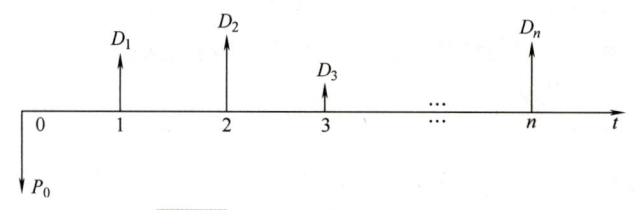

图 7-1 股票投资的现金流量图

假设持有股票时间为无限长，以 V 表示股票投资价值，以 t 代表股票持有的年数，未来各期每股预期股利分别为 D_1，D_2，$\cdots$，D_t，折现率为 i，则股票的价值为

$$V_0 = \frac{D_1}{1+i} + \frac{D_2}{(1+i)^2} + \cdots + \frac{D_n}{(1+i)^n} + \cdots = \sum_{t=1}^{\infty} \frac{D_t}{(1+i)^t} \tag{7-1}$$

式中　D_t——第 t 年股利收入；

　　　i——折现率；

　　　t——年数；

　　　V_0——股票的价值。

式（7-1）是股票估价模型的一般形式，这是因为随着时间的变化，D_t 可以取任何值：它可以上升、下降或保持不变，甚至可以随机波动，而不管怎样，式（7-1）都是适用的。但是，通常情况下预期的股利发放是有规律的，这样可以使用简化的股票估价模型，即零增长型股票估价模型、固定增长型股票估价模型、非固定增长型股票估价模型。

（2）零增长型股票估价模型

假设股利不增长，也就是说股利的发放在每一年都维持在同一水平。这时就有了零增长股票，预期这种股票的股利在将来一直等于某个固定数额——当期股利，且持有时间为无限长。也就是 $D_1 = D_2 = \cdots = D_\infty$，则式（7-1）变形为

$$V = \frac{D}{1+i} + \frac{D}{(1+i)^2} + \cdots + \frac{D}{(1+i)^\infty} \tag{7-2}$$

这种每年支付固定数额股利且永远保持的证券称作永续年金，可见，零增长型股票的价值是一种永续年金。永续年金的价值都是每年支付的金额除以折现率，所以零增长型股票估价模型可以写成如下形式：

$$V = \frac{D}{i} \tag{7-3}$$

式中　V——股票的价值；

　　　D——预计的每年固定股利；

　　　i——折现率。

[例 7-1]　施工企业投资甲股份有限公司的股票，预计每年可分股利 2 元，折现率为 5%，计算该股票的投资价值。

$$V = \frac{D}{i} = \frac{2 \text{元}}{5\%} = 40 \text{元}$$

这就是说，投资该股票每年能带来 2 元的收益，在市场利率为 5% 的条件下，其价值为 40 元。若该股票的市价等于或低于 40 元，投资者可以考虑购入作为投资，以谋求股利和买卖差价。

(3) 固定增长型股票估价模型

投资者在预期股利逐年增长的情况下进行投资，假设股息每年的增长率为 g，上一次支付的股利（最近一期已经支付的股利）为 D_1，则固定增长型股票估价模型为

$$V = \frac{D_1(1+g)}{i-g} = \frac{D}{i-g} \tag{7-4}$$

式中　V——股票的价值；

D_1——被投资公司最近一期发放的股利；

D——预计的每年固定股利；

i——折现率；

g——每年股利的固定增长率。

[例 7-2]　东方公司股票的最近一期发放的股利为 1 元，折现率为 10%，预计以后股息每年增长率为 5%，计算东方公司股票目前的投资价值。

$$V = \frac{D(1+g)}{i-g} = \frac{1 \times (1+5\%)}{10\% - 5\%} = 21 \text{ 元}$$

以上股票估价模型是在股息无限期增长的条件下进行分析的，但是实际上有的企业在一段时间内股息是持续增长的，但持续增长一段时间后就不再增长了，因此还要针对这种情况考虑新的模型。

(4) 非固定增长型股票估价模型

企业的生产经营往往一段时期零成长或成长较慢，另一段时期成长较快，其股利也随之波动，此时需要分段计算股票价值。因此非固定增长股票价值的计算，实际上是固定增长股票价值计算的分段运用。

[例 7-3]　某建工集团的股票最初每股股利为 2 元，预计前 3 年每年增长 20%，以后每年增长 12%，投资期望报酬率为 15%，计算股票价值。

1) 计算前 3 年（非正常增长期）的股利现值见表 7-1。

表 7-1　某公司前 3 年（非正常增长期）的股利现值

年份	股利 D_t/元	现值系数 (15%)	现值 PVD_t/元
1	2×(1+20%)=2.4	0.8696	2.087
2	2.4×(1+20%)=2.88	0.7561	2.178
3	2.88×(1+20%)=3.456	0.6575	2.272

前 3 年的股利现值 = 2.087 元 + 2.178 元 + 2.272 元 = 6.537 元

2）计算第 3 年年末的普通股内在价值。

$$P_3 = \frac{D_4}{R-g} = \frac{3.456 元 \times (1+12\%)}{15\% - 12\%} = 129.02 元$$

3）计算股票现值。

$$PVP_3 = 129.02 元 \times (P/F, 15\%, 3) = 129.02 元 \times 0.6575 = 84.83 元$$

4）计算股票目前的内在价值。

$$P_0 = 6.537 元 + 84.83 元 = 91.367 元$$

3. 股票投资报酬率的计算

在是否购入股票的决策过程中，通常要对股票价格和股票价值进行对比，当股票价格低于股票价值时，购入股票能够盈利；当股票价格高于股票价值时，购入股票会导致亏损。下面主要介绍两种特殊情况下股票投资报酬率的计算方法。

股票投资报酬率

（1）零增长型股票的投资报酬率

计算公式如下：

$$R_S = \frac{D}{P_0} \tag{7-5}$$

式中　R_S——投资者可得到的投资报酬率；
　　　D——每年得到的股利收入；
　　　P_0——投资者购进股票的价格。

[例 7-4] 东方股份有限公司每股的股利为 3 元，某施工企业以每股 15 元的价格购入该股票并打算永久持有，计算该施工企业可以得到的投资报酬率。

$$R_S = \frac{3 元}{15 元} = 20\%$$

（2）固定增长型股票的投资报酬率

根据股票价值的计算公式可以得到固定成长股票的投资报酬率计算公式：

期望收益率 = 期望股利收益 + 期望增长率或资本利得

$$R_S = \frac{D_1}{P_0} + g \tag{7-6}$$

[例 7-5] 甲股份有限公司最近一年的股利为 2 元，预计以后每年递增 5%，建工集团以每股 20 元的价格购入该种股票并永久持有，计算投资报酬率。

$$R_S = \frac{2 元 \times (1+5\%)}{20 元} + 5\% = 15.5\%$$

4. 影响股票投资收益的因素

（1）宏观经济状况

宏观经济状况一般包括以下几方面内容：一是经济增长。一般情况下，股票价格与经济增长同方向变动,经济增长加速,社会需求旺盛,企业盈利能力强,则股票价格上涨。反之股票价格下降。二是经济周期和经济景气循环。当预期经济不久将走出低谷开始回升时,企业大力生产,利润增加,股票价格上涨,并会持续到经济回升或扩张的中期。当经济扩张及增长达到相当高的水平时,出现经济过热特征,将推动股票价格下跌。

(2) 货币政策

一定时期货币政策的调整对股票市场的走势起决定性的作用。货币政策对股市影响主要包括:一是利率,股价与利率成反比,利率的调整,直接引起股价的变动,利率上升会增加借款成本,减少企业利润,降低投资需求,从而导致股价下跌;二是货币供应量,当中央银行增加货币供应量时,投资股票资金增多,需求增加,股价上涨。

(3) 财政政策

财政政策直接或间接地对股票市场产生一定的影响。主要表现在以下几方面:一是财政收支因素,财政支出增加,社会总需求也会相应增加,会促进经济扩张,从而推动股价上涨;二是税收政策,税率的调整将影响企业投资的积极性及利润的分配,进而影响股票的收益。

(4) 汇率变化

外汇市场与证券市场是联通的,资金流动主要受利率、汇率的引导。当预期本币贬值、外币升值时,人们会进入外汇市场,将本币换为外币,资本从本币证券市场流向外汇市场,股票市场需求会减弱,导致股价下跌。

(5) 政治因素

股票价格除受经济、技术等因素的影响外,还受到政治因素的影响。例如,国内外政治形势的变化、国家法律与政策的变化、国际关系的改变等都会对股市产生影响,从而影响股票价格。

(6) 行业因素

行业因素影响某一行业股票价格的变化,主要表现在以下几方面:一是国家对该行业政策的变化;二是该行业自身的发展。行业因素主要包括行业生命周期、行业景气循环等因素。当行业处于景气上升阶段时,该行业的股票价格会出现上涨,反之,则会下跌。

(7) 企业自身因素

股票价格与企业股票的预期收益率成正比,企业本身的经营状况及发展前景直接影响该企业所发股票的价格。企业自身因素主要包括利润、股息及红利分配、股票分割、投资方向等因素。

7.3 债券投资

施工企业债券投资指的是施工企业通过证券市场购买各种债券进行的投资。债券投资包括短期债券投资、中期债券投资和长期债券投资。短期债券投资是指一年以内到期或准备在一年之内变现的投资；中期债券投资是指投资期限在一年到五年之间的投资；长期债券投资是指投资期限在五年以上的投资。

施工企业进行短期债券投资的目的是配合企业对资金的需求，调节现金余缺。同时获得利息收益。当企业现金余额太多时，可以投资于债券，使现金余额回落到合理水平；反之，当现金余额太少时，则出售原来投资的债券，收回现金，使现金余额回升到合理水平。企业进行中长期债券投资的目的是获得稳定的收益。

7.3.1 施工企业债券投资的基本要素

债券是发行人依照法定程序发行的、约定在一定期限内向债券持有人还本付息的有价证券。债券投资者与债券发行者是债权与债务的关系，债券到期时，债券发行者有义务还本付息。债券投资者只是资金的出借方，无权参与债券发行企业的经营管理。债券的基本要素包括以下几个方面。

1. 债券面值

债券的面值通常代表公司借入并承诺未来某一时刻归还的本金数值。债券的面值与债券实际的发行价格并不一定是一致的，发行价格大于面值称为溢价发行，发行价格等于面值称为平价发行，发行价格小于面值称为折价发行。

2. 票面利率

票面利率是债券利息与债券面值的比率，是发行人承诺支付给债券投资人报酬的计算价值标准。债券的票面利率高低受多种因素的影响，例如，资金供求情况、持有时间长短、发行者的信用状况、计息方式等。

3. 付息方式

付息方式是指发行人发行债券后的利息支付方式。有到期一次性支付和定期支付两种方式。在考虑资金时间价值和通货膨胀因素的情况下，付息方式对债券投资者的实际收益有很大影响。到期一次性付息的债券，其利息通常按照单利计算；定期付息的债券，其利息通常按复利计算。

4. 偿还期

债券偿还期是指债券上载明的偿还债券本息的期限，即债券发行日至到期日之间的时间间隔。通常情况下，债券偿还期与债券票面利率成正向变化，偿还期越长，票面利率越高，反之，票面利率越低。

7.3.2 施工企业债券投资的风险

1. 违约风险

违约风险是指债券的发行人不能履行合约规定的义务，无法按期支付利息和偿还本金的风险。不同种类的债券违约风险是不同的。按照发行机构来分类，债券分为政府债券、金融债券、公司债券。其中，政府债券中的国债又称为金边债券，是信用等级最高的债券，此外，其他债券一般都存在违约风险，只是违约风险的大小有所不同。

2. 利率风险

利率风险是指因为市场利率的上升而导致债券价格与收益发生下跌，从而造成投资人承受损失的风险。利率风险是各种债券都面临的风险。债券价格与市场利率成反向变化，同持有时间成正向变化。

3. 汇率风险

汇率风险是指因外汇汇率的变动而给外币债券的投资者带来的风险。当投资者购买了某种外币债券时，本国货币与该外币的汇率变动会使投资者不能确定未来的本币收入。如果在债券到期时，该外币贬值，就会使投资者遭受损失。

4. 流动性风险

债券流动性的高低主要取决于市场的成熟与否和积极市场参与者的数量。债券的流动性一般可以用债券的买卖差价来衡量，买卖价差大，表明市场参与者较少，债券流动性较低；反之，说明债券的流动性高。

5. 收回风险

当市场条件发生变化，债券不利于债务人时，债务人有提前收回未到期债券的需要。当市场利率低于债券利率时，收回债券对债务人有利，这种状况使债券持有人面临着不对称风险，即在债券价格下降时承担了利率升高的所有负担；但在利率降低，债券价格升高时却没能得到相应的收益。

6. 不可抗力风险

一些不可抗力事件的突发可能导致债券发行机构无法兑付债券本息。例如水灾、地震、金融危机、战争、政治动荡等。这会造成债券投资人的利息和本金的损失。

7.3.3 施工企业债券的估值

将债券投资的本金和未来收取的利息进行折现，得到的现值即债券的内在价值。债券的内在价值也称为债券的理论价格，只有债券价值大于其购买价格时，该债券才值得投资。影响债券价值的因素主要有债券的面值、期限、票面利率和所采用的贴现率等。在债券发行过程中，通常有附息发行和贴现发行两种方式，下面分别介绍两种方式下债券的估值模型。

1. 附息债券的估值模型

附息债券是指在债券券面上附有息票的债券，或是按照债券票面，载明的利率及支付方式进行利息支付的债券。

（1）一年付息一次的债券估值模型

一年付息一次债券的估值应该考虑到投资者每期所获得的利息和到期所取得的终值（票面面值）的折现值总和。定期付息债券的利率通常按照复利计算，因此其估值模型为

$$V = \sum_{t=1}^{n} \frac{F_i}{(1+k)^t} + \frac{F}{(1+k)^n} \tag{7-7}$$

式中　V——债券的价值；

k——市场利率；

i——票面利率；

F——债券票面面值；

n——付息期数。

[例 7-6] 某公司投资购入一种债券，该债券的面值为 1000 元，票面利率为 8%，每年年末付息一次，期限为 10 年。若市场利率为 10%，则该债券的价值为多少元？若市场利率为 6%，则该债券的价值又是多少元？

根据债券估值模型，该债券的价值分为以下两种情况：

1) 当市场利率为 10% 时，有：

$$V = \sum_{t=1}^{10} \frac{1000 \text{元} \times 8\%}{(1+10\%)^{10}} + \frac{1000 \text{元}}{(1+10\%)^{10}} = 877.1 \text{元}$$

2) 当市场利率为 6% 时，有：

$$V = \sum_{t=1}^{10} \frac{1000 \text{元} \times 8\%}{(1+6\%)^{10}} + \frac{1000 \text{元}}{(1+6\%)^{10}} = 1147.2 \text{元}$$

可见，当市场利率发生变化时，债券的价值也会发生变化。一般来讲，当市场利率高于票面利率时，市场利率越高，债券价值越低；当市场利率低于票面利率时，市场利率越低，债券价值越高；当市场利率等于票面利率时，债券实际价值等于债券票面价格。

（2）到期一次还本付息的债券估值模型

到期一次还本付息的债券在到期之前不支付利息，当债券到期时，一次支付全部的本金及利息。一般情况下，这种债券的利息是按单利计息。到期一次还本付息的债券估值模型为

$$V = \frac{F + Fin}{(1+k)^n} \tag{7-8}$$

[例 7-7] 某企业购买面值为 800 元的公司债券，期限 6 年，票面利率为 8%，发行时市场利率为 10%，不计复利。债券价格为多少时值得投资？

$$V = \frac{F + Fin}{(1+k)^n} = \frac{800 \text{元} + 800 \text{元} \times 8\% \times 6}{(1+10\%)^6} = 667.78 \text{元}$$

即当债券价格必须低于 667.78 元时，企业才值得购买。

2. 贴现发行债券的估值模型

贴现发行的债券是没有票面利率，只有票面面值的债券。在债券发行时，以低于票面面值的价格发行，到期时按票面面值偿还，票面面值与发行价格的差额作为债券的利息。贴现发行债券的估值模型为

$$V = \frac{F}{(1+k)^n} \tag{7-9}$$

[例7-8] 建工集团欲购入东方公司以贴现方式发行的面值为1000元，期限为5年，在有效期内不计利息，到期按面值偿还的债券，当时市场利率为6%，债券价格为多少时值得投资？

$$V = \frac{1000 \text{元}}{(1+6\%)^5} = 1000 \text{元} \times 0.7473 = 747.3 \text{元}$$

该债券发行价格等于或低于747.3元时值得购买。

7.3.4 债券投资收益率的计算

1. 一年付息一次的债券投资收益率

定期付息债券的利率通常按照复利计算，因此其投资收益率的计算公式为

$$R = \frac{M - S_0}{S_0} \times 100\% \tag{7-10}$$

式中 R——债券的年投资收益率；

S_0——债券投资时购买债券的金额；

M——债券持有期所取得的本利和；

n——持有期限。

[例7-9] 建工集团在2022年1月1日以950元购进面值为1000元，票面利率为5%，期限为5年，每年付息一次的公司债券，并在2023年1月1日以970元的市价出售，求投资收益率。

$$R = \frac{1000 \text{元} \times 5\% + 970 \text{元} - 950 \text{元}}{950 \text{元}} \times 100\% = 7.37\%$$

2. 到期一次还本付息的债券投资收益率

到期一次还本付息债券的投资收益率的计算公式如下：

$$R = \frac{S_n - S_0}{n S_0} \times 100\% \tag{7-11}$$

式中 S_n——债券到期前出售的价款；

[例7-10] 建工集团购入明达公司发行的面值为1000元，票面利率6%，期限6年，到期一次还本付息，不计复利的债券，在持有5年后以1300元的价格出售，求投资收益率是多少？

$$R = \frac{S_n - S_0}{n S_0} \times 100\% = \frac{1300 \text{元} - 1000 \text{元}}{5 \times 1000 \text{元}} \times 100\% = 6\%$$

3. 贴现发行的债券投资收益率

贴现发行的债券投资收益率的计算公式如下：

$$R = \frac{F-S_0}{nS_0} \times 100\% \qquad (7\text{-}12)$$

式中 F——债券票面价值。

> [例 7-11] 债券票面金额为 100 元,发行价格为 80 元,期限为 5 年,期满后按票面金额兑付,求投资收益率是多少?
>
> $$R = \frac{F-S_0}{nS_0} \times 100\% = \frac{100\ 元-80\ 元}{5 \times 80\ 元} \times 100\% = 5\%$$

7.3.5 影响债券收益的因素

1. 宏观经济因素

经济发展情况的好坏,对债券市场行情有较大的影响。经济繁荣时期,生产对资金需求量较大,企业投资需求上升,债券发行量增加,由此推动债券价格下降;当经济衰退时,生产过剩,企业投资需求下降,债券发行量减少,债券价格随之上涨。

2. 市场利率水平

市场利率的高低与债券价格的涨跌密切相关。市场利率上升时,债券投资所要求的投资收益率就上升,使债券的市场价格下跌;反之,如果市场利率下降,债券的市场价格则上升。

3. 物价水平

物价水平的涨跌会引起债券价格的变动。当物价上涨速度较快时,人们出于保值的需求,将资金投向债券以外的其他资产,使债券供应量过剩,导致债券价格下跌。

4. 产业政策

国家对重点发展的产业往往给予特殊优惠的政策,而对限制发展的产业往往会增加种种限制措施。产业政策会影响公司的风险和收益,从而影响债券的市场价格。

5. 到期期限

债券的到期期限也是影响债券价格的一个重要因素。即使在要求的必要收益率不变的情况下,随着债券到期日的接近,其价格也将逐渐提升。

7.4 基金投资

7.4.1 投资基金的含义

投资基金是一种集合投资方式,它是通过发行投资基金股份的方式,汇集不特定的中小投资者的资金,委托专门的投资管理机构经营运作,以规避风险并获取收益的证券投资工具。投资基金有五个方面的基本特点:

1) 集合资金。将投资者的少量资金集合起来,形成大量资金进行分散投资。
2) 专业管理。基金管理机构拥有大量的专业研究团队和强大的信息优势,能够深入分析、专业研究。

3）风险共担，收益共享。基金投资收益扣除一般费用后，剩余收益按照投资人所持基金份额进行分配，投资产生的风险也由投资者共同承担。

4）独立托管。为保证基金资产安全，由基金托管人保管，基金管理人进行投资操作，相互独立，相互制约、相互监督，有效保护资金安全和投资者权益。

5）独立核算。投资基金的资金用途通常有比较明确的规定。这种规定，或者来自有关法律法规，或者来自基金章程。

7.4.2 证券投资基金的分类

由于基金产品的不断创新，基金的分类也日益复杂。根据不同标准可将证券投资基金划分为不同的种类。

1. 按基金的运作方式分类

根据基金份额是否可增加或减少，证券投资基金分为开放式基金和封闭式基金。

开放式基金设立后，投资者可以随时申购或赎回基金份额，因此基金规模不固定。封闭式基金的规模在发行前已确定，在发行完毕后的规定期限内，基金规模固定不变。

2. 按基金组织形态的不同分类

按组织形态的不同，证券投资基金主要分为公司型基金和契约型基金。

公司型基金依据公司章程设立，基金投资者是公司的股东，按照其所持股份分享投资收益，承担有限责任。公司型基金具有独立的"法人"地位，一般设有董事会，代表投资者的利益行使职权，公司型基金虽在形式上类似一般的股份公司，但不设经营管理层，而委托投资顾问（基金管理公司）管理基金资产。契约型基金依据投资者、基金管理人、托管人之间所签署的基金合同而设立，基金投资者的权利主要体现在基金合同的条款上。

3. 按投资对象的不同分类

按投资对象的不同，基金可分为股票基金、债券基金、货币市场基金、混合基金等。

股票基金是指主要以股票为投资对象的投资基金。债券基金是指主要以债券为投资对象的投资基金。货币市场基金是指以国库券、大额银行可转让存单、商业票据、公司债券等货币市场短期有价证券为投资对象的投资基金。混合基金是指同时投资股票、债券或者其他投资品种的基金。

4. 按投资理念的不同分类

按投资理念的不同，证券投资基金可分为主动型基金和被动型基金。

主动型基金是力图超过业绩比较基准的基金。被动型基金则不主动寻求超越市场的表现，一般选取特定的指数作为跟踪的对象，通过复制指数来跟踪市场的表现，因此通常被称为指数型基金。

5. 按基金的资金来源和用途的不同分类

按资金来源和用途的不同，基金可分为在岸基金和离岸基金。在岸基金是指在本国募集资金并投资于本国证券市场的基金，在岸基金的投资者、基金管理人、基金托管人及其他当事人均在本国境内，因此监管比较容易。离岸基金是指在一国发行基金，并将募集的资金投资于其他国家市场的基金。

7.4.3　投资基金的优势与局限

1. 投资基金的优势

（1）基金内部治理结构完善

基金持有人、管理人、托管人等各方当事人之间维持相对平衡的关系，以形成有效的制衡。减少持有人与管理人之间的信息不对称。

（2）监管部门实行严格监管

包括实行严格的行业准入标准和审批程序，实行基金产品的实质性审批制度，进行严密的日常行为监管，制定严格的从业人员管理制度等。

（3）第三方监督机制日趋完善

独立的会计中介机构、法律中介机构等第三方机构的存在促进了基金规范运作，有助于提高投资效益。

（4）投资小、费用低

证券投资基金最低投资额一般较低，每份基金单位面值为1元人民币。我国封闭式基金和ETF基金最低可买100份基金份额，开放式基金最低投资金额一般为1000元。

2. 投资基金的局限

（1）投资基金是一种间接性的投资工具

一旦投资基金，就等于失去了直接参与证券投资和其他行业投资的机会，基金的短期收益有可能会比直接投资所获得的回报低。

（2）投资基金在操作上缺乏灵活性

因为投资基金的目标和策略是既定的，基金管理人不能随意变动，难以根据市场走势来灵活地调整基金的投资目标和策略，这有可能使投资基金在市场变化较大的情况下，不能有效地减少亏损或者无法及时把握盈利机会。

（3）投资基金对风险的分散具有局限性

分散投资仅能克服非系统性风险（即个别证券所导致的风险），而对系统性风险是无能为力的。特别是在缺乏对冲工具或者由于制度原因或基金合同限制无法进行做空交易时，在证券市场下跌的时候，投资基金可能面临重大的系统风险。

7.4.4　投资基金与股票、债券的区别

投资基金与股票、债券一样可以成为证券市场的买卖对象，但是它与股票、债券又有所区别。主要区别在于以下几方面。

1. 反映的关系不同

股票反映的是产权关系，债券反映的是债权债务关系，而投资基金反映的是信托关系。

2. 操作上的投向不同

股票、债券筹集的资金主要投向实业，是一种直接投资工具，而投资基金主要投向有价

证券，是一种间接投资工具。

3. 风险收益状况不同

股票的收益是不确定的，收益取决于发行公司的经营效益，投资股票有较大风险。债券的收益一般是事先确定的，投资风险小。投资基金主要是投资有价证券，而且这种投资可以灵活多样，从而使基金的收益可能高于债券，而小于股票。

7.4.5 投资基金的估价

基金的内涵价值是指基金投资所能带来的现金净流量。对投资基金进行估价，有利于基金投资过程中的价格判别。

1. 基金价值的内涵

基金价值的具体确定依据与股票、债券有很大的区别。债券的价值取决于债券投资所带来的利息收入和收回的本金；股票的价值取决于股票预期的股利和售价。这些利息和股利都是在未来收取的，也就是说，未来的而不是现在的现金流量决定着债券和股票的价值。而基金的价值取决于目前能给投资者带来的现金流量，这种目前的现金流量用基金的净资产价值来表达。

基金的价值之所以取决于基金净资产的现在价值，其原因在于股票的未来收益是可以预测的，而投资基金的未来收益是不可以预测的。资本利得是投资基金受益的主要来源，且投资基金不断变换投资组合对象，而证券价格又不断波动，因此对投资基金收益预计是不大现实的。既然未来不可预测，投资者能把握的就是"现在"，即基金资产的现有市场价值。

2. 基金资产净值

基金单位净值是指某一时点上一个基金单位实际代表的价值。

$$基金资产净值 = \frac{基金总资产 - 基金总负债}{基金份额总数} \quad (7-13)$$

基金的总资产是指基金拥有的所有资产的价值，包括现金、股票、债券、银行存款和其他有价证券。基金的总负债是指基金应付给基金管理人的管理费和基金托管人的托管费等应付费用和其他负债。

因为开放式基金申购和赎回的价格是依据基金的净资产计算的，所以如何公平计算基金净资产价值，对保障投资人的利益具有重大意义。

[例7-12] 假设某基金持有的三种股票的数量分别为10万股、40万股、80万股，每股的市价分别为30元、25元、10元。银行存款为1000万元，该基金负债有两项：①对管理人应支付未付的报酬400万元；②应缴税费300万元。已售出的基金单位为2000万份，试计算基金单位净值。

$$基金单位净值 = \frac{基金总资产 - 基金总负债}{基金份额总数}$$

$$= \frac{(10 \times 30 + 40 \times 25 + 80 \times 10 + 1000 - 400 - 300)\text{万元}}{2000\text{万份}}$$

$$= 1.2 \text{ 元/份}$$

3. 基金的报价

基金净资产价值是衡量一个基金经营好坏的主要指标，也是基金份额交易价格的内在价值和计算依据。一般情况下，基金份额交易价格与净资产价值趋于一致，即净资产价值增长，基金价格也随之提高。封闭式基金在二级市场上竞价交易，其交易价格由供求关系和基金业绩决定，围绕着基金单位净值上下波动。开放型基金的柜台交易价格则完全以基金单位净值为基础，通常采用两种报价形式，即认购价（基金管理公司的卖出价）和赎回价（基金管理公司的买入价）。

$$基金认购价 = 基金单位净值 + 首次认购费 \quad (7-14)$$

$$基金赎回价 = 基金单位净值 - 基金赎回费 \quad (7-15)$$

卖出价中的首次认购费是支付给基金管理公司的发行佣金，基金赎回费是基金管理公司在赎回基金时收取的佣金。收取首次认购费的基金，一般不再收取赎回费。

[例 7-13] 某基金公司发行的是开放式基金，2023 年相关资料如下：年初基金资产账面价值为 800 万元，负债账面价值为 400 万元、基金资产市场价值为 1800 万元，基金单位 500 万份，年末基金资产账面价值为 1000 万元，负债账面价值为 410 万元，基金资产市场价值为 2400 万元。基金单位 600 万份。假设公司收取首次认购费，认购费为基金净值的 5%，不再收取赎回费。分别计算年初、年末的下列指标：①基金公司基金净资产价值总额；②基金单位净值；③基金认购价；④基金赎回价。

（1）年初

该基金公司基金净资产价值总额 = 1800 万元 − 400 万元 = 1400 万元

基金单位净值 = 1400 万元 ÷ 500 万份 = 2.8 元/份

基金认购价 = 2.8 元/份 + 2.8 元/份 × 5% = 2.94 元/份

基金赎回价 = 2.8 元/份

（2）年末

基金净资产价值总额 = 2400 万元 − 410 万元 = 1990 万元

基金单位净值 = 1990 万元 ÷ 600 万份 = 3.32 元/份

基金认购价 = 3.32 元/份 + 3.32 元/份 × 5% = 3.49 元/份

基金赎回价 = 3.32 元/份

---

4. 基金投资的收益率

基金收益率是指某一投资者所拥有的基金净资产的增值与其期初基金净资产的比值。它用以反映基金增值的情况和基金投资者权益的增值情况。

$$基金收益率 = \frac{年末持有份数 \times 年末基金单位净值 - 年初持有份数 \times 年初基金单位净值}{年初持有份数 \times 年初基金单位净值} \times 100\%$$

(7-16)

式 (7-16) 中，持有份数是指基金单位的持有份数。年初基金单位净值相当于是购买基金的本金投资，基金收益率也就相当于简便的投资报酬率。

[例 7-14] 建工集团年初持有基金 200 万份,年初基金单位净值为 2.5 元;年末持有基金 500 万份,年末基金单位净值为 3.0 元。试计算投资者的基金收益率。

基金收益率=(500 万份×3.0 元-200 万份×2.5 元)÷(200 万份×2.5 元)×100%
         =200%

7.5 证券投资组合

7.5.1 证券投资组合的目标

证券投资组合的目标是在既定的风险条件下,获得最大的收益,或在既定的收益水平下,承担最小的风险。组合管理首先要有一个计划,即考虑和准备一组能满足目标的证券,然后选择买卖时机,当然,证券的价格始终处于波动之中,投资者往往只能运用技术分析确定一个价格的波动区间,尽可能在底部买入,在高位卖出。在选择证券和实际买卖时,投资者应保持谨慎和理性的态度,尽可能防范风险。在买入证券后,应定期追踪检查,如果发现证券的特性已经不符合投资目标,投资者应果断地将其剔除,再选择其他合适的证券。

7.5.2 证券组合管理的步骤

1. 确定投资目标

虽然证券投资组合的总体目标都是投资收益最大化,但是不同的企业、不同的资金用途会有不同的投资组合策略,依据价值型、成长型、平衡型对投资目标进行定位,有助于获得更多的投资收益。

2. 制订投资计划

证券投资计划一般包括证券组合的投资范围、投资品种的选择、风险的管控措施、投资资金的分配等。投资计划要以投资目标为基础,为投资目标服务,同时在投资过程中要严守投资计划。

3. 确定投资组合

确定投资计划后,就要确定符合投资组合基本目标的最优证券投资组合。投资组合的确定与投资者对风险和收益的偏好密切相关。在对市场上各种证券的特点进行深入分析的前提下,确定适合投资的有效集,然后根据投资组合的基本目标确定符合自身风险偏好的最优证券组合。

4. 监控投资组合

选定投资证券组合后,就要按照计划进行证券的购入和资金的分配。在这个过程中,要不断监控计划的执行情况,避免偏离计划。

5. 修订投资组合

证券市场并非一成不变,永远充满着未知的变化。特定证券的收益与风险特征也会随时发生变化。投资者应对不再符合投资目标要求的证券予以调整,动态修订证券投资组合。

7.5.3　证券投资组合的方法

1. 选择足够数量的证券进行组合

在采用这种方法时,要求投资者拥有一定的资金量。多种投资证券的组合,能够有效分散风险。当其中某一种证券出现极端情况时,不至于让投资者蒙受不可逆转的损失。但是过于分散的投资组合,也会使投资收益率大幅降低。

2. 将投资收益呈负相关的证券进行组合

当一种股票的收益上升时,而另一种股票的收益下降,这样的两种股票成为负相关股票。把收益呈负相关的股票组合在一起,能有效地分散风险。

3. 将风险等级不同的证券进行组合

按照适当比例配置高风险证券、中风险证券和低风险证券。协调提高收益与降低风险之间的关系。综合考虑风险承受能力、财务状况、生命周期等因素,合理进行投资组合。在极端情况下,低风险证券相对稳定的收益可以弥补高风险证券带来的损失。

4. 选择不同期限的证券进行组合

根据未来现金流的需求情况安排不同期限证券的组合,进行长、中、短期合理搭配,长期投资可以获得更好的收益,短期投资弥补了流动性的风险,让投资者在不影响流动性的前提下实现最大收益。

复习思考题

1. 简述施工企业证券投资的概念。
2. 有价证券投资的特征有哪些?
3. 简述有价证券投资的种类。
4. 简述施工企业股票投资的特点。
5. 影响股票投资收益的因素有哪些?
6. 债券的基本要素有哪些?
7. 简述投资基金的基本特点。
8. 简述投资基金的优势与局限。
9. 简述投资基金、股票、债券的区别。

习　题

1. 建工集团拟定购买某公司的债券作为长期投资,要求的必要收益率为5%,现在有三家公司同时发行5年期、面值均为1000元的债券,其中:①A公司债券的票面利率为7%,每年付息一次,到期还本,债券发行价格为1050元;②B公司债券的票面利率为8%,单利计息,到期一次还本付息,债券发行价格为1060元;③C公司债券的票面利率为0,债券发行价格为800元,到期按面值还本。

（1）计算甲施工企业购入 A 公司债券的价值和收益率。

（2）计算甲施工企业购入 B 公司债券的价值和收益率。

（3）计算甲施工企业购入 C 公司债券的价值和收益率。

（4）根据上述结果，评价 A、B、C 三种公司债券是否具有投资价值，并为甲施工企业做出购买何种债券的决策。

2. 某基金公司发行的是开放式基金，2023 年有关资料见表 7-2。

表 7-2　2023 年有关资料　　　　　　　　　　　（单位：万元）

项目	年初	年末
基金资产账面价值	1200	1400
负债账面价值	500	520
市场价值	1800	2300
基金股份数/万份	500	600

假设公司收取首次认购费，认购费率为基金资产净值的 5%，不再收取赎回费。

分别计算年初和年末的下列指标：

（1）基金净资产价值总额。

（2）基金单位净值。

（3）基金认购价。

（4）基金赎回价。

（5）2023 年投资者的基金收益率。

第 7 章练习题
扫码进入小程序，完成答题即可获取答案

第8章 施工企业利润及其分配

学习目标

- 了解施工企业利润分配的原则、程序
- 熟悉施工企业目标利润的确定依据及方法
- 掌握施工企业利润的概念、分类、构成及股份制施工企业的股利分配政策和决策

8.1 施工企业利润概述

8.1.1 利润的作用

利润是施工企业在一定期间施工生产经营活动的最终成果，也就是收入与成本、费用配比相抵后的余额。如果收入小于成本、费用，其差额表现为亏损。

利润的作用与构成

施工企业财务管理的目标是实现企业价值最大化，这就要求在考虑风险因素的同时，不断提高企业的盈利水平，增强施工企业的盈利能力，获得最大的利润。

对国家、对企业投资者而言，不断提高企业的盈利水平，做好利润管理，具有十分重要的意义。施工企业利润的作用，主要表现在以下几方面。

1. 利润是实现企业财务管理目标的重要保证

企业财务管理的目标是追求利润，从而实现企业价值最大化，也就是要通过企业的合理施工生产经营，采用最优的财务决策，在考虑资金时间价值和风险价值的情况下，不断增加企业积累，使企业价值达到最大。这一目标的实现，主要取决于以下两个方面：一是要不断提高企业的盈利水平；二是要不断降低企业的财务风险和经营风险。因此，在考虑财务、经营风险的同时，不断提高企业的盈利水平，增加企业的投资收益率，是实现企业财务管理目标的重要保证。

2. 利润是债权人进行投资决策和信贷决策的重要依据

企业发展需要的大量资金，大部分资金依靠投资者和债权人来解决。然而债务资金的获得,要有相应数量的自有资金为前提,没有一定数量的自有资金,是很难从债权人处获得大量债务资金的。但是,增加企业自有资金的根本途径,是不断提高企业的盈利水平。因此,只有增加企业的利润,才能保证扩大再生产的资金需求,使企业获得更快的发展。

3. 利润是投资者获得投资回报的前提

投资者投入企业的资金,是为了获得投资回报,取得比银行存款利息更多的收益,而投资回报只有在企业收入大于成本、费用获得盈利的前提下,才能通过分配的利润或股利获得。因此,只有不断提高企业的盈利水平,企业才能拿出更多的资金用于利润的分配,使投资者获得更多的投资回报。

8.1.2 施工企业利润的构成

施工企业利润是企业施工生产经营成果的集中体现,也是衡量企业施工经营管理业绩的主要指标。施工企业利润总额是企业在一定时期内实现收入与相应支出抵减后的余额,是企业在一定时期内实现盈利的总额。它有通过生产经营活动获得的,也有通过投资活动而获得的,此外还包括那些与生产经营活动无直接关系的事项所引起的盈亏。《企业会计准则》规定,企业利润=营业利润+营业外收入-营业外支出-所得税费用。

1. 营业利润

营业利润是指营业收入减去营业成本、税金及附加,减去期间费用(销售费用,管理费用,财务费用),减去资产减值损失,再加上公允价值变动收益(或减公允价值变动损失)及投资净收益(或减投资净损失)后的金额。

$$\text{营业利润}=\text{营业收入}-\text{营业成本}-\text{税金及附加}-\text{期间费用}-\text{资产减值损失}+ \\ \text{公允价值变动收益}(-\text{公允价值变动损失})+\text{投资净收益}(-\text{投资净损失}) \tag{8-1}$$

$$\text{利润总额}=\text{营业利润}+\text{营业外收入}-\text{营业外支出} \tag{8-2}$$

$$\text{净利润}=\text{利润总额}-\text{所得税费用} \tag{8-3}$$

营业收入是从事主营业务或其他业务所取得的收入。营业成本是企业提供劳务的成本,包括主营业务收入和其他业务收入。资产减值损失是指因资产的可回收金额低于其账面价值而造成的损失。公允价值变动收益(损失)是指在资产负债表日,企业采用公允价值计量的资产或负债的公允价值变动与其账面余额之间的差额。投资净收益(净损失)是指企业投资收益减投资损失后的净额。

(1) 营业收入

1) 主营业务收入。施工企业通过与发包的建设单位签订工程承包合同来承接工程,这些合同规定了施工的具体要求、工期、成本等关键信息,施工企业通过其专业的建筑安装活动,将建筑材料和构件转化为建筑物或构筑物,以此来满足其主营业务收入。承包合同是指承包人按照定做方的要求完成一定工作,并将工作成果交付发包方,发包方接受工作成果并支付约定报酬的协议。承包合同收入是指企业承包工程实现的工程价款及结算收入,以及向发包单位收取的除工程价款以外的按规定列作于营业收入的各种款项,如临时设施费、劳动保险费。

施工企业工程价款的结算方式主要包括按月结算、竣工后一次结算、分段结算和目标结算。

按月结算是一种常见的结算方式，它涉及在旬末或月中预支工程款，然后在月末根据当月实际完成的工作量进行结算，并扣回预支的款项。这种方式适用于大多数常规的建筑施工项目，确保了施工企业在每月都能获得相应的工程款项，有利于资金的及时回笼和使用。

竣工后一次结算适用于建设期在 12 个月以内或工程承包合同价值在 100 万元以下的项目，在这种方式下，施工企业会在工程全部竣工并验收合格后，一次性获得工程款项。

分段结算适用于跨年度竣工的工程，这种方式下，工程会根据形象进度划分成不同的阶段进行结算，每个阶段的完成都会导致一次结算，这种方式有助于施工企业根据工程进度分阶段获得资金，有利于资金的合理规划和利用。

目标结算是一种将工程合同内容分解成不同的验收单元的结算方法，当承包商完成单元工程内容并通过业主或其委托人的验收后，业主会支付相应的工程款项。这种方式有助于对工程进度和质量进行控制，确保每一阶段的完成质量都符合合同要求。此外，除了上述常见的结算方式外，还可以根据施工企业的需求和业主的协商，采用双方约定的其他结算方式。这些结算方式的采用，旨在确保施工企业的资金需求得到满足，同时也保障了工程的顺利进行和完成。

建筑工程通常造价昂贵且建设周期较长，这要求施工企业在施工过程中预先投入大量资金。因此，工程款项的结算不能仅在工程完全完工后才进行，否则将对施工企业的资金流动性造成负面影响，进而干扰施工作业的正常运行。因此，除了那些工期短、造价不高的工程可能会选择在工程完成后一次性结算外，大多数工程会采用定期（如按月）结算或根据施工进度分阶段结算的方式。

2）其他业务收入。施工企业的其他业务收入，主要包括产品销售收入、材料销售收入、固定资产出租收入等。其中，产品、材料销售收入，应在发出产品、材料，同时收讫货款或取得索取货款凭证时确认；固定资产出租收入，应按出租方与承租方签订合同或协议中规定的承租方付款日期和金额确认。

（2）营业成本

1）主营业务成本。施工企业主营业务成本是指承包合同成本，包括从合同签订之日开始至合同完成时为止所发生的直接费用和间接费用。直接费用是指施工企业为完成合同所发生的、可以直接计入合同成本核算对象的各项费用支出，具体包括工程施工过程中耗用的人工费、材料费、机械使用费、其他直接费。间接费用是施工企业为完成合同所发生的、不宜直接归属于合同成本核算对象而应分配计入有关合同成本核算对象的各项费用支出，包括施工企业下属的工区、施工队和项目经理部为组织和管理施工生产活动所发生的费用。

2）其他业务成本。其他业务成本是指企业确认的除主营业务活动以外的其他日常经营活动所发生的支出。其他业务成本包括产品销售成本、销售材料的成本、机械作业成本、出租固定资产出租成本、无形资产转让成本等；采用成本模式计量投资性房地产的，其投资性房地产计提的折旧额或摊销额,也构成其他业务成本。其中,产品、材料销售成本是指销售产品、材料的生产成本和采购成本;机械作业成本是指提供机械、运输作业而发生的机械运输设备折旧、修理、维护费,耗用油料、操作人员工资福利费及分配的间接费用等;无形资产转让成本是指该无形资产的摊销和派出技术服务人员的费用;固定资产出租成本是指为出租固定资产计提的折旧费和发生的修理费。

(3) 税金及附加

税金及附加反映企业经营主要业务应负担的消费税、城市维护建设税、资源税、教育费附加及房产税、土地使用税、车船使用税、印花税等相关税费。

(4) 期间费用

期间费用包括管理费用和财务费用。管理费用是指企业行政管理部门即公司总部为管理和组织经营活动所发生的各项费用,包括因管理和组织经营活动所发生的行政管理人员工资、职工福利费、折旧费、修理费、低值易耗品摊销、办公费、差旅交通费、工会经费、职工教育经费、劳动保护费、董事会费、咨询费、审计费、诉讼费、税金、土地使用费、技术转让费、技术开发费、无形资产摊销、开办费、业务招待费等,还包括"规费",这些费用也是施工企业从事施工经营必须缴纳的,所以也应将它列作企业的管理费用。

施工企业的财务费用是指企业为筹集施工生产经营所需资金而发生的各项费用,包括施工生产经营期间的利息净支出、汇兑净损失、金融机构手续费,以及企业筹资时发生的其他财务费用,但不包括在固定资产购建期间发生的借款利息支出和汇兑损失,这些利息支出和汇兑损失应计入固定资产或专项工程支出。

(5) 投资净收益

施工企业的投资净收益是指企业对外股权投资、债权投资所获得的投资收益减去投资损失后的净额,可用以下公式计算:

$$投资净收益 = 投资收益 - 投资损失 \tag{8-4}$$

投资收益包括对外投资分得的利润、股利和债券利息,投资收回或者中途转让取得款项多于账面价值的差额,以及按照权益法核算的股权投资在被投资单位增加的净资产中所拥有的数额等。

投资损失包括企业对外投资分担的亏损,投资到期收回或者中途转让取得款项少于账面价值的差额,以及按照权益法核算的股权投资在被投资单位减少的净资产中所分担的数额等。

2. 营业外收入和营业外支出

施工企业的营业外收入和营业外支出是指与企业施工生产经营活动没有直接关系的各项收入和支出。

营业外收入是与企业工程结算收入和其他业务收入相对而言的,虽然它与企业施工生产活动没有直接因果关系,但它与企业又有一定联系的收入,所以也应成为企业利润总额的组成部分。施工企业的营业外收入,主要有固定资产盘盈、处理固定资产净收益、处理临时设施净收益、转让无形资产收益、罚款收入、无法支付应付款、教育附加费返还、非货币性交易收益等。营业外支出是相对营业成本、费用而言的。它虽与企业施工生产经营活动没有直接关系，但又与企业有一定联系，所以也应作为企业利润总额的扣除部分。施工企业的营业外支出，主要有固定资产盘亏、处理固定资产净损失、处理临时设施净损失、转让无形资产损失、资产减值损失、公益救济性捐赠、赔偿金、违约金、债务重组损失等。

3. 所得税费用

所得税费用是指企业经营利润应缴纳的所得税，这一般不等于当期应交所得税，而是当期所得税和递延所得税之和，即为从当期利润总额中扣除的所得税费用。因为可能存在"暂时性差异"，如果只有永久性差异，则等于当期应交所得税。

所得税费用的计算主要有两种方法：一是通过计算应交所得税，再加上递延所得税负债，减去递延所得税资产来得到；二是直接计算会计利润和永久性差异来得到。在计算过程中，需要按照税法规定对会计利润进行调整，以计算出应纳税所得额，并遵守税法规定的各项扣除标准和优惠政策。

8.2 施工企业目标利润

目标利润管理是企业财务管理中的一个重要环节，它对于确保企业的经济效益和财务目标的实现具有关键作用。目标利润是企业根据市场情况、自身条件和发展战略，设定的在一定时期内期望达到的利润水平。企业需要通过市场研究、成本分析和财务预测等手段，科学地制定目标利润，并且需要制订详细的计划和策略，通过成本控制、收入增加等手段，确保目标利润的实现。在实现目标利润的过程中，企业需要进行有效的监控和控制，及时发现问题并采取措施进行调整，并通过定期的业绩评估，考核目标利润的实现情况，为管理决策提供依据，对实际利润与目标利润之间的差异进行分析，找出原因，为改进措施提供依据。同时，企业需要根据市场变化和外部环境的变动，灵活调整目标利润规划。可以看出，目标利润管理是一个动态循环过程，需要不断地规划、实施、评估和调整。

施工企业由于其项目周期长、成本控制复杂等特点，在目标利润管理上可能需要更加细致的计划和控制，所以，施工企业在确定目标利润额时，应运用科学的方法，如盈亏平衡分析、敏感性分析等，确保目标的合理性和可实现性。通过有效的目标利润管理，施工企业可以更好地控制成本，提高经营效率，增强市场竞争力，从而实现可持续发展。

8.2.1 施工企业目标利润制定的要求和流程

1. 施工企业目标利润制定的要求

在制定目标利润时，企业需要综合考虑多方面因素，确保目标的合理性和可实现性。

以下为基本要求：

(1) 既要积极向前，又要确保安全

企业在确定目标利润时，需要评估外部环境的复杂性和不确定性及可能面临的风险，从

目标利润制定的
要求和流程

而在目标利润的设定中留有一定的余地，以应对不可预见的情况。

（2）内部机制与外部条件相互匹配

企业内部环境包括管理能力、技术条件、员工素质等，这些因素是企业可以控制的。企业应该根据外部市场环境的变化，调整内部环境，以适应外部条件，提高竞争力。

（3）达到整体协调

企业需要评估自身的资源条件，包括资金、人力、技术等，以确定目标利润的可行性。企业在制定目标利润的过程中，可能需要多次调整和平衡，以适应不断变化的内外部环境。企业的其他计划，如销售计划、生产计划等，应该服从于目标利润计划，并在必要时进行调整，以确保目标利润的实现。

2. 施工企业目标利润制定的流程

目标利润的制定是一个复杂的过程，涉及对企业内外部环境的深入分析和战略规划。以下是一般制定目标利润的步骤：

1）市场调研与分析：了解市场需求、消费者偏好、市场趋势和潜在的市场机会。

2）竞争对手分析：研究同行业内其他企业的经营状况、利润水平和竞争策略。

3）企业自身分析：评估企业自身的财务状况、生产能力、技术水平和人力资源等。

4）SWOT 分析：识别企业的优势（Strengths）、劣势（Weaknesses）、机会（Opportunities）和威胁（Threats）。

5）战略规划：根据分析结果，制定企业的长期和短期战略目标。

6）成本预测：估算实现目标所需的成本，包括固定成本和变动成本。

7）定价策略：确定产品或服务的定价，以确保能够覆盖成本并实现预期利润。

8）销售预测：基于市场分析和定价策略，预测可能的销售量。

9）利润预测：结合成本和销售预测，估算可能实现的利润。

10）风险评估：识别可能影响利润目标实现的风险因素，并制定相应的风险管理措施。

11）目标利润设定：在综合考虑所有因素后，设定一个合理的目标利润。

12）制订行动计划：为实现目标利润，制订具体的行动计划和执行策略。

13）监控与调整：在实施过程中，持续监控市场和企业内部的变化，必要时对目标利润和行动计划进行调整。

14）绩效评估：定期评估目标利润实现情况及行动计划的执行效果。

通过以上这些步骤，施工企业可以更科学、合理地制定目标利润，并确保其与企业的发展战略和市场环境相适应。

8.2.2 施工企业目标利润的预测

施工企业在制订年度计划时，对主营业务利润的预测至关重要，因为这直接关系到企业的盈利能力和财务健康。以下介绍两种常用的施工企业年度主营业务利润预测方法：

1. 根据结算工程的计划利润加工程成本降低额计算

$$主营业务利润预算额 = 计划利润 + 工程成本降低额 \tag{8-5}$$

[例 8-1] 某公司计划年度施工产值（即施工工程造价）为 13000000 元，计划年初在建工程产品为 2600000 元，年末在建工程产品为 1200000 元，年度工程施工成本降低额为 110000 元，建造合同收入税费率为 1.3%，预期利润率为 7%，则

计划年度工程结算价款收入 = 13000000 元 + 2600000 元 − 1200000 元
= 14400000 元

计划年度工程结算计划利润 = 建造合同收入×(1−税费率)×预期利润率÷
(1+预期利润率)
= 14400000 元×(1−1.3%)×0.07÷1.07 = 929809.35 元

假定计划年初在建工程产品和计划年度工程产品的成本降低率相同，则：

计划年度工程结算成本降低额 = 110000 元×14400000 元÷13000000 元
= 121846.15 元

计划年度利润 = 929809.35 元 + 121846.15 元 = 1051655.5 元

2. 根据建造合同收入减去税费、变动费用总额和固定费用总额计算

$$主营业务利润 = 建造合同收入 - 税费 - 变动费用总额 - 固定费用总额 \quad (8\text{-}6)$$

在施工企业中，主营业务利润的计算通常涉及对变动成本和固定成本的分析。

首先，需要根据历史资料计算变动成本在工程造价中的比重。这可以通过分析过去几年的成本数据来完成。一旦确定了这个比重，就可以用它来估算当前或计划年度的变动成本总额。固定费用通常不随工程量的增减而变化，固定费用通常应在当年损益中摊销，因为它们通常与特定工程不直接相关，而是与企业的整体运营相关。因此，主营业务利润的计算公式可修改为

$$\begin{aligned}主营业务利润 &= 建造合同收入 - 建造合同收入×税费率 - 建造合同收入× \\ &\quad 变动费用在工程造价中的比重 - 固定费用总额 \\ &= 建造合同收入×(1-税费率-变动费用在工程造价中的比重) - \\ &\quad 固定费用总额\end{aligned} \quad (8\text{-}7)$$

[例 8-2] 某公司计划年度施工产值为 18000000 元，计划年初在建工程产品为 2400000 元，年末在建工程产品为 1300000 元，变动费用占工程造价的 72%，固定费用总额为 2470000 元，工程结算总税费率为 1.3%，则：

计划年度建造合同收入 = 18000000 元 + 2400000 元 − 1300000 元
= 19100000 元

计划年度利润 = 19100000 元×(1−1.3%−72%) − 2470000 元 = 2629700 元

如果企业不是采用工程竣工一次结算工程价款结算方法，年初在建工程产品和年末在建工程产品出入不大，工程结算价款收入等于施工产值，则

$$\begin{aligned}主营业务利润 &= 施工产值 - 施工产值×税费率 - 施工产值× \\ &\quad 变动费用在工程造价中的比重 - 固定费用总额 \\ &= 施工产值×(1-税费率-变动费用在工程造价中的比重) - 固定费用总额\end{aligned} \quad (8\text{-}8)$$

根据上述公式，可以推导得出：

$$施工产值 = \frac{主营业务利润+固定费用总额}{1-税费率-变动费用在工程造价中的比重}$$

利用上述公式，在企业经营过程中，可以实现以下目标：

1）测算主营业务利润。为了简化计算，假定某施工企业计划年初在建工程产品等于年末在建工程产品，计划年度建造合同收入等于施工产值，工程任务在 8000000～14000000 元的固定费用总额为 2470000 元，变动费用在工程造价中的比重为 72%。有了这些资料，就可预测计划年度不同建造合同收入或施工产值下的主营业务利润，见表 8-1。

表 8-1　不同建造合同收入或施工产值下的主营业务利润　　　　（单位：元）

建造合同收入 （施工产值）	税费（税费率 为 1.3%）	建造合同 净收入	变动费用 总额（占工程 造价的 72%）	固定费用 总额	利润或亏损
8000000	104000	7896000	5760000	2470000	-334000
9250936	120262	9130674	6660674	2470000	0
12000000	156000	11844000	8640000	2470000	734000
14000000	182000	13818000	10080000	2470000	1268000

2）根据目标利润，测算计划年度应完成的工程任务。根据计划目标进行管理，是企业管理的一项重要任务。企业要完成目标利润，就必须完成一定数量的工程任务。知道完成目标利润的工程任务，可促使企业在工程任务不足的时候积极参加工程投标，设法增加工程任务，确保目标利润的实现。如已知上述施工企业计划年度的目标利润为 988000 元，就可求得：

$$完成目标利润的工程任务 = \frac{988000 \text{ 元} + 2470000 \text{ 元}}{1-1.3\%-72\%} = 12951310.86 \text{ 元}$$

3）提供经营决策。一般来说，施工企业承担工程所获得的建造合同收入，除了补偿工程成本和税金外，还要有一定的利润。在施工能力大于施工任务时，如果建造合同收入大于税金和所支出的变动费用，是可以考虑接受的。因为在这种情况下，能分担一部分固定费用，可以减少亏损或增加利润，对企业的盈利有所贡献。

如上述施工企业，在计划年度已经有 9250936 元的工程任务，能够使企业保本。假如企业施工能力有余，且有一项造价约 2000000 元的工程进行招标，但由于投标单位较多，要想竞争中标只能投以 1800000 元的标价，那么这项标价，从该项工程来说，虽然低于工程预算成本，但是由于它的变动费用只有 1440000 元（2000000 元×72%），而固定费用不会因这项工程的施工而增加，因此仍能为企业增加利润 336600 元（1800000 元×(1-1.3%)-1440000元），企业仍然可以 1800000 元投标。

8.2.3　施工企业工程结算目标利润的分层管理

施工企业实现工程结算利润从不同责任部门来看，主要分为三个层次：

（1）施工企业高层

企业的高层领导通常负责制定企业的总体战略和方向，对企业的经营成果有重大影响，通过参与工程投标，企业争取获得施工合同，这是企业获取收入的第一步，在招标投标阶段通过报价和谈判所形成的利润为经营层利润，它可能正也可能负，取决于多种因素。在投标过程中确定的价格为合同初始价，是企业与客户达成的初步协议价格，并且合同中的具体条款对工程的调价、变更和索赔等有重要影响，需要精心设计以保护企业利益。

（2）项目经理层

企业择优委托的项目经理部是项目成功的关键组织结构，它由项目经理、副经理、商务经理等高级管理人员组成，这些人员通常具备丰富的专业知识和管理经验。

项目经理部对外代表企业与业主沟通，确保项目需求和目标的清晰传达和理解，对内向委托人（即企业）负责，确保项目按照既定的质量、成本和时间目标进行。项目经理部是企业针对特定项目的管理中心，负责项目的日常管理和决策。项目层创造的利润，反映了项目管理团队在成本控制、资源优化和风险管理等方面的成效。

（3）施工现场层

施工现场层在工程项目中扮演着执行者的角色，是实现工程结算利润的基础。施工现场层直接负责项目的实际施工，因此对基层成本的控制至关重要，通过有效的施工管理和成本控制创造施工现场层利润，反映了施工现场层的效率和效益。

总的来说，将工程结算目标利润分解为经营层、项目层和施工现场层三个管理点，有助于明确各层级的责任和目标，通过将利润目标分解到各个管理点，可以确保每个层级都有明确的利润目标和责任。企业高层负责投标、合同谈判等前期工作，影响合同初始价和利润空间；项目经理层负责项目管理、资源配置、风险控制等，影响项目的整体效益；施工现场层负责施工过程中的成本控制、质量保证和进度管理，直接影响施工成本和利润。施工企业可以通过分层管理确保从经营层到施工作业层的每个环节都能有效地贡献于目标利润的实现，从而提高企业的整体盈利能力和市场竞争力。

1. 工程结算目标利润分层管理的作用

上述三个目标利润管理点的设立，目的是在现代企业制度下实现责任明确和便于管理考核，具有以下功能：

1）它们有助于企业制定和实现目标利润，确保利润管理政策的执行。

2）明确了各环节的利润管理责任，简化了管理考核流程。

3）通过经营层利润管理点，可以准确反映企业新承揽工程的利润水平，防止因追求工程数量而牺牲利润的虚假繁荣。

4）项目层目标利润管理点有助于设定目标费用额，便于控制费用规模。

5）施工作业层目标利润管理点则有利于施工团队制定和规划工程利润目标。

简而言之，这三个管理点共同促进了企业利润目标的明确化、责任的清晰化及管理的高效化。

2. 工程结算目标利润的三个分层管理点

（1）施工企业高层目标利润管理点

企业高层目标利润是指施工企业中标价格与标准清单价格及企业所能承受的负标指数所确定的企业内定中标价格的差额。

$$\text{企业高层目标利润} = \text{中标价格} - \text{标准清单价格} \times (1 - \text{企业负标指数}) \quad (8\text{-}9)$$
$$\text{标准清单价格} = \text{中标价格} \div (1 + \text{中标指数}) \quad (8\text{-}10)$$

要确保承接工程的价格在企业能力范围内，需要评估项目层的成本和费用管理能力，以确定企业能够接受的基于标准清单报价规范的最低报价水平。如果中标价格低于这个可承受的最低水平，经营环节将无利润甚至亏损；反之，则有利润。设置目标利润管理点的目的是对企业经营环节承接工程的盈利能力进行考核，明确各部门的责任，防止出现承接工程数量多但利润低或亏损的情况。简而言之，通过目标利润管理点的设置，可以确保企业在承接工程时，价格既能反映企业实力，又能保障经营环节的盈利性，避免因承接过多低利润工程而导致的整体经营风险。

（2）项目经理层目标利润管理点

项目经理层目标利润是指企业对中标工程向项目层发包后的收益水平和项目层费用水平进行对比的利润水平与中标价格计算出的数额，此数额必须是正的。

$$\text{项目层目标利润} = \{[(\text{中标价格} - \text{发包价格}) \div \text{中标价格}] \times 100\% - (\text{企业年度税费额} \div \text{年度计划施工产值})\} \times \text{中标价格} \quad (8\text{-}11)$$

（3）施工现场层目标利润管理点

施工现场层目标利润是指施工作业层在项目层的承包价格基础上，通过施工管理实现的利润。此利润是基于工程定额直接成本与实际直接成本的差额计算出来的，主要通过人工、材料、机械消耗量的节约来实现，这种节约量在理论上应该是正的。简而言之，施工现场层的目标利润是施工团队通过优化资源使用和成本控制，在项目承包价格之上实现的额外收益。

[例8-3] 某国有大型施工企业预计当年施工产值为16亿元，项目层测定当年税费水平为3%，经测算，该企业所能承受的负标底线为标准清单价格的5%。2023年该企业承接一项商品房工程，中标价格为18000万元，结构类型为全现浇钢筋混凝土板楼，工期为540天，企业以清单报价-2%的价格中标。该工程各个利润管理点的具体情况介绍如下。

（1）施工企业高层目标利润管理点的管理

$$\text{标准清单价格} = \text{中标价格} \div (1 + \text{中标指数}) = 18000 \text{ 万元} \div (1 - 2\%)$$
$$= 18367.35 \text{ 万元}$$
$$\text{施工企业高层利润} = \text{中标价格} - \text{标准清单价格} \times (1 - \text{企业负标指数})$$
$$= 18000 \text{ 万元} - 18367.35 \text{ 万元} \times (1 - 5\%)$$
$$= 18000 \text{ 万元} - 17448.98 \text{ 万元} = 551.02 \text{ 万元}$$

由此可看出，该工程可以为企业带来企业高层利润551.02万元，工程的承接可为企业带来利润的增长。

（2）项目经理层目标利润管理点

企业发包机构经过对企业内部各项目层发包，最后确定该工程以15500万元发包给某项目经理层，则：

项目经理层目标利润={[(中标价格-发包价格)÷中标价格]×100%-
　　　　　　　　　(企业年度税费额÷年度计划施工产值)}×中标价格
　　　　　　　={[(18000万元-15500万元)÷18000万元]×100%-3%}×18000万元
　　　　　　　=(13.9%-3%)×18000万元
　　　　　　　=1962万元

由此可看出,该工程以15500万元的价格发包后,可以为项目经理层带来1962万元的利润。

(3) 施工作业层目标利润管理点

在企业内部的竞标过程中,施工作业层以15500万元的价格赢得了合同,这一价格低于标准的清单报价。在这个中标价格的基础上,施工团队通过精心的施工管理,实现了人工、材料和机械使用的节约,从而为该工程创造了利润。换句话说,施工作业层通过有效的成本控制和资源优化,在低于市场标准价格的中标价基础上,实现了工程的盈利。

8.3　施工企业利润的分配

利润分配是指企业按照国家规定,缴纳所得税后对所实现的净利润依法进行分配。按照现行施工企业财务制度的规定,施工企业实现的利润总额,先应按照国家规定做相应的调整,然后依照税法缴纳所得税。在这个过程中,一个公正的分配策略对于企业内各方的利益具有重大影响,并且与企业内部的资金筹集和投资活动紧密相连。合理地安排企业的利润分配,需要平衡不同利益相关者的需求,同时要平衡投资者的短期利益与企业的长期发展目标。确保利润分配策略与资金筹集和投资决策相一致,建立有效的利润分配激励和约束机制,为达到最优的经济效益打下坚实的利益基础。简而言之,企业应制定合理的利润分配政策,以平衡短期与长期利益,促进资金的有效配置,并通过激励和约束机制,推动企业经济效益的最大化。

8.3.1　利润分配的程序

根据我国《公司法》及有关税法等相关法律,公司应当按照如下顺序进行利润分配。

1. 计算可供分配的利润

将本年净利润(或亏损)与年初未分配利润(或亏损)合并,计算可供分配的利润。如果可供分配的利润为负数(即亏损),则不能进行后续分配;如果可供分配的利润为正数(即本年累计盈利),则进行后续分配。

2. 提取法定公积金

企业按照规定的比例从净利润中提取内部积累资金,法定公积金按照抵减年初累计亏损后的本年净利润计提法定公积金,不存在年初累计亏损时,按本年税后利润计算应提取数。按照《公司法》的规定,提取比例为10%,当法定公积金累计达到注册资本的50%时可不再提取。法定公积金可用于弥补亏损、转增资本(或股本)。

利润分配的程序和原则

3. 提取任意公积金

从税后利润提取法定公积金后，企业经股东大会或类似机构批准按照规定的比例可从净利润中提取任意公积金。

4. 向股东分配利润

公司弥补亏损和提取公积金后所余税后利润，有限责任公司按照股东实缴的出资比例分配，但全体股东约定不按照出资比例分配的除外；股份有限公司按照股东持有的股份分配，但股份有限公司章程规定不按持股比例分配的除外。

8.3.2 利润分配的原则

1. 确保合法性

利润分配必须遵循国家的财政和经济法规。企业在分配利润之前，必须首先依法履行纳税义务。根据国家税法的规定，企业利润在缴纳所得税之后，才能进行进一步的分配。确定应纳税所得额时，必须严格遵守税法，正确计算成本和费用，并合理扣除企业为维持基本再生产所需的必要费用。税前不允许扣除的包括被没收的财产损失、滞纳金等，而税前调整项目也必须严格按照财务制度执行，以确保国家财政收入的稳定。

税后利润的分配应遵循《公司法》《企业财务通则》及其他相关法规的指导，主要分配对象为企业的投资者和法人代表。在分配税后利润时，应合理确定分配的项目、顺序和比例，特别是提取的盈余公积金必须达到法定的最低比例。如果企业出现亏损，应避免向投资者分配利润。简而言之，企业在利润分配过程中，必须依法纳税，合理确定分配方案，并确保分配行为符合法律法规的要求，以保障国家财政收入和企业及投资者的合法权益。

2. 准确核算利润总额

企业在分配利润之前，需要首先验证年度确实实现了盈利，或者历史上累积了充足的未分配利润和盈余公积金，这是利润分配的先决条件。如果企业在年终会计核算时没有确认账面利润或留存收益不足，那么它就无权进行利润分配。因此，在利润分配之前，必须对年度会计决算进行严格的审计，以确保利润总额的真实性。长期以来，一些企业为了展示经营成果而存在账面盈利但实际亏损的情况，或者为了减少所得税而存在账面亏损但实际盈利的情况，这些行为都违背了正确处理企业、国家和投资者之间利益关系的原则。

3. 平衡企业股东、管理层和员工的利益

企业在分配税后利润时，其分配方案的合理性直接影响到股东、管理层和员工的经济利益。追求经济利益是激励投资者投资、管理层和员工积极参与经营的关键因素。因此，在利润分配时，不能仅仅关注企业的长期利益和整体利益，而忽略股东、管理层和员工的短期利益和个人利益，这样做可能会降低他们投资和经营的积极性；同样，也不能只考虑短期利益，从而损害企业的长期发展。正确的做法应该是平衡各方的利益，调整短期利益与企业长期发展之间的关系，并合理地确定盈余公积金的提取额度及分配给股东的利润数额。简而言之，企业应制定一个既满足当前需求又支持未来发展的利润分配方案，以确保所有利益相关者的权益得到妥善处理。

4. 提升企业的发展潜力

企业在分配利润时，必须遵循市场竞争的规则，并确保有足够的储备以增强企业的抵御

风险能力。利润分配应遵循优先积累的原则，即在分配给投资者之前，首先提取法定的盈余公积金。在当年没有实现利润或之前年度的亏损尚未得到弥补的情况下，企业不应分配利润。在提取盈余公积金之后，向投资者分配利润时，应依据科学的分红政策进行，确保分配额度合理，留有一定的余地，以便将未分配的利润保留到下一年度进行分配。简而言之，企业的利润分配应以增强企业的长期发展和风险抵御能力为目标，同时确保分配政策的科学性和合理性。

5. 协调内部储蓄与支出的平衡

企业需要对税后保留的利润进行明智的规划，并界定这些利润的使用范畴。所保留的盈余公积金和未分配利润应主要用于扩大生产、增强风险抵御能力和弥补亏损。在利润分配过程中，必须避免两种极端情况：一是过度积累，这可能会降低中小投资者的参与热情，对企业发展产生负面影响；二是过度消费，这会削弱企业的积累能力，降低企业自我增长和风险承受能力，影响其在市场竞争中的表现。这样的做法实际上会损害企业的长期利益。因此，积累与消费之间的比例关系实际上反映了企业短期利益与长期利益之间的平衡。积累与消费在本质上是相辅相成的。在提升当前利益的同时，不应牺牲长期利益。企业应根据自身的实际情况来确定合理的消费水平和留存利润额度，以实现盈余的合理分配和风险的适当规避。简而言之，企业在利润分配时应该平衡短期与长期利益，确保当前的消费不会损害企业的持续发展和风险抵御能力。

8.4 股份制施工企业利润的分配

8.4.1 股利与股利分配

1. 股利的概念

股利是指依股份支付给持股人的公司盈余。一般来说，公司在纳税、弥补亏损、提取法定公积金之前，不得分配股利。公司当年无利润时也不得分配股利。股份有限公司通常在年终结算后，将利润的一部分作为股利分配给股东。

股利本质上来源于公司历年积累的利润。西方国家的法律规定明确指出，股利的支付应基于公司历年的利润积累。因此，公司账面上的累积盈余构成了股利支付的必要条件。虽然大多数情况下，公司分配的股利是对这些累积盈余的分配，但在一些国家或地区，超出股票面值的资本公积也可以作为股东分配的一部分。然而，普通股的股本，即其面额或设定价值，是不允许用作股利分配的。简而言之，股利的支付需要基于公司的利润积累，且必须遵守相关法律规定，确保分配的合理性。

2. 股利的作用

1）给股票市场和公司股东一个稳定的信息：通过支付股利，公司向市场传递了一个稳定的信号，这对于股票市场的稳定和投资者信心的维护非常重要。特别是对于那些长期投资者来说，稳定的股利支付是他们期望的，可能为他们的消费和其他支出提供稳定的收入来源。这种稳定的股利支付政策有助于公司吸引和保持这部分投资者的投资兴趣。

2）作为公司支付能力的一种展示：股利的支付情况也是公司财务健康状况的反映。通过股利的支付，公司向外界展示了其盈利能力和财务状况，这对于评估公司的投资价值和未来发展潜力非常重要。同时，股利的支付也是公司治理和财务管理能力的一个体现，对于提升公司的市场形象和投资者信心有着积极的影响。

3. 股利的发放形式

（1）现金股利

现金股利是指企业以现金形式向股东支付的利润分配，它是最常见且投资者普遍认可的股利支付方式。这种方式可以迎合大多数股东对于现金回报的期望。但同时，企业支付现金股利会消耗大量现金，对现金流造成影响，一般只在企业现金流充裕时才会实施。而且，在企业需要大量资金用于有前景的投资项目时，现金股利的支付可能会违背将盈余再投资以推动企业发展的初衷。简而言之，现金股利虽然受投资者欢迎，但企业在支付时需要考虑现金流状况和再投资需求。

（2）股票股利

股票股利是指上市公司将公司股票作为红利分配给股东，而不是支付现金。这种股利是一种无偿的股票发行方式。由于股票股利的分配与股东的持股比例挂钩，每位股东在公司中的相对权益比例并未改变。此外，这种方式实际上是将公司的留存收益转化为股本，而公司的资产总额和负债情况并未因此而改变，有效地避免了现金流出。对于股东而言，虽然他们手中的股份数量有所增加，但在公司权益结构没有其他变动的前提下，他们在公司中的权益比重实际上保持不变。简而言之，股票股利是一种不会改变股东相对权益比例，同时避免现金流出的分红方式。

股票股利按照股东的持股比例进行分配，确保了股东的相对持股比例在分配后不发生变化。虽然股票股利不会直接提升股东的权益总额，但它对股东和公司都可能产生积极影响。股东如果遇到股票股利发放后股价没有同比例下降的情况，其投资回报实际上会增加。对于那些处于成长期的企业，如果企业未来的利润增长显著，通过股票股利的分配，可以中和因股份数量增加可能带来的不利影响，甚至有助于股价的稳定或提升。简而言之，股票股利是一种在不改变股东权益总额的前提下，可能为股东和企业带来正面效应的分红方式。

在大多数国家，股票股利不被视为应课税所得，因此股东可以避免支付个人所得税。对企业来说，股票股利不仅有助于保留现金，以便投资促进公司成长的项目，而且还可以帮助企业将股票的市场价格保持在期望的范围内。当企业业绩强劲，股价快速上升，可能使一些投资者因风险感知而减少交易时，企业通过股票股利的发放，可以增加市场上的股票供应，导致股价相应下调，这有利于股票的流通性。简而言之，股票股利是一种可以避免税务负担，同时帮助企业平衡股价和增加市场流动性的分红方式。

尽管股票股利不会减少公司的现金储备，也不会影响所有者权益的总和，但它通过增加流通股的数量，会导致所有者权益内部组成的变化，进而可能对公司的每股盈利和股票市场价格产生一定的效应。例如，某公司在宣布股票股利后，其股本的增加可能会导致每股收益的稀释，尽管公司的总盈利保持不变。然而，市场可能会将股票股利视为公司未来增长的积极信号，从而可能对股价产生正面影响。

[例 8-4] 某上市公司在 2023 年发放股票股利前，其资产负债表的股东权益见表 8-2。

表 8-2　发放股票股利前的股东权益　　　　　　　　　　（单位：万元）

项目	金额
普通股（面值 1 元，发行在外 2000 万股）	2000
资本公积	3000
盈余公积	2000
未分配利润	3000
股东权益合计	10000

假设该公司宣布发放 10% 的股票股利，现有股东每持有 10 股，即可获赠一股普通股。股票股利按照目前的股价 5 元/股计算。试计算发放股票股利后股东权益各项目的金额，并分析股票股利的发行对于股东持股比例有无影响。

若该股票市价为 5 元/股，那么随着股票股利的发放，需从"未分配利润"项目划转出的资金为

$$2000 \text{ 万股} \times 10\% \times 5 \text{ 元/股} = 1000 \text{ 万元}$$

由于股票面值（1 元）不变，发放 200 万股，"普通股"项目只是增加 200 万元，其余的 800 万元（1000 万元 - 200 万元）应作为股票溢价转至"资本公积"项目，而公司的股东权益总额并未发生改变，仍是 10000 万元。股票股利发放后资产负债表的股东权益见表 8-3。

表 8-3　发放股票股利后的股东权益　　　　　　　　　　（单位：万元）

项目	金额
普通股（面值 1 元，发行在外 2200 万股）	2200
资本公积	3800
盈余公积	2000
未分配利润	2000
股东权益合计	10000

假设一位股东派发股票股利之前持有公司普通股 10 万股，那么，他所拥有的股份比例为

$$10 \text{ 万股} \div 2000 \text{ 万股} = 0.5\%$$

派发股利之后，他所拥有的股票数量和股份比例分别为

$$10 \text{ 万股} \times (1 + 10\%) = 11 \text{ 万股}$$

$$11 \text{ 万股} \div 2200 \text{ 万股} = 0.5\%$$

由此可以看出，股票股利的分配不会对公司股东的权益总额造成影响，但它会促成股东权益各组成部分之间的资金重新配置。此外，股票股利的派发不会改变股东的持股比例。除了直接分配股份的股票股利，企业也可能通过配股方式向股东提供认股权证。虽然从定义上讲，配股是一种需要股东出资的增资活动，并不直接等同于股利，但如果企业股票的市场表现良好，股东可以通过出售这些认股权证来实现收益，实际上将认股权证转化为一种变相的股利。简而言之，股票股利及其相关形式，如认股权证，虽然在财务处理上有所不同，但都可能为股东带来经济上的收益。

（3）股票回购

股票回购是上市公司根据特定流程回收其在市场上流通的普通股的一种做法。在成熟的证券市场中，股票回购已成为一项至关重要的金融策略。这种做法能够降低公司流通股的数量，进而可能增加每股盈利，促使股价上升，让股东受益于股价的增长。尽管如此，回购股票需要消耗公司大量现金，并减少股本，这可能会对公司的未来发展造成制约。在金融体系较为完善的国家，股票回购都受到详细的法规约束。美国对股票回购的法规较为宽松，而英国、德国等则有更为严格的规定。从全球范围看，美国在股票回购方面表现较为突出。美国政府进一步放宽了股票回购的规则，以推动该业务的进一步发展。简而言之，股票回购是一种可以提升股东价值的金融手段，但同时也需要遵守相应的法规和考虑对公司资金的影响。

我国《公司法》规定，公司只有在以下四种情形下才能回购本公司的股份：①减少公司注册资本；②与持有本公司股份的其他公司合并；③将股份奖励给本公司职工；④股东因对股东大会做出合并、分立决议持有异议，要求公司收购其股份。公司因第①种情况收购本公司股份的，应当在收购之日起10日内注销；属于第②④种情况的，应当在6个月内转让或者注销。公司因奖励职工回购股份的，不得超过公司已发行股份总额的5%；用于回购的资金应当从公司的税后利润中支出；所收购的股份应当在一年内转让给职工。可见我国法规并不允许公司长期拥有库藏股。

股票回购方式主要有以下几种：

1）公开市场回购。公开市场回购是公司在股票市场上，以市场价格购买自身股票的一种方式，与市场上所有潜在买家处于同等地位。当公司股票表现不佳时，公司可能会选择这种方式来回购少量用于特定目的的股票。由于涉及交易费用和手续费，这种回购的成本通常较高。在美国，这种方式是进行股票回购的主流做法。简而言之，公开市场回购允许公司以市场价格回购股票，尽管成本较高，但提供了一种灵活的股份调整手段。

2）要约回购。要约回购也被称作公开招标收购股份，分为两种类型：固定价格要约和荷兰式拍卖要约。在固定价格要约中，公司在规定时间内以高于市价的固定价格回购特定数量的股份。而荷兰式拍卖要约则提供了在价格和股份数量上的调整空间。在荷兰式拍卖过程中，公司首先提出一个价格区间和希望回购的股份数量，股东随后在该区间内提出他们的出售意愿和数量，公司根据收到的投标情况来最终确定回购价格，并完成股份回购。简而言之，要约回购是一种公司通过公开市场以外的途径，以特定条件回购股份的方法，荷兰式拍卖要约在其中具有更多的灵活性。

3）协议回购。协议回购涉及公司与部分主要股东之间的私下交易，以双方商定的价格回购股份,这个价格往往低于公开市场上的股票价格。由于这种回购不向所有股东开放,如果协议价格设置不当,可能会侵犯未参与回购的股东的权益。简而言之,协议回购是一种直接与特定股东进行的股票回购方式,需要谨慎定价以保护所有股东的利益。

(4) 股票分割

股票分割又叫股票拆细,股票拆细涉及将一股面值较大的股票拆分成多股面值较小的股票,例如,将一股价值10元的股票拆分为10股每股价值1元的股票。这一过程虽然增加了流通股的数量和降低了每股的面值,但不会改变股东权益的总体数额、各权益项目的具体金额和它们之间的比例。与股票股利相比,虽然两者都不会影响股东权益的总和,但股票股利会增加股本总额并减少留存收益,而股票分割则保持股本和留存收益不变,仅仅降低每股的面值。股票分割可能会导致股价下降,而股票股利对股价的影响则取决于其发放的规模。尽管股票分割的初衷可能是降低股价,但这也可能在某些情况下为股东带来利益,比如提升股票的市场吸引力和流动性。

以下举例说明某企业再股票分割前后公司股东权益变化情况。

[例 8-5] 某公司股票分割前和股票分割后的所有者权益见表 8-4 和表 8-5。

表 8-4 股票分割前所有者权益 （单位：万元）

普通股（面值2元,发行在外500万股）	1000
资本公积	40
盈余公积	20
未分配利润	1500
股东权益合计	2560

表 8-5 股票分割后所有者权益 （单位：万元）

普通股（面值1元,发行在外1000万股）	1000
资本公积	40
盈余公积	20
未分配利润	1500
股东权益合计	2560

假定公司本年净利润为1000000元,那么股票分割前的每股收益为0.2元,假定股票分割后公司净利润不变,则分割后每股收益为0.1元。如果市盈率不变,则每股市价也会因此下降。

通常情况下,股票分割是发展中的公司所采取的策略,对于企业而言,股票分割的主要目标是通过提高股票总量来降低每股价格,以此吸引更多投资者。因此,一旦宣布股票分割,往往能迅速给人留下公司正在快速成长的印象,这可能会在短期内提升股价。从纯粹的经济角度分析,股票分割与股票股利实质上并无区别。

尽管股票分割和股票股利都能达到降低股票价格的效果，但通常情况下，当公司股价急剧上升且预计难以回落时，才会选择进行股票分割来降低股价；相对地，在股价上涨幅度较小的情况下，更倾向于通过派发股票股利来保持股价在一个理想的水平。

4. 股利的支付流程

股份有限公司通常每年或每半年向其股东分配一次红利，红利的发放过程包括股利宣布日、股东登记日、除权除息日和红利支付日等几个关键步骤。鉴于股票交易的自由性，股东身份可能会频繁变动，因此，确定哪些人有权领取红利，需要设定一些明确的日期界限。

（1）股利宣告日

股利宣告日是指董事会对外宣布股利发放详情的日期。在详情公告中，应明确每股分配的红利金额、股东登记的截止期限、除息日及红利的支付日期。

（2）股权登记日

股权登记日是指股东有权获得股利的最后注册日期。只有在股权登记日当天或之前（包括当天交易结束时）持有公司股票的股东，才有资格领取股利。在登记日交易结束前的股票被视作含权股。

（3）股权除息日

股权除息日是指股利与股票分离的日期，也被称作除权日。在除息日之前持有股票的股东拥有领取股利的权利；而从除息日开始，股利权与股票分离，新购入股票的投资者将无法获得股利。从这一天开始，公司的股票交易将被视为除权交易，股票被称为无息股或除权股。因此，股权除息日紧随股权登记日之后。如果股权登记日恰逢周五或节假日前的最后一个交易日，除权日将推迟至下周一或节假日结束后的第一个交易日。

（4）股利发放日

股利发放日是指公司正式向其股东支付股利的日期。

8.4.2 股份制施工企业的股利政策

股份制施工企业与非股份制施工企业在利润分配的流程上大体相似，主要区别在于利润分配的最终阶段，企业的所有者由非股份制的投资者转变为股份制的股东。这一变化涉及股利分配的策略、支付方式及支付流程等方面的问题。

股利政策的选择与评价

1. 股利政策的含义

股利政策在企业理财决策中占有重要的位置，它是指股份制企业管理当局对股利分配有关事项制定的方针和决策。因为股份制企业的税后利润，在弥补以前年度亏损、提取法定盈余公积金和分派优先股股利后，可以留存企业，也可以用来对股东分红。在企业利润有限的情况下，如何解决好留存与分红的比例，是正确处理短期利益与长远利益、企业与股东利益的关键。它对企业财务管理顺利开展具有重要的意义。

第一，股利政策在一定程度上决定企业的对外再筹资能力。例如，企业多分配或少分配股利，能直接影响企业留存收益，影响企业积累资金。在利润一定的条件下，增加留利比例，实质上就是增加企业的筹资量。从这一角度看，股利政策可以说就是再筹资政策。又如股利分配得当，能够吸引投资者和潜在投资者并增强对企业的投资信心，从而为企业再筹资创造条件。

第二，股利政策在一定程度上决定企业市场价值的大小。股利政策的连续性，反映了企业施工经营的持续稳定发展。因此，如何确定较佳的股利分配模式，并保持一定程度的连续性，有利于提高企业的财务形象，从而提高企业股票的价格和企业的市场价值。

2. 制约股利政策的因素

股份制企业的股利分配具有一定的灵活性，既可以选择增加股利的发放，也可以减少或完全不发放股利；股利的支付可以是现金形式，也可以是非现金形式，如股票股利。虽然股利政策和形式的决策权在企业管理层手中，但实际上管理层在制定这些政策时会受到一定的限制。这些限制主要来自于客观环境，包括但不限于法律、经济状况等因素。企业管理层在制定股利政策时，必须考虑以下几个主要的制约因素：

（1）**法律和监管要求**

不同国家和地区对股利的发放有着不同的法律和监管规定，这些规定可能会限制管理层的决策空间。

1）资本金保全约束是企业在进行财务管理时必须遵守的一个基本原则。这项原则的核心要求是，企业在分配股利时，不能动用其股本或资本公积金作为股利的来源。企业发放股利的资金来源应当严格限定于当年度实现的利润及之前年度累积的未分配利润。这样的规定旨在确保企业的资本基础保持稳定，避免因过度分配股利而削弱企业的资本结构和财务安全。这有助于维护企业的长期发展能力和市场信誉，同时也保护了股东的利益。

2）资本充实原则是企业财务管理中的一项重要约束，它强调企业在分配利润时必须确保资本的充足性和稳定性。

3）超额积累利润限制是一种法律或税务措施，旨在防止企业通过过度积累利润来帮助股东规避所得税。

（2）**公司的财务状况**

公司的盈利能力、现金流状况及资本结构等都会影响股利的分配决策。

（3）**股东的期望和偏好**

股东对股利的期望可能会影响管理层的决策，特别是对于寻求长期股东支持的公司。股东可能有以下几种期望和偏好：

1）为维护控制权，股东可能不希望公司大量派发股利。股东权益由注册资本、资本公积金和未分配利润组成。大量分红会导致未分配利润减少，从而可能迫使公司未来通过增资或发行新股份来筹集资金。这种做法可能会稀释原有股东的股权，增加控制权被其他个人或企业取得的风险。因此，如果现有股东无法提供额外资金以避免股权被稀释，他们更倾向于公司保留利润，不进行股利分配。

2）一些依赖股利作为生活来源的股东，倾向于要求公司提供持续稳定的股利支付。他们通常认为现有的股利收入是可靠和无风险的，而通过保留利润以期股价上升带来的资本增值则是不稳定和充满风险的。因此，如果公司计划保留较大比例的利润，可能会遭到这部分股东的反对。

3）出于减少税负的目的，一些股东可能会要求限制公司的股利分配。由于股利收入通常面临较高的税率，而资本利得的税率相对较低，这些股东可能会更倾向于公司保留更多的利润，从而通过股价上涨来实现资本增值，以期获得更高的税后收益。这种做法可以让他们享受到股价上涨带来的资本利得，同时避免因高额股利收入而支付更多的税款。

（4）公司的投资需求

公司未来的扩张计划和资本支出需求可能会影响股利的分配，因为管理层可能需要保留更多的资金用于再投资。

1）企业的资产流动性是决定其股利分配能力的关键因素之一。如果企业拥有高流动性资产和强大的变现能力，以及充足的现金储备，那么它在支付股利方面的能力也相对较强。相反，如果企业的资产流动性不足，难以迅速变现，且现金持有量较低，导致偿还到期债务的能力受限，那么企业就不应该大量分配现金股利。这样做可能会损害企业的偿债能力，甚至导致企业面临财务危机。值得注意的是，施工企业的资产流动性与其所处的建筑市场和工程任务量紧密相关。在建筑市场繁荣、工程任务持续增长的情况下，企业的资产流动性往往会得到改善，这也表明市场环境对企业股利政策有直接的影响。

2）企业的股利分配策略对它的资金筹集能力和现金流量净额产生直接影响。通过保留更多的利润并减少股利的分配，企业可以利用内部资金进行融资，这种方式与通过发行债券或向银行贷款相比，具有操作简便和资金稳定的优势。此外，利用留存利润进行筹资还能在不增加企业负债的前提下，提升企业的现金流量净额。因此，从财务管理的角度来看，最大限度地利用留存利润作为筹资手段是一种理想的策略。

通过保留利润来筹资，不仅可以提升企业的盈利水平，还能增强企业的资本实力，从而降低其资产负债率。这种做法有利于提高企业在资本市场上的吸引力，对外部投资者和债权人来说更具吸引力。然而，如果企业过度留存利润而减少股利分配，可能会使追求短期回报的投资者感到不满，因为他们无法及时获得期望的收益，这可能会导致公司股价下跌，影响企业未来增发新股的能力，进而对企业的外部融资活动产生不利影响。

如果企业在面临较高的财务杠杆、较弱的筹资能力和紧张的现金流情况下，依然选择过度分配股利，可能会损害其偿还债务的能力，引发资金链的紧张，进而增加财务风险。这种不顾债务风险的股利分配行为，可能会导致企业陷入财务困境，影响其长期的运营和发展。

3）企业在向股东分配股利后，所保留的收益是支持其未来发展的关键资金来源。如果股利分配的比例过高，留存收益相应减少，将直接影响企业扩大施工和经营活动的资金量，对于有良好发展前景的企业来说，这是不利的。因此，当建筑市场繁荣，企业正处于成长阶段，并且拥有优质的投资机会时，企业应考虑降低股利分配比例，将更多的净利润留在企业内部，用于再投资，以促进企业的快速发展，并为股东创造更多的回报。这种做法是股利分配合理化的表现，通常能够得到大多数股东的理解和支持。相反，如果建筑市场低迷，企业缺乏有吸引力的投资机会，那么企业可以考虑增加股利分配，以满足股东的现金需求。

3. 股利政策的选择和评价

企业在实际财务管理过程中，综合考虑了上述制约因素后，就可制定适合自己企业的股利政策。在实务中采用的股利政策，主要有以下几种：

（1）提留积累以后分配的股利政策

提留积累以后分配的股利政策是指企业较多地考虑将净利润用于增加积累，只有当增加留存收益达到企业预定的目标资金结构，才将剩余的利润用于股东的分红。这种股利政策主要考虑未来的投资机会及其资金筹集的影响。

采用提留积累以后分配的股利政策，其基本步骤为：首先，确定企业目标资金结构，即资本（自有资金）与全部资金的比率；其次，进一步确定达到目标资金结构需要增加的自有资金；再次，最大限度地用留存利润来满足施工经营所需自有资金的数额；最后，将满足自有资金后剩余的利润，用于股利的分派。

综上可知，这种股利政策，是将股利作为新的投资机会的变量，只要存在有利的投资机会，就应首先考虑其资金需要，然后才考虑剩余利润的分红。这种政策能促使企业盈利水平不断提高。但是采用这种政策，企业首先要有一个基本合理的资金结构，并有较高的盈利水平。如果企业盈利水平低，净利润很少，是不宜采用该政策的。因为任何一个企业都不可能不考虑股东股利的分派，不能只顾企业长远发展而忽视股东近期收益。否则，是得不到众多短线股东的支持的。

（2）稳定或稳定增长的股利政策

稳定或稳定增长的股利政策，是指企业将每年分配的股利，固定在一定水平上，并基本保持不变。如果确定企业未来收益可以维持较高水平，也可增加每股分配的股利。采用这种股利政策，是基于以下理由：

首先，稳定的股利向市场传递着企业正常发展的信息，有利于企业树立良好形象，增强投资者对企业投资的信心，稳定股票的价格。

其次，稳定的股利有利于投资者安排股利收入和支出，特别是对股利有着较高依赖性的投资者。同时，它也比较符合稳健型投资者的投资要求。一个有稳定的分配记录，而且股利呈逐步增长的企业，必然也会受到保险公司、投资基金等投资者的青睐。

第三，企业在稳定股利的基础上逐步有所增长，可以使投资者认为该股票是成长股，从而有利于提高企业价值。

稳定或稳定增长的股利政策的主要缺点是：当企业盈利水平下降时，仍要保持原有股利分配水平，便会成为企业的一项财务负担。因为股利分配没有与当年盈利水平挂钩，当企业经营处于微利或亏损时，仍要按既定的股利进行分配，就会造成现金短缺，财务状况恶化，不利于企业的发展。因此，这种股利政策一般只能在建筑市场繁荣、企业趋于成长期时采用。

（3）固定分配比率的股利政策

企业实施固定股利支付比率政策，即每年依据一个不变的比率，将一部分净利润作为股利分配给股东。由于企业的利润水平可能会在不同年份出现波动，因此每年的股利金额也会随之变化。这种政策确保了股利与企业盈利之间保持一定的比例，反映了风险投资与相应风险回报的平衡，有助于企业在盈利较低或亏损的年份避免因股利支付而面临财务压力。

固定分配比率股利政策的缺点是：它可能使企业股票不受投资者的欢迎，引起股票市场价格下跌，导致投资者对企业成长缺乏信心。因为不论长线投资者还是短线投资者，他们都关心股利的分配，尽管从长期来看，按这种股利政策所获得的股利总和，不一定低于按稳定股利政策所得股利的总和，但因每年股利波动不定，无法保证投资保值增值的投资目标，也会直接影响长线投资者对企业股利寄予的期望。对企业短线投资者来说，在这一政策下，他们很难获得股利的保证，也会敬而远之。因此，采用这种股利政策，往往要以丧失投资者的信心为代价。

（4）正常股利加额外股利的股利政策

正常股利加额外股利的股利政策，是指企业将每年分配的股利，固定在一个较低的水平，这个较低水平的股利，叫作正常股利。然而，企业可根据当年盈利状况向投资者额外增发一定金额的股利。这种股利政策，赋予企业分配股利方面充分的弹性，当企业盈利状况不好时，可以不发额外股利，以减轻企业的财务负担；而当企业盈利水平较高时，可向投资者分配额外股利，因此灵活性较大。即使企业当年盈利状况不好时分配正常股利，也因正常股利在预先确定时就已考虑到企业财务安排上的各种不利因素，已将股利水平定得较低，不会使企业无法负担。这种审慎原则为基础的股利政策，受到不少企业的欢迎，也使投资者能获得一定最低数额的股利的保证，从而受到投资者的认同，同时会使企业股票价格保持在一定的水平。

固定股利支付比率策略的确存在一些缺陷，特别是在企业盈利微薄或出现亏损的情况下，根据这一策略，企业仍需按常规比例分配股利。虽然分配的股利金额可能不大，不至于直接导致企业陷入财务危机，但股利支付本身会减少企业的现金储备，对于资金链已经紧张的企业而言，这无疑加剧了其财务压力。

股份制企业在实践中通常会有多种股利分配策略可供选择。企业在制定自身的股利政策时，应根据自身的具体情况和需求，选择实施最适合的策略。这种灵活的策略选择有助于企业更好地适应市场变化，满足股东期望，同时确保企业的长期稳定发展。

复习思考题

1. 施工企业的利润总额由哪些部分组成？它们是怎样确定的？
2. 工程目标利润管理的含义及其制定的基本要求和程序是什么？
3. 施工企业主营业务利润通常可采用哪几种方法进行预测？
4. 按照现行施工企业财务制度的规定，企业实现的利润应按怎样的程序进行分配？
5. 股份制施工企业在股利分配时，为什么要制定股利分配政策？股利分配政策受哪些因素制约？各股利分配政策有哪些优缺点？
6. 股票股利的优缺点各有哪些？

习 题

1. 某施工企业在测算计划年度主营业务利润时，有以下各项数据：
（1）计划年度施工产值为 12000000 元。
（2）计划年初在建工程产值为 1025000 元。

（3）计划年末在建工程产值为 2025000 元。

（4）建造合同收入的税费费率为 1.3%。

（5）预算年度变动费用在工程造价中的比重为 70%。

（6）预算年度固定费用总额为 2000000 元。

根据以上数据，测算该施工企业预算年度工程结算利润。

2. 某上市公司在 2024 年年末资产负债表上的股东权益部分情况见表 8-6 所示。

表 8-6　股东权益部分情况　　　　　　　　　　（单位：万元）

普通股（面值 10 元，发行在外 1000 万股）	10000
资本公积	10000
盈余公积	5000
未分配利润	8000
股东权益合计	33000

（1）假设股票市价为 20 元/股，该公司宣布发放 10% 的股票股利，即现有股东每持有 10 股即可获赠 1 股普通股。发放股票股利后，股东权益有何变化？每股净资产是多少？

（2）假设该公司按照 1∶2 的比例进行股票分割。股票分割后，股东权益有何变化？每股净资产是多少？

第 8 章练习题
扫码进入小程序，完成答题即可获取答案

第9章

施工企业财务分析

学习目标

- 了解财务分析的定义、重要性、用途及方法
- 了解财务报表构成,理解财务分析基础
- 能够正确运用财务能力分析方法对施工企业财务状况进行分析

9.1 财务分析概述

财务分析的起源与财务报表的产生几乎是同步的,从企业财务报表披露以来,各方财务报告使用者基于自身需求不断对财务报告中的有用信息进行分析和解答,从最早期的信用分析、投资分析演进推广到后来的内部分析,财务分析这门学科正随着时代的经济发展需求不断进步。站在不同时代、不同视角,面对不同需求的财务报告使用者时,财务状况的分析往往是仁者见仁、智者见智的。因此,财务分析不仅要为财务报告使用者提供数据分析的结果,而且还要建立科学的分析和评价体系,使各方投资者可以通过对财务报表分析洞悉企业财务数字背后所反映的经营状况,建立科学的体系来评价企业的偿债能力、盈利能力、运营能力、成长能力及综合能力等,能够通过财务报表分析,帮助对企业的经营战略制定与实施、经营管理质量、行业竞争力、风险与价值等诸多方面进行深入判断,并对企业的发展前景进行有效预测。

9.1.1 财务分析的定义与重要性

1. 财务分析定义

财务分析是指以会计核算和报表材料及其他相关资料为依据,采用一系列专门的分析技术和方法,对企业的财务状况和经营成果进行评价和剖析,为企业利益相关者了解企业过去、评价企业现状、预测企业未来、做出决策提供帮助。

财务分析定义

2. 财务分析的重要性

财务分析的重要性主要体现在以下几个方面:

(1) 正确评价企业的经营业绩

财务分析通过对企业财务报告等资料的分析，可以较为准确地说明企业过去的业绩状况。良好的经营业绩反映出企业的资产管理水平高，偿债能力和股利支付能力强。对企业经营业绩的评价主要是通过实际数与预算数或历史资料的对比对企业的偿债能力、资产管理能力和盈利能力进行分析。这不仅有助于企业经营者客观了解企业的经营状况，而且还可为企业投资者和债权人的决策提供有用的信息，揭示财务活动存在的问题。对企业经营业绩的评价不但是对过去的总结，也是为未来发展打下基础。

(2) 揭示企业财务状况产生的原因

企业的财务状况和经营成果受到多种因素的影响。这种影响可能是由于收入方面的原因，也可能是由于成本费用方面的原因，还有可能是由于资产结构不合理或者是会计方法改变等原因形成的。只有对财务状况产生的原因进行客观分析，才能总结财务管理方面的经验，找出经营管理中存在的问题，并在新的预算年度采取相应的对策。

(3) 预测企业的发展趋势

要实现财务管理目标，企业不仅要客观地评价过去，而且要科学地预测未来。企业要在历史资料的基础上进行财务预测，并在财务预测的基础上进行财务决策和编制全面预算。财务分析结果是企业进行财务预测、编制全面预算的重要依据。如果没有对财务资料的分析利用，就会使企业的预测缺乏客观依据，不能通过有效的管理手段和方法实现预期的管理目标。通过各种财务分析，可以判断企业的发展趋势，预测其生产经营的前景及偿债能力，从而为企业领导层进行生产经营决策，为投资者进行投资决策和债权人进行信贷决策提供重要的依据，避免因决策失误给企业带来重大的损失。

总的来说，财务分析在企业的经营发展中有着积极的作用，可以帮助企业更好地理解自身的财务状况和经营业绩，发现运营中的风险和问题，并制定相应的解决方案，提高企业的运营水平和经营效益。

9.1.2 财务分析的用途

财务信息的使用者主要有投资者、债权人、企业经营者、政府经济管理机构及其他利益相关者，不同的财务信息使用者关注的财务信息是有所区别的，通过财务分析，能够精准地将报表中的信息提炼出来，为各方决策提供有效的参考。

1. 从企业投资者角度

企业的投资者包括企业的所有者和潜在投资者，他们对投资的回报有强烈的要求，在财务分析时必然高度关心企业的盈利能力及其资本的保值增值。但拥有控股权的投资者和一般投资者，他们的分析内容也不完全相同。拥有控股权的投资者侧重分析企业在建筑市场的竞争实力，追求企业的持续发展。对一般投资者来说，则侧重分析企业短期的盈利能力，能否提高企业分配的利润或股利，追求当年利润及股利的分配和企业股票的市场价值。

2. 从企业债权人角度

债权人在进行财务分析时，首先关注其贷款的安全性。从债权人角度进行财务分析的主要目的有：①评价企业是否能及时、足额偿还借款及其利息，即研究企业偿债能力的大小；

②评价债权人的收益状况与风险程度是否相适应。但短期债权人和长期债权人对财务分析的要求也不相同。短期债权人，特别关注企业资产的流动性，在短期内能否将流动资产变现用以偿还流动负债。长期债权人，特别重视企业资金结构和盈利能力，关注企业资本实力，以及长期负债所形成的长期资产能否有效地发生作用，增强企业的盈利能力，以保证长期债务本息的偿还。

3. 从企业经营者角度

企业作为自主经营、自负盈亏的独立法人，其施工经营财务管理的基本动机是追求企业价值最大化，因而必然要对企业经营财务成本的各个方面，包括营运能力、盈利能力、偿债能力、成长能力等予以详尽的分析和评价，以便及时发现问题，采取对策，规划和调整市场定位目标，消除影响企业经营效益增长的不利因素，进一步挖掘潜力，降低工程和产品成本，为经济效益的增长奠定基础。

4. 从政府经济管理机构角度

政府经济管理机构分析、评价企业财务状况的目的是，不仅要了解企业占用资金的使用效率，预测财政收入的增长情况，有效组织和优化社会资金、资源配置；还要借助财务分析，检查企业是否有违法乱纪行为，以保证社会主义经济基础的稳固。

5. 其他

与企业经营有关的其他企业单位主要是指供应商、客户等，这些企业单位出于保护自身利益的需要也非常关心有业务往来企业的财务状况及其相关财务指标。

综上可知，不同利益主体对企业财务分析虽各有不同的侧重点，但就企业总体来说，财务分析的内容，可归纳为四个方面，即偿债能力分析、营运能力分析、盈利能力分析和成长能力分析。

9.1.3 财务分析的方法

财务分析是借助特定方法进行的过程，其核心方法主要分为定性分析与定量分析。定性分析侧重于主观判断，对财务状况及经营结果进行非量化分析；定量分析则侧重量化分析，就是通过财务数据进行客观分析。在财务分析实践中，定量分析法占据主导地位，包括比较分析法、比率分析法和因素分析法等。

1. 比较分析法

比较分析法，又称对比分析法，是财务分析中的基础方法。它通过对比两个或两个以上的可比财务数据，揭示其中的差异和潜在矛盾。该分析法主要包括趋势分析法和横向比较法。

（1）趋势分析法

企业的财务状况及经营成果随时间而变化，这些变化通过同一指标在不同时间点的表现出来。趋势分析法主要通过对比同一指标在不同时间点的数据来评估其变化趋势和发展前景。它主要用于分析经济指标是否达到预期预算，或与历史同期数据相比的增减情况。例如，分析企业历年利润总额的变动趋势，可以预测企业盈利能力的增长潜力。在实际应用中，趋势分析法需要收集多年度的财务数据，并选择一个基期，与其他年度的数据进行比较，从而揭示该经济指标的发展趋势。

（2）横向比较法

横向比较法侧重于将企业与同行业平均水平或特定竞争对手的财务数据进行对比。这种方法有助于分析企业在行业中的竞争地位和市场份额。在运用横向比较法时，选择合适的对比对象至关重要。通常，选择与企业规模、经营策略相似的企业或行业中的主要竞争对手作为对比标准，能够提高分析的可比性和准确性。

在应用比较分析法时，应注意确保合理选择比较基础，并确保所比较数据的可比性。无论是采用趋势分析法还是横向比较法，都需要注意财务数据之间的可比性，以避免因企业经营环境、规模变化等因素导致的判断失误。

2. 比率分析法

比率分析法是一种深度解析企业财务状况的工具，它通过对比企业同一时期财务报表中的关键项目，形成一系列财务比率。这些财务比率大致分为三类：构成比率、效率比率和相关比率，各自从不同角度揭示了企业的财务状况。

（1）构成比率

构成比率（或称为结构比率）是财务报表分析中一种重要的财务指标，它主要关注的是企业各项经济指标内部各组成部分与整体之间的相互关系。这种比率揭示了企业财务状况的内在结构和特点，为企业决策者、投资者及债权人提供了深入了解企业运营状况和风险状况的重要依据。比如，流动资产与资产总额的比率，即流动资产占比，反映了企业资产的流动性。通过计算流动资产（包括现金、应收账款、存货等易于转换为现金的资产）与总资产（包括流动资产和非流动资产，如固定资产、长期投资、无形资产等）之间的比例，可以看出企业资产中有多少是易于变现的，从而评估企业在短期内偿还债务的能力及应对经营风险的能力。同样，流动负债与负债总额的比率则是衡量企业债务结构的重要指标。流动负债包括短期借款、应付账款、应付工资等一年内需要偿还的债务，而负债总额则包括了长期负债和短期负债的总和。通过计算流动负债与负债总额的比例，可以了解企业债务中短期债务所占的比重，进而判断企业短期内面临的偿债压力大小及财务稳定性如何。

（2）效率比率

效率比率是财务分析中一个核心概念，它直观地揭示了企业在一定时期内投入资源与产生经济效益之间的关系。这个比率的核心目标是通过量化公式，将企业的收入、成本或资产与所产生的利润相比较，从而清晰地展示出每一单位投入能够带来多少倍的产出，或者说是经济效益。例如，资产报酬率（ROA），也称资产收益率，是企业的净利润与总资产的比值。这个指标越高，说明企业在其资产运用方面的效率越高，相同数量的资产能够产生更多的收益，反之，则表示资产使用效果不佳，可能需要调整资产结构或改善经营管理水平。销售净利率则是企业净利润与销售收入之间的比率，它反映了企业在销售过程中的盈利能力。若销售净利率较高，意味着企业销售收入中转化为利润的比例大，企业经营效益良好；反之，则表明企业在扩大销售规模的同时，需要关注成本管控和价格策略的合理性，以提高盈利水平。综上所述，效率比率不仅有助于投资者和债权人评估企业的财务状况和经营成果，还可以作为企业管理者改进管理方式、优化资源配置、提升经济效益的重要依据。

(3) 相关比率

相关比率是指两个或多个关键项目之间的相互关系及其所呈现的比值。流动比率和速动比率是这种关系的典型应用，它们分别揭示了企业短期资产与短期负债之间的对比情况，提供了关于企业短期偿债能力的宝贵洞察。流动比率通过计算流动资产与流动负债的比值，帮助投资者判断企业短期内能否有效应对各种到期债务；而速动比率则进一步剔除存货等流动性相对较差的资产，更准确地反映企业快速变现能力。通过对这些相关比率的计算和分析，管理者和投资者可以系统地梳理企业各项经济活动之间的内在联系，不仅能看到企业当前的财务状况，还能预测未来的发展趋势，从而做出更明智的战略决策。比如，较高的流动比率和速动比率通常意味着企业具备较强的短期偿债能力，而合理的结构比率可以反映出企业稳健的财务管理能力和良好的风险控制能力。

比率分析法作为一种重要的财务管理工具，它为企业提供了一个全面、系统的分析框架，帮助企业深入剖析其财务数据，从而更全面、更精确地把握自身的财务状况和经营效果。通过运用比率分析法，企业可以计算出各种财务指标，如流动比率、速动比率、资产负债率、毛利率、净利率等，这些指标不仅能够反映企业的偿债能力、营运能力、盈利能力，还能揭示出企业的成长趋势和发展潜力。

3. 因素分析法

因素分析法在企业的财务管理中扮演着至关重要的角色，因为企业的财务状况和经营成果往往受到多方面因素的影响。当企业的某一经济指标实际数与预算数或历史数据产生差异时，就需要运用因素分析法来找出造成这种差异的原因。以下介绍几种主要的分析方法：

（1）连环代替法

连环代替法是一种用来分析某一指标完成情况受哪些因素影响及其影响程度的方法。由于企业的各项指标通常受多个因素综合影响，这些因素中有积极的也有消极的，而每个因素的影响程度也有主次之分。通过因素分析，企业可以深入了解每个因素对指标的影响程度，从而找出具体原因并采取相应措施。

（2）差额分析法

如果指标金额的变动是由多个因素的增减额造成的，此时可以使用差额分析法来计算每个因素的增减额，进而确定它们对指标的影响程度。例如，在分析固定资产净值的增减原因时，可以通过计算固定资产原值和累计折旧的增减额来揭示它们对固定资产净值的影响。

（3）指标分解法

指标分解法是一种通过财务指标之间的内在联系来逐一分解指标，进而揭示指标形成前因后果的分析方法。施工企业的财务指标通常受到施工、经营、管理等多方面因素的影响，这些因素之间是相互联系、相互制约的。例如，利润总额的增加与已完工程数量、工程预算造价、工程成本等多个因素密切相关。企业在进行指标分析时，需要将这些相互关联的因素进行分类、排列，并确定它们之间的因果关系，以便找出主要矛盾并提出改进措施。

通过应用上述因素分析法，企业可以更准确地把握影响财务状况和经营成果的关键因素，从而制订更为有效的经营战略和计划。

9.2 财务分析的基础

财务分析的核心在于深入剖析企业的财务状况，这一过程以企业的会计核算资料为基石。通过对会计数据进行精细整理，可以提取出一系列科学、系统的财务指标，这些指标是后续比较、分析和评价企业财务健康与业务表现的关键依据。

会计核算资料主要包括企业日常运营的核算数据和定期编制的财务报告。尽管日常核算数据为财务分析提供了丰富的信息，但财务报告因其综合性和标准化，成为财务分析的主要依据。财务报告是企业向其利益相关者，如政府部门、投资者和债权人等，披露其一定时期内财务状况、经营成果、现金流量及对企业未来发展具有重要影响的经济事项的正式文件。

财务报告的主要目标是向使用者提供可靠的财务信息，支持他们进行深入的财务分析，进而为经济决策提供有力依据。企业的财务报告通常包括资产负债表、利润表、现金流量表、所有者权益（或股东权益）变动表、财务报表附注及其他解释和说明企业重要事项的文字材料。

这些财务报表及附注全面反映了企业的财务健康状况、经营成果和现金流状况等关键信息。通过对这些报表进行细致分析，可以更加系统地把握企业的偿债能力、营运能力、盈利能力及成长能力等关键财务指标，为企业的持续运营和未来发展提供重要参考。

根据我国《企业会计准则》，财务报表的格式因企业类型（如一般企业、商业银行、保险公司、证券公司等）的不同而有所差异。下面重点介绍一般企业的三张核心财务报表，即资产负债表、利润表和现金流量表。

9.2.1 资产负债表

资产负债表是企业在某一特定时间点（如月末、季末或年末）财务状况的静态展现。它详细列出了企业在该时点所拥有的资产、所承担的债务及股东权益的存量情况，全面揭示了企业的财务状况。正因为反映的是企业在某个确切时间点的财务状况，所以它又被称为财务状况表。资产负债表可以视作企业财务状况的一张快照，展示了在报表编制日那一刻企业的财务结构。

1. 资产负债表三大会计要素的概念及特征

（1）资产

资产是指企业因过去的交易或事项而形成的，由企业拥有或控制的，预期会给企业带来未来经济利益的资源。资产具有以下基本特征：

1）基于过去的交易或事项。资产的形成必须与企业过去的交易或事项相关。这些交易或事项可以是购买、生产、接受捐赠等，它们导致了企业资源的增加。

2）企业拥有或控制。资产必须是企业所拥有或能够控制的资源。拥有通常意味着资产的所有权归企业所有；而控制则意味着企业虽然没有所有权，但能够实际支配和使用这些资源。

3）预期经济利益流入。资产预期能够为企业带来未来的经济利益。这种经济利益可以是直接的现金流入，也可以是因资源的使用而带来的间接收益，如提高生产效率、降低成本等。

4）可计量性。资产的价值必须以货币形式进行可靠计量。这意味着资产的价值必须能够用货币单位来表示，并且这一价值是可靠的、可验证的。

根据资产的变现能力（即流动性），资产通常被分为流动资产和非流动资产两大类。流动资产包括现金、应收账款、存货等，能够在短期内变现或耗用；非流动资产则包括长期投资、固定资产、无形资产等，通常需要较长时间才能转化为现金或其他流动资产。

（2）负债

负债是指企业因过去的交易或事项而形成的，当前尚待履行，预计将导致经济利益从企业流出的义务。负债具有以下基本特征：

1）基于过去的交易或事项。负债的形成同样必须与企业过去的交易或事项相关。这些交易或事项导致了企业义务的产生。

2）经济利益流出。负债意味着企业未来需要向债权人支付一定的金额或提供服务等，这会导致经济利益从企业流出。

3）可计量性。负债的金额必须能够以货币形式进行可靠计量。这意味着负债的价值是明确的、可量化的。

在实务中，企业通常需要根据谨慎性原则，将那些很有可能发生且金额能够可靠计量的经济义务确认为预计负债，并在财务报表的负债部分予以列示。根据偿还期限的长短，负债被分为流动负债和非流动负债两大类。流动负债通常需要在一年及以内偿还，而非流动负债的偿还期限则超过一年。这种分类有助于企业更好地管理和控制其负债结构，优化资金运作。

（3）所有者权益

所有者权益，也称股东权益或净资产，是指企业资产扣除负债后由所有者享有的剩余权益。它代表了投资者对企业净资产的所有权。所有者权益的来源包括所有者投入的资本、直接计入所有者权益的利得和损失、留存收益等。

所有者权益具有以下基本特征：

1）剩余权益。所有者权益是企业资产减去负债后的剩余部分，代表了投资者对企业净资产的所有权。

2）无固定偿还期限和偿还金额。与负债不同，所有者权益没有固定的偿还期限和金额，它取决于企业的盈利情况和经营决策。

3）享有企业利润分配权。作为企业的所有者，投资者有权按照其持股比例参与企业利润的分配。

4）承担经营风险。所有者权益是企业经营风险的最终承担者，当企业发生亏损时，所有者权益将首先受到影响。

2. 资产负债表的基本结构

现行的资产负债表是根据"资产=负债+所有者权益"的原理编制的账户式报表。现行的资产负债表在项目的编排上，资产是按照流动性的强弱次序排列的，负债是按照偿还期限的长短列示的。

资产负债表的主要内容包括表头、表身和补充材料，表头部分包含了关于报表的基本信息，如编报企业的全称、报表的名称（即"资产负债表"）、报表所反映的具体日期（这通常是编制报表时的财务截止日期）、金额的单位（如"元"或"万元"）及使用的货币类型（如"人民币"或"美元"等）。这些信息有助于读者明确报表的时间范围和货币计量标准。表身为资产负债表基本内容，是资产负债表的核心部分，它详细列示了企业的资产、负债和所有者权益情况。

资产部分按照其流动性从高到低进行排列，首先展示的是流动资产，如现金及现金等价物、应收账款、存货等；然后是非流动资产，如固定资产、长期投资、无形资产等。负债部分则按照其到期日的远近进行排列，先是流动负债，如短期借款、应付账款、应交税费等；然后是非流动负债，如长期借款、应付债券等。所有者权益部分反映了企业的净资产状况，包括股本、资本公积、盈余公积及未分配利润等。最后列示补充资料，这部分内容主要在报表附注中列示，它补充或解释了基本内容中未能详尽说明的信息。例如，可能包括重要的会计政策变更、资产或负债的公允价值估计、关联方交易等。这些补充资料对于理解企业的财务状况和经营成果至关重要。

为了便于分析者比较不同时点资产负债表的数据，资产负债表还将各项目再分为"年末数"和"年初数"两栏分别填列。

施工企业资产负债表的基本格式见表 9-1。

表 9-1　资产负债表

编制单位：TJ 股份有限公司　　　　　20××年××月××日　　　　　（单位：亿元）

资产	年末数	年初数	负债和股东权益	年末数	年初数
流动资产			流动负债		
货币资金	1669.57837	1584.24810	短期借款	818.39758	513.67562
交易性金融资产	16.29785	9.61298	吸收存款	13.56691	31.68603
应收票据	32.29041	84.95031	应付票据	534.61242	896.07342
应收账款融资	27.23520	33.21965	应付账款	4915.67214	4255.68938
应收账款	1558.09067	1412.29619	预收账款	2.33083	3.11908
预付账款	217.12629	274.73837	合同负债	1501.96302	1641.18787
其他应收款	569.02615	660.50468	应付职工薪酬	161.17433	139.06737
存货	3076.42792	2998.18526	应交税费	90.59277	89.36891
合同资产	2917.82104	2544.63518	其他应付款	1060.58137	1005.28887
持有待售资产		0.58873	一年内到期的非流动负债	544.68518	455.27795
一年内到期的非流动资产	295.31809	260.80161	其他流动负债	336.94786	315.94097

（续）

资产	年末数	年初数	负债和股东权益	年末数	年初数
其他流动资产	268.31432	236.74072	流动负债合计	9980.52441	9346.37547
流动资产合计	10647.52631	10100.52178	非流动负债		
非流动资产			长期借款	1656.21478	1334.15428
发放贷款及垫款	16.86305	14.45190	应付债券	310.31549	280.96696
长期应收款	1098.59078	805.54812	租赁负债	40.80407	24.51292
长期股权投资	1492.78357	1279.85238	长期应付款	412.63172	348.00914
债权投资	60.16176	90.76297	长期应付职工薪酬	0.65376	0.80318
其他债权投资	51.15845	49.34663	预计负债	14.49484	11.37854
其他非流动金融资产	102.87149	83.87687	递延收益	10.12593	10.56021
其他权益工具投资	125.75571	119.40051	递延所得税负债	20.08603	16.24833
投资性房地产	113.99446	98.98342	其他非流动负债	13.14702	6.92626
固定资产	732.69486	660.85799	非流动负债合计	2478.47364	2033.55982
在建工程	58.10715	75.93171	负债合计	12458.99805	11379.93529
使用权资产	71.40700	51.54357	股东权益		
无形资产	697.36458	625.30742	股本	135.79542	135.79542
开发支出	0.15472	0.45761	其他权益工具	594.63430	599.59677
商誉	0.55617	1.63518	资本公积	488.47173	489.07056
长期待摊费用	8.52730	7.91514	其他综合收益	-6.67494	-8.19139
递延所得税资产	112.11912	91.03023	专项储备		
其他非流动资产	1239.55930	1081.71238	盈余公积	67.89771	67.89771
非流动资产合计	5982.66947	5138.61403	未分配利润	1818.25095	1619.81132
			归属于母公司股东权益合计	3098.37517	2903.98039
			少数股东权益	1072.82256	955.22013
			股东权益合计	4171.19773	3859.20052
资产总计	16630.19578	15239.13581	负债和股东权益总计	16630.19578	15239.13581

3. 资产负债表的作用

（1）分析与评价企业的偿债能力

企业短期偿债能力的评估主要依赖于流动资产与流动负债的对比分析。通过计算流动比率和速动比率，可以判断企业短期内通过变现资产以偿还到期债务的能力。速动资产的计算

（即流动资产减去存货等不易迅速变现的资产）提供了更准确的短期偿债能力指标。

长期偿债能力的评估则侧重于企业的资产规模、负债规模及所有者权益规模。通过计算资产负债率、权益乘数等指标，可以判断企业的长期债务偿还能力及潜在的举债空间。此外，资产负债表的结构变动也能反映出企业长期偿债能力的变化趋势。

(2) 分析与评价企业的营运能力和盈利能力

企业的营运能力体现在其资产的有效利用上。通过计算存货周转率、应收账款周转率等财务指标，可以评估企业存货管理和应收账款回收的效率。同时，总资产周转率也反映了企业整体资产的运营效率，即企业利用资产产生销售收入的能力。

企业的盈利能力直接体现在利润表上。通过计算净利润、营业收入等关键指标，可以初步判断企业的盈利状况。再结合资产负债表中的资产数据，计算毛利率、净利率、资产报酬率、权益报酬率等财务指标，可以深入评估企业的盈利水平和投入资本的回报率。这些财务指标不仅反映了企业当前的盈利能力，还能为投资者和债权人提供关于企业未来盈利潜力的信息。

(3) 分析与评价企业的财务质量和未来发展趋势

深入理解并评估企业的财务状况质量和预测其未来发展趋势至关重要。财务状况反映了企业在筹资、投资和经营等经济活动中的财务表现。资产负债表详细列出了企业所拥有或控制的、能以货币计量的经济资源（即资产）的总体规模和具体分布，同时也揭示了企业从不同渠道获取的资本的总体规模和具体构成。通过对企业资产负债情况的分析，可以更好地了解和判断企业在资源利用战略方面的制定与实施情况。资产分析不仅包括单项资产的质量评价，还包括资产结构的整体质量及资产总体的质量评估。此外，负债和所有者权益的各项目也反映了企业资本引入的方式和成本，以及与之相关的风险。企业的资本结构（即负债和所有者权益的比例关系及所有者权益内部的比例关系）在很大程度上决定了企业的控制权归属、治理模式及未来的发展方向，因此具有重要的战略意义。通过对企业负债和所有者权益各项目从资本结构质量层面进行分析与评价，可以更深入地了解企业如何利用各种资本来推动自身的持续发展，进而评估企业在资本引入和运用上的策略及其成效。

9.2.2 利润表

利润表，又称损益表，是全面展示企业在特定会计期间内经营成果的会计报表。与资产负债表这一静态的财务报表不同，利润表是一种动态的报表，专注于反映企业在某一特定时间段（如月、季、年）内的收入实现、费用支出及因此计算得出的利润（或亏损）状况。

利润表的编制详细列出了企业营业收入的各类来源，如销售收入、服务收入等，并对应列出了相关的营业成本、销售费用、管理费用等各项费用支出。通过收入和费用的对比，利润表清晰地展示了企业在该会计期间内的经营成果，即实现的利润或亏损。

利润表的列报不仅有助于使用者了解企业的利润规模，即企业在该期间内赚取或亏损的金额，更重要的是，它能够揭示利润的主要来源和构成，从而帮助使用者把握利润的质量。利润的质量直接反映了企业的盈利能力和持续发展潜力，是投资者和债权人等利益相关者做出决策的重要依据。利润表在企业的财务报表体系中占有重要地位。通过对利润表的深入分析，使用者可以更加科学地评估企业的盈利能力，理解企业的业务模式和发展战略，从而做出更加明智的投资和决策。

1. 利润表三大要素的概念及特征

（1）收入

收入，指的是企业在其日常运营过程中，通过日常活动而实现的经济利益的总流入。这一流入的过程既导致企业所有者权益的增加，又与企业所有者投入的资本无直接关联。具体而言，当企业完成了合同中约定的义务，且客户已实际掌握商品的控制权时，即可确认收入的产生。这种控制权表现为企业能够主导商品的使用，并从中获取绝大部分的经济利益。

收入具有以下几个显著特征：

1）日常性。收入是在企业的日常活动中形成的，而不是在偶然的交易或事件中产生的。

2）资产或负债变化。收入可能表现为企业货币资产或非货币资产的增加（如银行存款、应收账款的增加），或者表现为企业负债的减少（如通过商品或劳务来偿还债务，但债务重组除外）。

3）所有者权益增加。收入能够导致企业所有者权益的增加。然而，通过发行股票等方式引起的所有者权益增加并不属于收入的范畴。

4）企业经济利益流入。收入仅涵盖企业自身的经济利益流入，不包括为第三方或客户代收的款项。例如，代收的增值税或利息应被视为负债项目，而非收入。

（2）费用

费用指的是企业在日常运营过程中发生的，会直接导致企业所有者权益减少的，与所有者利润分配无直接关联的经济利益总流出。这些费用通常包括营业成本、税金及附加、管理费用、财务费用、销售费用及所得税费用等。由于费用的产生是为了获得相应的收入，因此，费用的确认范围和时间应遵循配比原则，即费用的确认应与相应收入的确认相互对应。

在理解费用这一概念时，区分费用与资产至关重要。企业在获取资产或完成某项工作时，总会产生一定的支出。例如，为生产产品所购买的原材料、支付的工资及发生的制造费用等，在产品未售出之前，这些支出作为存货的取得成本反映在资产负债表上。只有当产品被售出（即带来了经济利益）后，这些成本才转化为费用，计入"营业成本"项目。因此，支出的性质——是作为资产成本还是作为费用，取决于它所带来的经济利益是否发生在当期。能够带来未来经济利益流入的支出通常计入资产成本，而仅带来当期经济利益流入的支出则作为费用处理。

费用的基本特征包括以下几点：

1）日常性。费用是在企业的日常运营中发生的，而非偶发性的交易或事件所产生的。

2）资产或负债变动。费用可能表现为企业货币资产或非货币资产的减少（如银行存款、存货的减少），也可能表现为企业负债的增加（如当期发生但尚未支付的各项费用），或者同时涉及资产和负债的变动。

3）所有者权益减少。费用能够导致企业所有者权益的减少。然而，向所有者分配利润所引起的所有者权益减少不属于费用的范畴。

4）企业经济利益流出。费用仅涉及企业自身的经济利益流出，不包括为第三方或客户垫付的款项，如代付的运费、保险费等。这些代付的款项应视为企业的资产，而非费用。

(3) 利润

利润是企业在一个特定会计期间内经营活动的总成果。它涵盖了收入减去费用后的余额、投资收益及直接计入当期利润的利得和损失。其中，收入与费用之差直接反映了企业日常运营活动的业绩，而直接计入当期利润的利得和损失则反映了非日常活动的成果，如营业外收入和营业外支出。

在财务报表的呈现上，利润表现为一个多层次的概念体系，包括营业利润、利润总额和净利润。这些层次将帮助使用者更深入地理解企业盈利的来源和构成。

利润不仅是企业盈利能力的核心指标，也是评价企业管理层业绩的重要依据，对于投资者等财务报告使用者而言，利润更是做出决策时的重要参考。

利润具有以下几个基本特征：

1) 全面性。利润既涵盖了企业在日常运营活动中取得的成果，也包括了非日常活动中产生的利得和损失，全面反映了企业当期的经营业绩。

2) 多样性。利润的表现形式多样，既包括货币性资产的增加，也可能表现为非货币性资产的增加，如应收账款、应收票据等。因此，利润的增长并不一定直接等同于企业现金流的增加。

3) 权益变动性。利润的变化将直接影响企业的所有者权益。利润的增加会带动所有者权益的增长，而亏损则会导致所有者权益的减少。但需要注意的是，利润的增长并不包括所有者投入资本和向所有者分配利润所引起的权益变化。

4) 主观与操纵性。在权责发生制下，收入和费用的确认时间及金额都需要进行人为的估计和判断。这在一定程度上赋予了利润计算和报告一定的主观性和操纵空间，这是会计固有的局限性。这种主观性和操纵空间与会计准则的完善程度无直接关联，而是会计方法本身所决定的。

2. 利润表的基本结构及各项目之间的关系

(1) 利润表的基本结构

利润表一般由表头、表身和补充资料（或附注）三部分构成。

表头主要填制编制单位、报表日期、货币计量单位等信息。由于利润表是反映企业在一定会计期间的经营成果的报表，所以表头必须明确标注具体的会计期间，如"某年某月"或"某会计年度"。

表身是利润表的核心部分，详细列示了企业在该会计期间内的各项收入、费用和利润项目的金额。主要反映的内容包括：

1) 收入项目：如营业收入、其他收益等。

2) 费用项目：包括营业成本、税金及附加、销售费用、管理费用、研发费用、财务费用、资产减值损失、信用减值损失等。

3) 利润项目：包括营业利润、利润总额、净利润和综合收益总额等。

为了使报表使用者能够更好地理解和比较企业的经营成果，利润表通常采用比较式报表格式，即将各项目再分为"本期金额"和"上期金额"两栏分别填列。

补充资料（或附注）部分主要用于列示或反映一些在主体部分未能提供的重要信息或未能充分说明的信息。这些信息可能包括非经常性损益项目、会计政策变更和会计估计变更的影响等。这部分资料通常在报表附注中进行详细说明。

（2）利润表中各项目之间的关系

利润表中的各项目之间存在一定的逻辑关系，这些关系可以通过以下计算公式来体现：

1）营业利润＝营业收入－营业成本－税金及附加－销售费用－管理费用－研发费用－财务费用－资产减值损失－信用减值损失＋其他收益＋投资收益＋公允价值变动收益＋资产处置收益。

2）利润总额＝营业利润＋营业外收入－营业外支出。

3）净利润＝利润总额－所得税费用。

4）综合收益总额＝净利润＋其他综合收益的税后净额。

请注意，上述计算公式仅反映了利润表中各项目之间的基本关系，实际的会计处理可能因企业的具体情况而有所不同。因此，在阅读和分析利润表时，应结合企业的具体经营情况和会计准则的要求进行综合考虑。

施工企业利润表的基本格式见表 9-2。

表 9-2 利润表

编制单位：TJ 股份有限公司　　　　20××年××月××日　　　　　　　　（单位：亿元）

项目	2023 年度	2022 年度（已重述）
一、营业收入	11379.93486	10963.12867
减：营业成本	10196.83082	9857.47674
税金及附加	42.96937	41.73433
销售费用	73.77871	66.42387
管理费用	234.66318	218.73045
研发费用	267.25454	250.03936
财务费用	46.61449	35.78296
其中：利息费用	88.77687	79.70094
利息收入	42.16238	43.91798
加：其他收益	9.54634	10.98735
投资收益（损失以"-"号填列）	-42.29965	-46.65935
其中：对联营企业和合营企业的投资收益（损失以"-"号填列）	5.64987	-11.29198
以摊余成本计量的金融资产终止确认收益（损失以"-"号填列）	-55.63839	-59.11105
公允价值变动收益（损失以"-"号填列）	-6.43564	-4.62611
资产减值损失（损失以"-"号填列）	-34.61187	-30.50914

（续）

项目	2023 年度	2022 年度（已重述）
信用减值损失（损失以"-"号填列）	-64.80044	-48.87824
资产处置收益（损失以"-"号填列）	6.7146	0.76037
二、营业利润	385.93709	374.01584
加：营业外收入	9.80751	11.83193
减：营业外支出	7.46308	7.60315
三、利润总额	388.28152	378.24462
减：所得税费用	64.99423	60.30172
四、净利润（净亏损以"-"号填列）	323.28729	317.9429
按经营持续性分类：		
持续经营净利润	323.28729	317.9429
终止经营净利润		
按所有权归属分类：		
归属于母公司股东的净利润	260.96971	266.80796
少数股东损益	62.31758	51.13494
其他综合收益（损失）的税后净额		
归属于母公司股东的其他综合收益的税后净额	3.63575	4.12141
不能重分类进损益的其他综合收益（损失）		
其他权益工具投资公允价值变动	-0.41838	-2.09526
其他	-0.00878	-0.04165
将重分类进损益的其他综合收益（损失）		
权益法下可转损益的其他综合收益	1.92843	2.07426
其他债权投资公允价值变动	0.16243	-0.11684
外币财务报表折算差额	1.91747	4.34416
应收账款融资公允价值变动	0.05458	-0.04326
归属于少数股东的其他综合收益的税后净额	0.1195	0.21324
综合收益总额	327.04254	322.27755
其中：		
归属于母公司股东的综合收益总额	264.60546	270.92937
归属于少数股东的综合收益总额	62.43708	51.34818
每股收益		
基本每股收益（人民币元/股）	1.73	1.76
稀释每股收益（人民币元/股）	1.73	1.76

3. 利润表的作用

（1）解释、评价和预测企业的经营成果和盈利能力

利润表直接反映了企业在一定时期内创造的有效劳动成果（即经营成果），这些成果通常以净利润和综合收益的形式表现。除了数量维度（如利润的绝对规模和相对规模），利润表还可以用来分析利润的质量，包括利润的含金量、持续性及与企业战略的吻合性等。通过对利润表的分析，股东、债权人和管理者可以更好地理解企业的经营成果和盈利能力，从而做出更明智的投资决策或管理决策。

（2）解释、评价和预测企业的偿债能力

虽然利润表本身不直接提供偿债能力的信息，但盈利能力是企业偿债能力的重要影响因素之一。持续的盈利能力可以为企业带来现金流，增强企业的资产流动性和改善资本结构，从而增强企业的偿债能力。通过对利润表的分析，债权人和管理者可以更准确地预测企业的偿债能力，为信贷决策提供依据，同时也有助于管理者找到提高偿债能力的有效途径。

（3）评价企业经营战略的实施效果

企业的利润结构反映了企业经营战略和盈利模式的选择。通过分析利润表中各项利润的组成和比例关系，可以了解企业经营战略的实施效果。股东和债权人可以利用这些信息来预测企业未来的发展情况，管理者发现战略实施中可能存在的问题，从而确保经营目标的顺利实现。

综上所述，利润表在财务分析中扮演着至关重要的角色，它不仅是企业外部利益相关者了解企业经营状况的重要工具，也是企业内部管理者进行决策的重要依据。

9.2.3 现金流量表

1. 现金流量表的相关概念

（1）现金

这里的现金是指企业的库存现金及可以随时用于支付的银行存款，它是资产负债表的"货币资金"项目中真正可以随时支取的部分，由于被指定了特殊用途而不能随意支取的部分不应包括在内，如其他货币资金中的银行承兑汇票开票保证金，借款质押保证金，金融机构存放中央银行款项中的法定存款准备金，以及由于受当地外汇管制或其他立法的限制而无法正常使用的外币等。

（2）现金等价物

现金等价物是指企业持有的期限短、流动性强、易于转换为已知金额的现金，以及价值变动风险很小的投资。期限短一般是指从购买日起三个月内到期，如可在证券市场上流通的三个月内到期的债券投资（如国库券）等。现金等价物虽然不是现金，但因其随时可以变现，支付能力与现金相似，因此可视同为现金。权益性投资变现的金额通常不确定，因而不属于现金等价物。

（3）现金流量

现金流量是某一段时期内企业现金和现金等价物流入和流出的数量，如企业销售商品、提供劳务、出售固定资产、向银行借款等取得现金等，形成企业的现金流入；购买原材料、接受劳务、购建固定资产、对外投资、偿还债务等支付现金等，形成企业的现金流出。现金流量信息能够表明企业经营状况是否良好、资金是否紧张及企业偿付能力的强弱等，从而为投资者、债权人、企业管理者提供非常有用的信息。

2. 现金流量表的基本结构

现金流量表一般由表头、表身和补充资料三部分构成。

现金流量表的表头主要填制编制单位、报表日期、货币计量单位等，由于现金流量表说明的是某一时期的现金流量，因而现金流量表的表头必须注明"某年某月"或"某会计年度"。表身是现金流量表的主体部分，主要反映三大活动分别产生的现金流入和现金流出情况，具体包括经营活动产生的现金流量、投资活动产生的现金流量和筹资活动产生的现金流量。为了使报表使用者通过比较不同期间现金流量的实现情况，判断企业现金流量的未来发展趋势，企业需要提供比较现金流量表，因此，现金流量表还就各项目分为"本期金额"和"上期金额"两栏分别填列。补充资料披露了一些在主体部分未能提供的重要信息或未能充分说明的信息，这部分资料通常列示在报表附注中，主要包括将净利润调节为经营活动现金流量、不涉及现金收支的重大投资和筹资活动、现金及现金等价物净变动情况等方面的信息。施工企业现金流量表的基本格式见表9-3。

表 9-3　现金流量表

编制单位：TJ 股份有限公司　　　20××年××月××日　　　　　　　　　　　　（单位：亿元）

项目	2023 年度	2022 年度
一、经营活动产生的现金流量		
销售商品、提供劳务收到的现金	115479.4097	11465.0135
收到的税费返还	241.2808	61.5706
吸收存款及拆入资金净（减少）增加额	−181.1912	15.8007
收到的其他与经营活动有关的现金	2512.1559	253.6841
经营活动现金流入小计	118051.6552	11796.0690
购买商品、接受劳务支付的现金	103153.8606	9952.0632
发放贷款及垫款净增加（减少）额	25	−15.7500
存放中央银行款项净（减少）增加额	−32.4393	3.7103
支付给职工以及为职工支付的现金	8037.8095	783.1566
支付的各项税费	3093.1897	301.6940
支付的其他与经营活动有关的现金	1733.0299	209.8454
经营活动现金流出小计	116010.4504	11234.7194
经营活动产生的现金流量净额	2041.2048	561.3495
二、投资活动产生的现金流量		
收回投资收到的现金	827.6406	77.3725
取得投资收益收到的现金	280.4336	13.1190

（续）

项目	2023 年度	2022 年度
处置固定资产、无形资产和其他长期资产收回的现金净额	385.6043	24.6966
受限制货币资金的净减少额	9.5594	35.4100
处置子公司收到的现金净额	1.6483	29.1728
收到的其他与投资活动有关的现金	190.3558	39.1972
投资活动现金流入小计	1695.2420	218.9681
购建固定资产、无形资产和其他长期资产支付的现金	3492.0632	302.6029
投资支付的现金	3711.0210	472.8222
支付的其他与投资活动有关的现金	83.0729	0
投资活动现金流出小计	7286.1571	775.4251
投资活动使用的现金流量净额	-5590.9151	-556.4570
三、筹资活动产生的现金流量		
吸收投资收到的现金	1508.5432	349.7459
其中：子公司吸收少数股东投资收到的现金	789.3033	208.4752
发行债券收到的现金	1463.5	133.1230
取得借款收到的现金	29234.5192	2352.7152
收到的其他与筹资活动有关的现金	146.6955	12.6228
筹资活动现金流入小计	32353.2579	2848.2069
偿还债务支付的现金	24473.2659	2093.6363
分配股利、利润或偿付利息支付的现金	2326.7207	217.9092
其中：子公司支付给少数股东的股利	374.2646	37.1069
支付的其他与筹资活动有关的现金	1094.1208	197.7191
筹资活动现金流出小计	27894.1074	2509.2647
筹资活动产生的现金流量净额	4459.1505	338.9422
四、汇率变动对现金及现金等价物的影响	-97.2117	3.9015
五、现金及现金等价物净增加额	812.2285	347.7363
加：年初现金及现金等价物余额	14451.5492	1097.4186
六、年末现金及现金等价物余额	15263.7777	1445.1549

3. 现金流量表的作用

现金流量表作为企业财务报告体系中的关键一环，其核心是按照收付实现制的原则精心编制而成。这一原则直接将企业权责发生制下的盈利状况转化为实际的现金流动情况，从而揭示出企业盈利的"真金白银"含量，为评估企业的支付实力、偿债能力乃至预测其未来现金流走向提供了坚实的数据支撑。具体而言，现金流量表的作用可以细化为以下几个核心方面：

(1) 明确企业现金流量的来龙去脉

通过清晰划分经营活动、投资活动及筹资活动三大板块下的现金流入与流出，现金流量表为信息使用者构建了一幅企业资金流动的全面图景。它不仅揭示了企业现金流的源头与去向，还深入剖析了现金余额变动的根本原因，这是仅凭分析资产负债表和利润表无法触及的深度。

(2) 评估企业现金流量的创造与获取能力

在现金流量表中，"经营活动产生的现金流量"是衡量企业自我造血能力的关键指标，反映了企业通过日常运营活动创造现金的效能；"投资活动产生的现金流量"则揭示了企业投资策略对现金流的直接影响，包括对内外项目的投资回报或支出；"筹资活动产生的现金流量"则表明了企业外部融资的能力与效率。这些细化分析有助于评估企业不同维度的现金流量获取能力，为预测未来现金流提供有力依据。

(3) 提升利润质量评估的精准度

在权责发生制下，利润表上的数字可能受到多种会计估计与调整的影响，而现金流量表则以其独特的现金基础剔除了这些干扰因素，直接展示了企业现金流入流出的真实情况。因此，通过深入分析现金流量表，可以更加准确地判断企业利润的"含金量"，即其转化为实际现金流的能力，进而客观评估企业的支付能力和偿债能力，为投资者和债权人的决策提供可靠依据。

(4) 透视企业战略与现金流量的互动关系

企业战略的实施往往伴随着大量现金流的投入与流出。现金流量表不仅记录了这些现金流量的变动，还间接反映了企业战略的执行效果与资金需求。通过分析现金流量表中各项活动产生的现金流量，可以评估企业战略对现金流的影响程度，以及企业是否具备通过经营活动和筹资活动持续补充现金流的能力，从而判断企业战略实施的可行性与可持续性。

综上所述，现金流量表不仅是一张反映企业现金流动状况的财务报表，更是评估企业财务健康状况、盈利质量、支付能力、偿债能力及战略支撑能力的重要工具。它以独特的视角和丰富的信息含量，为企业管理层、投资者、债权人等利益相关者提供了决策所需的关键信息。

9.3 财务能力分析

9.3.1 偿债能力分析

偿债能力是指企业偿还各种到期债务的能力。偿债能力分析是企业财务分析的一个重要方面，这种分析可以揭示企业的财务风险。企业管理者、债权人及股权投资者都十分重视企业的偿债能力分析。偿债能力分析主要分为短期偿债能力分析和长期偿债能力分析。

1. 短期偿债能力分析

短期偿债能力反映了企业在短期内（通常是指一年或一个营业周期内）偿付流动负债的能力。流动负债指的是企业在短期内需要偿还的债务，包括短期借款、应付账款等。若企业无法及时偿还这些债务，将面临财务风险，甚至可能陷入财务困境，最终导致破产。

在评估企业的短期偿债能力时，通常要观察其与流动资产的关系。流动资产，即企业预计在一年内能够转化为现金或现金等价物的资产，如货币资金、应收账款和存货等。这些资产为企业提供了偿还流动负债的资金来源。

为了更准确地评估企业的短期偿债能力，可运用一系列财务比率作为分析依据。以下介绍一些主要的财务比率及其解释。

(1) 流动比率

流动比率是流动资产与流动负债的比值。其计算公式为

$$流动比率 = \frac{流动资产}{流动负债} \tag{9-1}$$

根据表 9-1（为简化计算，引用表中数据时仅保留两位小数），TJ 股份有限公司的流动资产和流动负债的年末数，该公司 2023 年年末的流动比率为

$$流动比率 = \frac{10647.53}{9980.52} = 1.067$$

意味着每 1 元的流动负债，TJ 股份有限公司有 1.067 元的流动资产作为支撑。流动比率是衡量企业短期偿债能力的一个重要财务指标，这个比率越高，说明企业偿还流动负债的能力越强，流动负债得到偿还的保障越大。但是，过高的流动比率也并非好现象，因为流动比率过高，可能是企业滞留的流动资产过多，而未能有效地加以利用，可能会影响企业的盈利能力。根据发达国家企业财务管理的经验，流动比率在 2 左右比较合适，TJ 股份有限公司的流动比率为 1.067，应属于偏低范围。实际上，对流动比率的分析应该结合不同的行业特点、流动资产结构及各项流动资产的实际变现能力等因素。有的行业流动比率较高，有的行业较低，不可一概而论。所以，对于建筑施工企业 TJ 股份有限公司来说，应该将其行业特性考虑进来，从 2023 年建筑行业的流动比率的均值来看，TJ 股份有限公司的流动比率属于正常范围。同时，对施工企业来说，流动资产的变现，与建筑市场的景气度密切相关，在建筑市场景气时期，不但对发包单位的信用有选择的余地，工程款回款快，建筑制品的销售也相对容易，便于资金回收；但到了建筑市场不景气的时期，仅依靠流动比率来判断企业的偿债能力就会有一定的局限性。

(2) 速动比率

速动比率与流动比率类似，但这个指标排除了存货等流动性较差的资产，其计算公式为

$$速动比率 = \frac{流动资产 - 存货}{流动负债} \tag{9-2}$$

根据表 9-1，TJ 股份有限公司 2023 年的速动比率计算如下：

$$速动比率 = \frac{10647.53 - 3076.43}{9980.52} = 0.759$$

建筑施工企业的存货主要包括原材料、周转材料、库存商品、在产品、委托加工物资、自制半成品、工程施工等。在计算速动比率时剔除了这些由于变现速度、估值和抵押问题的流动资产，更加贴切地描述了企业的短期变现能力。速动比率越高，说明企业的短期偿债能力越强。根据发达国家的经验，一般认为速动比率为 1 比较合适。TJ 股份有限公司的速动比率为 0.759，处于偏低水平。但在实际分析时，应该根据企业性质和其他因素判断，不可一概而论。通常影响速动比率可信度的重要因素是应收账款的变现，如果企业的应收账款中有较大部分不易收回，可能会成为坏账。对于施工企业来说，发包企业的信用状况，建筑行业的市场发展情况都会影响企业的资金流动，如果应收账款收现率高，即使速动比率小于 1，也能通过收回应收账款来按期清偿短期债务。因此，在使用速动比率分析企业短期偿债能力时，还要对应收账款结构进行分析。

（3）现金比率

现金比率是企业现金及现金等价物与流动负债的比值。相较于速动比率，现金比率更加强调了变现能力，其计算公式为

$$现金比率 = \frac{现金及现金等价物}{流动负债} \quad (9-3)$$

根据表 9-1，TJ 股份有限公司 2023 年的现金比率计算如下：

$$现金比率 = \frac{1669.58 + 16.30}{9980.52} = 0.169$$

该比率反映了企业的直接偿付能力。现金比率越高，说明企业有较好的支付能力，对偿付债务是有保障的，但也可能意味着企业拥有过多盈利能力较低的现金类资产。

（4）现金流量比率

该比率通过比较企业经营活动产生的现金流量净额与流动负债，评估企业是否有足够的现金流入来偿还短期债务。相较于流动比率、速动比率、现金比率，现金流量比率动态地揭示了企业现存资源对偿还到期债务的保障程度，其计算公式为

$$现金流量比率 = \frac{经营活动产生的现金流量净额}{流动负债} \quad (9-4)$$

根据表 9-1 和表 9-3，TJ 股份有限公司 2023 年的现金流量比率计算如下：

$$现金流量比率 = \frac{2041.20}{9980.52} = 0.205$$

但要注意的是，同一年度现金流量表中反映经营活动产生的现金流是过去一个会计年度的经营结果，而流动负债则是未来一个年度需要偿还的债务，因此在使用这一财务比率的时候要注意其会计期间的不同。

综上所述，短期偿债能力分析是评估企业财务健康状况的关键环节之一。通过分析流动负债与流动资产之间的关系及运用相应的财务比率，可以更全面地了解企业的短期偿债能力，从而为企业制定更合理的财务策略提供依据。

2. 长期偿债能力

长期偿债能力是指企业偿还长期负债的能力，企业的长期负债主要有长期借款、应付债券、长期应付款、专项应付款、预计负债等。企业的长期债权人和所有者不仅关心企业短期

偿债能力，更关心企业长期偿债能力。因此，在对企业进行短期偿债能力分析的同时，还需分析企业的长期偿债能力，以便于债权人和投资者全面了解企业的偿债能力及财务风险。反映企业长期偿债能力的财务比率主要有：资产负债率、股东权益比率、权益乘数、产权比率、有形净值债务率、偿债保障比率、利息保障倍数和现金利息保障倍数等。

1）资产负债率是企业负债总额与资产总额的比率，它反映企业通过举债得到的资产占企业资产总额的比例，其计算公式为

$$资产负债率 = \frac{负债总额}{资产总额} \times 100\% \quad (9-5)$$

根据表 9-1，TJ 股份有限公司 2023 年的资产负债率计算如下：

$$资产负债率 = \frac{12459.00}{16630.20} \times 100\% = 75\%$$

这表明 2023 年 TJ 股份有限公司的资产有 75% 是来源于举债；或者说，TJ 股份有限公司每有 75 元债务，就有 100 元的资产作为偿还债务的保障。但是资产负债率是多少才是合理的，企业的债权人、股东管理者往往有着不同的观点。对于债权人来说，他们最关心的是其债务人资金的安全性，如果这个比率过高，说明在企业的全部资产中，股东提供的资产比重较低，企业的财务风险主要由债权人承担，其贷款的安全性缺乏可靠的保障。对于企业的股东来说，他们主要关心投资回报的高低，投资回报率高于企业举债的利率成本时，企业股东可以通过举债的方式来扩大其经营目标。对于企业的管理者来说，资产负债率既体现着管理者的进取心和经营能力，也揭示着企业的财务风险，在风险和回报间管理者需要做出权衡。

2）股东权益比率与权益乘数。股东权益比率是股东权益总额与资产总额的比率，其计算公式为

$$股东权益比率 = \frac{股东权益总额}{资产总额} \times 100\% \quad (9-6)$$

权益乘数是股东权益比率的倒数，即资产总额是股东权益总额的多少倍，其计算公式为

$$权益乘数 = \frac{资产总额}{股东权益总额} \quad (9-7)$$

根据表 9-1，TJ 股份有限公司 2023 年的股东权益比率计算如下：

$$股东权益比率 = \frac{4171.20}{16630.20} \times 100\% = 25\%$$

$$权益乘数 = \frac{16630.20}{4171.20} = 3.99$$

股东权益比率与资产负债率之和等于 1，资产负债率反映企业举债情况，股东权益比率则反映资产总额中有多少来自股东的投入。资产负债率越小，股东权益比率越大，企业的财务风险越小，偿还长期债务的能力就越强。

权益乘数反映了企业财务杠杆的大小，权益乘数越大，说明股东投入的资本在资产的占比越小，财务杠杆越大。

3）产权比率与有形净值债务率。产权比率，也称负债股权比率，是负债总额与股东权

益总额的比值，其计算公式为

$$产权比率 = \frac{负债总额}{股东权益总额} \tag{9-8}$$

根据表 9-1，TJ 股份有限公司 2023 年产权比率计算如下：

$$产权比率 = \frac{12459.00}{4171.20} = 2.99$$

产权比率实际上是负债比率的另一种表现形式，它反映了债权人所提供资金与股东所提供资金的对比关系，因此可以揭示企业的财务风险及股东权益对债务的保障程度。该比率越低，说明企业长期财务状况越好，债权人的贷款安全越有保障，企业财务风险越小。

为了进一步分析股东权益对负债的保障程度，可以保守地认为无形资产不宜用来偿还债务（虽然实际上未必如此），故将其从上式的分母中扣除，这样计算出的财务比率称为有形净值债务率，其计算公式为

$$有形净值债务率 = \frac{负债总额}{股东权益总额 - 无形资产净值} \tag{9-9}$$

根据表 9-1，TJ 股份有限公司 2023 年有形净值债务率计算如下：

$$有形净值债务率 = \frac{12459.00}{4171.20 - 697.36} = 3.59$$

有形净值债务率实际上是产权比率的延伸，它更为保守地反映了在企业清算时债权人投入的资本受到股东权益的保障程度。该比率越低，说明企业的财务风险越小。

4）偿债保障比率。偿债保障比率也称债务偿还期，是负债总额与经营活动产生的现金流量净额的比值，其计算公式为

$$偿债保障比率 = \frac{负债总额}{经营活动产生的现金流量净额} \tag{9-10}$$

根据表 9-1 和表 9-3，TJ 股份有限公司 2023 年偿债保障比率计算如下：

$$偿债保障比率 = \frac{12459.00}{2041.20} = 6.1$$

偿债保障比率反映了用企业经营活动产生的现金流量净额偿还全部债务所需要的时间，所以该比率也被称为债务偿还期。一般认为，经营活动产生的现金流量是企业长期资金的最主要来源，而投资活动和筹资活动所获得的现金流量虽然在必要时也可用于偿还债务，但不能将其视为经常性的现金流量。因此，用偿债保障比率可以衡量企业通过经营活动所获得的现金偿还债务的能力。该比率越低，说明企业偿还债务的能力越强。

5）利息保障倍数与现金利息保障倍数。利息保障倍数也称利息所得倍数或已获利息倍数，是税前利润加利息费用之和与利息费用的比值，其计算公式为

$$利息保障倍数 = \frac{税前利润 + 利息费用}{利息费用} \tag{9-11}$$

根据表 9-1 和表 9-2，TJ 股份有限公司 2023 年的利息保障倍数计算如下：

$$利息保障倍数 = \frac{388.28 + 88.78}{88.78} = 3.37$$

税前利润是指缴纳所得税之前的利润总额；利息费用不仅包括财务费用中的利息费用，还包括计入固定资产成本的资本化利息。利息保障倍数反映了企业的经营所得支付债务利息的能力。如果这个比率太低，说明企业难以保证用经营所得来按时按量支付债务利息，这会引起债权人的担心。一般来说，企业的利息保障倍数至少要大于 1，否则难以偿付债务及利息，长此以往甚至会导致企业破产倒闭。

但是，在利用利息保障倍数这一指标时必须注意，会计采用权责发生制来核算费用，所以本期的利息费用不一定就是本期的实际利息支出，而本期发生的实际利息支出也并非全部是本期的利息费用；同时，本期的息税前利润也并非本期的经营活动所获得的现金。这样，利用上述财务指标来衡量经营所得支付债务利息的能力就存在一定的片面性，不能清楚地反映实际支付利息的能力。为此，可以进一步用现金利息保障倍数来分析经营所得现金偿付利息支出的能力，其计算公式为

$$现金利息保障倍数 = \frac{经营活动产生的现金流量净额 + 现金利息支出 + 付现所得税}{现金利息支出} \tag{9-12}$$

根据表 9-1 和表 9-2，TJ 股份有限公司 2023 年的现金利息保障倍数计算如下：

$$现金利息保障倍数 = \frac{2041.20 + 46.61 + 64.99}{46.61} = 46.19$$

现金利息保障倍数反映企业一定时期经营活动所取得的现金是现金利息支出的多少倍，它更明确地表明了企业用经营活动所取得的现金偿付债务利息的能力。

3. 影响企业偿债能力的其他因素

除了常规的财务比率指标，企业偿债能力还受到一些其他因素的影响。这些因素可能同时作用于企业的短期和长期偿债能力。

（1）或有负债的不确定性

或有负债源自企业过去的交易或事件，未来可能转变为实际的负债，也可能不会，例如未决诉讼、产品质量保证等。这些不确定性因素在财务报表中可能未明确体现，但一旦转化为实际负债，将直接影响企业的偿债能力和财务状况。

（2）担保责任的潜在风险

企业可能为他人债务提供担保，这种担保责任在财务报表中可能不直接体现。若被担保人违约，担保责任将转化为企业的实际负债，增加企业的财务风险和偿债压力。

（3）租赁活动的财务影响

租赁活动，特别是经营租赁，虽然其租金支付并不直接体现在企业的负债中，但长期、大额或频繁的租赁费用将对企业现金流和偿债能力产生显著影响。

（4）可用的银行授信额度

授信额度是企业与银行之间的信用协议，允许企业在需要时获得贷款。虽然这部分资金在财务报表中可能不直接体现，但它为企业提供了潜在的流动性支持，是评估企业偿债能力时不可忽视的因素。企业可灵活利用这些额度来应对短期的偿债压力。

在评估企业的偿债能力时，需要综合考虑这些因素，以获得更为全面和准确的分析结果。

9.3.2 营运能力分析

施工企业的营运能力是指在外部建筑市场环境下通过对企业生产资料的合理配置和管理，对财务目标产生作用的能力。如何合理地利用生产资料，提高其营运能力是施工企业管理的一个重要方面。施工企业拥有的生产资料，表现为各项资产的占用。施工企业利用生产资料的能力，实际上表现为对企业总资产及其构成要素的营运能力。因此，施工企业营运能力分析又称资产使用效率分析，一般通过企业生产经营资产周转速度有关的指标来反映资产的营运能力。企业生产经营资产周转的速度越快，表明企业资产利用的效果越好，效率越高，企业管理人员的经营能力越强。优秀的营运能力是企业获得持续盈利能力的基础，并为企业偿债能力的不断提高提供保证。评价企业营运能力常用的财务比率有应收账款周转率、存货周转率、流动资产周转率、固定资产周转率、总资产周转率等。

1. 应收账款周转率

应收账款周转率是企业一定时期赊销收入净额与应收账款平均余额的比率。应收账款周转率是评价应收账款流动性大小的一个重要财务比率，它反映了应收账款在一个会计年度内的周转次数，可以用来分析应收账款的变现速度和管理效率。该比率越高，说明应收账款的周转速度越快、流动性越强，其计算公式为

$$应收账款周转率 = \frac{赊销收入净额}{应收账款平均余额} \quad (9-13)$$

$$应收账款平均余额 = \frac{期初应收账款 + 期末应收账款}{2} \quad (9-14)$$

赊销收入净额是指销售收入净额扣除现销收入之后的余额；销售收入净额是指销售收入扣除了销售退回、销售折扣及折让后的余额。在利润表中，营业收入就是销售收入。在这里，假设 TJ 股份有限公司的营业收入全部都是赊销收入净额。

根据表 9-1 和表 9-2 的有关数据，TJ 股份有限公司 2023 年的应收账款周转率计算如下：

$$应收账款平均余额 = \frac{1558.09 + 1412.30}{2} 亿元 = 1485.20 \ 亿元$$

$$应收账款周转率 = \frac{11379.93}{1485.20} 次 = 7.66 \ 次$$

在市场经济条件下，由于商业信用的普遍应用，应收账款成为企业一项重要的流动资产，尤其是对于施工企业来说，应收账款能否及时收回，取决于施工企业对应收账款管理的好坏，应收账款的变现能力直接影响资产的流动性。应收账款周转率越高，说明企业收回应收账款的速度越快，可以减少坏账损失，提高资产的流动性，企业的短期偿债能力也会得到增强，这在一定程度上可以弥补流动比率低的不利影响。如果企业的应收账款周转率过低，则说明企业收回应收账款的效率低，或者信用政策过于宽松，这样的情况会导致应收账款占用资金数量过多，影响企业资金利用率和资金的正常周转。应收账款周转率过高也可能是因为企业奉行了比较严格的信用政策，制定的信用标准和信用条件过于苛刻。这样会限制企业销售量的扩大，从而影响企业的盈利水平，这种情况往往表现为存货周转率同时偏低。用应收账款周转率来反映应收账款的周转情况是比较常见的，如上面计算的 TJ 股份有限公司应

收账款周转率为 7.66 次，表明该公司一年内应收账款周转次数为 7.66 次。也可以用应收账款平均收账期来反映应收账款的周转情况，其计算公式为

$$应收账款平均收账期 = \frac{360}{应收账款周转率} \tag{9-15}$$

根据表 9-1 和表 9-2，TJ 股份有限公司 2023 年应收账款平均收账期计算如下：

$$应收账款平均收账期 = \frac{360}{7.66} 天 = 47.00 \text{ 天}$$

应收账款平均收账期表示应收账款周转一次所需的天数。平均收账期越短，说明企业的应收账款周转速度越快。

2. 存货周转率

存货周转率也称存货利用率，是企业一定时期的销售成本与存货平均余额的比率，其计算公式为

$$存货周转率 = \frac{销售成本}{存货平均余额} \tag{9-16}$$

$$存货平均余额 = \frac{期初存货余额 + 期末存货余额}{2} \tag{9-17}$$

假设营业成本全部为销售成本，存货平均余额是期初存货余额与期末存货余额的平均数，可以根据资产负债表计算得出。

根据表 9-1 和表 9-2，TJ 股份有限公司 2023 年的存货周转率计算如下：

$$存货平均余额 = \frac{3076.43 + 2998.19}{2} 亿元 = 3037.31 \text{ 亿元}$$

$$存货周转率 = \frac{10196.83}{3037.31} 次 = 3.36 \text{ 次}$$

存货周转率说明了一定时期内企业存货周转的次数，可以反映企业存货的变现速度，用来衡量企业的销售能力及存货是否过量。存货周转率反映了企业的销售效率和存货使用效率。对于施工企业来说，存货在企业的流动资产中的占比相对较大，存货周转率越高，说明存货周转速度越快，企业的销售能力越强，营运资本占用在存货上的金额越少，表明企业的资产流动性较好，资金利用效率较高；反之，存货周转率过低，常常是库存管理不利，销售状况不好，造成存货积压，说明企业在产品销售方面存在一定的问题，应当采取积极的销售策略，加快存货的周转速度。

存货周转状况也可以用存货周转天数来表示，其计算公式为

$$存货周转天数 = \frac{360}{存货周转率} \tag{9-18}$$

根据表 9-1 和表 9-2，TJ 股份有限公司 2023 年的存货周转天数计算如下：

$$存货周转天数 = \frac{360}{3.36} 天 = 107.14 \text{ 天}$$

存货周转天数表示存货周转一次所需要的时间，天数越少说明存货周转得越快。

3. 流动资产周转率

流动资产周转率是销售收入与流动资产平均余额的比率，它反映了企业全部流动资产的

利用效率，其计算公式为

$$流动资产周转率 = \frac{销售收入}{流动资产平均余额} \qquad (9-19)$$

$$流动资产平均余额 = \frac{期初流动资产余额 + 期末流动资产余额}{2} \qquad (9-20)$$

根据表 9-1 和表 9-2，TJ 股份有限公司 2023 年的流动资产周转率计算如下：

$$流动资产平均余额 = \frac{10647.53 + 10100.52}{2} 亿元 = 10374.03 \ 亿元$$

$$流动资产周转率 = \frac{11379.93}{10374.03} 次 = 1.10 \ 次$$

流动资产周转率表明在一个会计年度内企业流动资产周转的次数，它反映了流动资产周转的速度。施工企业的流动资产主要包括建筑材料、结构件、机械配件、未完施工、在产品、产成品等，施工企业流动资产的营运能力体现着企业运用流动资产获得营业收入的能力。该指标越高，说明企业流动资产的利用效率越高。

流动资产周转率是分析流动资产周转情况的一个综合指标，流动资产周转得快，可以节约流动资金，提高资金的利用效率。但是，究竟流动资产周转率为多少才算好，并没有一个确定的标准。通常分析流动资产周转率应比较企业历年的数据并结合行业特点。

4. 固定资产周转率

固定资产周转率也称固定资产利用率，是企业销售收入与固定资产平均净值的比率，其计算公式为

$$平均固定资产 = \frac{期初固定资产 + 期末固定资产}{2} \qquad (9-21)$$

$$固定资产周转率 = \frac{销售收入}{固定资产平均净值} \qquad (9-22)$$

根据表 9-1 和表 9-2，TJ 股份有限公司 2023 年的固定资产周转率计算如下：

$$平均固定资产 = \frac{732.69 + 660.86}{2} 亿元 = 696.77 \ 亿元$$

$$固定资产周转率 = \frac{11379.93}{696.77} 次 = 16.33 \ 次$$

固定资产周转率主要用于分析企业对厂房、设备等固定资产的利用效率，该比率越高，说明固定资产的利用率越高，管理水平越好。如果固定资产周转率与同行业平均水平相比偏低，说明企业的生产效率较低，可能会影响企业的盈利能力。

5. 总资产周转率

总资产周转率，也称总资产利用率，是企业销售收入与资产平均总额的比率，其计算公式为

$$总资产周转率 = \frac{销售收入}{资产平均总额} \qquad (9-23)$$

$$资产平均总额 = \frac{期初资产总额 + 期末资产总额}{2} \qquad (9-24)$$

根据表 9-1 和表 9-2，TJ 股份有限公司 2023 年的总资产周转率计算如下：

$$资产平均总额 = \frac{16630.20 + 15239.14}{2} 亿元 = 15934.67 亿元$$

$$总资产周转率 = \frac{11379.93}{15934.67} 次 = 0.71 次$$

总资产周转率可用来分析企业全部资产的使用效率，综合地评价企业利用全部资产获取营业收入的水平。如果这个比率较低，说明企业利用其资产进行经营的效率较差，会影响企业的盈利能力，企业应该采取措施增加销售收入或处置资产，以提高总资产利用率。

9.3.3 盈利能力分析

盈利能力又称获利能力，是指企业正常经营赚取利润的能力，是企业生存发展的基础。这种能力的大小通常以投入产出的比值来衡量。企业利润额的多少不仅取决于公司生产经营的业绩，而且还取决于生产经营规模的大小、经济资源占有量的多少、投入资本的多少及产品本身的价值等。不同规模的企业之间或在同一企业的各个时期之间，仅对比利润额的多少，并不能正确衡量企业获利能力的优劣。为了排除上述因素的影响，必须从投入产出的关系来分析企业的获利能力。

1. 营业毛利率与营业净利率

（1）营业毛利率

营业毛利率是毛利与营业收入的百分比，其中，毛利是营业收入减去与营业收入相对应的营业成本之间的差额，其计算公式为

$$营业毛利率 = \frac{营业收入 - 营业成本}{营业收入} \times 100\% \tag{9-25}$$

根据表 9-2，TJ 股份有限公司 2023 年的营业毛利率计算如下：

$$营业毛利率 = \frac{11379.93 - 10196.83}{11379.93} \times 100\% = 10.40\%$$

营业毛利率表示每 100 元营业收入扣除营业成本后，有多少钱可以用于各项期间费用和形成盈利。营业毛利率是施工企业计算营业净利率的最初基础，没有足够大的毛利率，施工企业便不能盈利。

（2）营业净利率

营业净利率是指施工企业净利润占营业收入的百分比，也称销售净利率，其计算公式为

$$营业净利率 = \frac{净利润}{营业收入} \times 100\% \tag{9-26}$$

根据表 9-2，TJ 股份有限公司 2023 年的营业净利润率计算如下：

$$营业净利率 = \frac{323.29}{11379.93} \times 100\% = 2.84\%$$

营业净利率表示企业每 100 元营业收入所能实现的净利润额为多少，用以衡量企业在一定时期获取净利润的能力。施工企业在提高营业收入的同时，必须更多地增加净利润才能提高净利率。一般而言，营业净利率的指标越高，说明企业的盈利能力越强。一个企业如果能

保持良好的持续增长的营业净利率，则说明该企业的财务状况是好的，但并不能绝对地说营业净利率越高越好，还必须看企业的销售增长情况和净利润的变动情况。

施工企业在进行营业净利率分析时，可以对连续几年的指标数值进行分析，从而测定该施工企业营业净利率的发展变化趋势；同样，也应将企业的指标数值与其他施工企业的指标数值或同行业平均水平进行对比，以具体评价该企业营业净利率水平的高低。

2. 资产报酬率

资产报酬率也称资产收益率，是企业在一定时期内的利润额与资产平均总额的比率。资产报酬率主要用来衡量企业利用资产获取利润的能力。在实践中，根据财务分析的目的不同，利润额可以分为息税前利润、利润总额和净利润。按照所采用的利润额不同，资产报酬率可分为资产息税前利润率、资产利润率和资产净利率。

（1）资产息税前利润

资产息税前利润率是指企业一定时期的息税前利润与平均总资产的比率，其计算公式为

$$资产息税前利润率 = \frac{息税前利润}{平均总资产} \times 100\% \tag{9-27}$$

息税前利润的组成除了利润总额外，还要加上财务费用，是由于企业的资产，有的是用投资者的资金购建的，有的是向债权人借入资金购建的，而后者是要支付利息的。按照现行财务制度的规定，利息支出列作当期财务费用从实现利润中扣除，但这笔利息支出，也是企业利用资产产生的经济效益，只有将它与本期利润一起计算，才能使不同资金构成的企业总资产的利润率具有可比性，也才能够全面反映企业全部资产的盈利能力。

根据表 9-1 和表 9-2，TJ 股份有限公司 2023 年资产息税前利润率计算如下：

$$资产息税前利润率 = \frac{388.28+46.61}{(16630.20+15239.14) \div 2} \times 100\% = 2.73\%$$

（2）资产利润率

资产利润率是指企业一定时期的税前利润总额与资产平均总额的比率，其计算公式为

$$资产利润率 = \frac{利润总额}{资产平均总额} \times 100\% \tag{9-28}$$

根据表 9-1 和表 9-2，TJ 股份有限公司 2023 年的资产利润率计算如下：

$$资产利润率 = \frac{388.28}{(16630.20+15239.14) \div 2} \times 100\% = 2.44\%$$

公司的利润总额可以直接从利润表中得到，它反映了企业在扣除所得税费用之前的全部收益。影响企业利润总额的因素主要有营业利润、投资收益或损失、营业外收支等，所得税政策的变化不会对利润总额产生影响。因此，资产利润率不仅能够综合评价企业的资产盈利能力，而且可以反映企业管理者的资产配置能力。

（3）资产净利率

资产净利率是指企业一定时期的净利润与资产平均总额的比率，其计算公式为

$$资产净利率 = \frac{净利润}{资产平均总额} \times 100\% \tag{9-29}$$

根据表 9-1 和表 9-2，TJ 股份有限公司 2023 年的资产净利率计算如下：

$$资产净利率 = \frac{323.29}{(16630.20+15239.14) \div 2} \times 100\% = 2.02\%$$

公司的净利润可以直接从利润表中得到，它是企业所有者获得的剩余收益，企业的经营活动、投资活动、筹资活动及国家税收政策的变化都会影响净利润。因此，资产净利率通常用于评价企业对股权投资的回报能力。股东分析企业资产报酬率时通常采用资产净利率。TJ 股份有限公司 2023 年的资产净利率为 2.02%，说明 TJ 股份有限公司每 100 元的资产可以为股东赚取 2.02 元的净利润。这一比率越高，说明企业的盈利能力越强。

资产报酬率的高低并没有一个绝对的评价标准。在分析企业的资产报酬率时，通常采用比较分析法，与该企业以前会计年度的资产报酬率做比较，可以判断企业资产盈利能力的变动趋势，或者与同行业平均资产报酬率做比较，可以判断企业在同行业中所处的地位。通过这种比较分析，可以评价企业的经营效率，发现其经营管理中存在的问题。如果企业的资产报酬率偏低，说明该企业经营效率较低，经营管理存在问题，应该调整经营方针，加强经营管理，提高资产的利用效率。

3. 股东权益报酬率

股东权益报酬率也称净资产收益率或所有者权益报酬率，是企业一定时期的净利润与股东权益平均总额的比率，其计算公式为

$$股东权益报酬率 = \frac{净利润}{股东权益平均总额} \times 100\% \qquad (9\text{-}30)$$

$$股东权益平均总额 = \frac{期初股东权益总额+期末股东权益总额}{2} \qquad (9\text{-}31)$$

根据表 9-1 和表 9-2，TJ 股份有限公司 2023 年的股东权益报酬率为

$$股东权益报酬率 = \frac{323.29}{(4171.20+3859.20) \div 2} \times 100\% = 8.05\%$$

股东权益报酬率是评价企业盈利能力的一个重要财务比率，它反映了企业股东获取投资报酬的高低。该比率越高，说明企业的盈利能力越强。TJ 股份有限公司 2023 年的股东权益报酬率为 8.05%，表明股东每投入 100 元资本，可以获得 8.05 元的净利润。

4. 成本费用净利率

成本费用净利率是企业净利润与成本费用总额的比率。它反映企业生产经营过程中发生的耗费与获得的报酬之间的关系，其计算公式为

$$成本费用净利率 = \frac{净利润}{成本费用总额} \times 100\% \qquad (9\text{-}32)$$

根据表 9-2，TJ 股份有限公司 2023 年的成本费用净利率计算如下：

$$成本费用净利率 = \frac{323.29}{10196.83+42.97+73.78+234.66+46.61+64.99} \times 100\% = 3.03\%$$

公司的成本费用是企业为了取得利润而付出的代价，主要包括营业成本、税金及附加、销售费用、管理费用、财务费用和所得税费用等。成本费用净利率越高，说明企业为获取报酬而付出的代价越小，企业的盈利能力越强。因此，通过该比率不仅可以评价企业盈利能力

的高低，还可以评价企业对成本费用的控制能力和经营管理水平。TJ 股份有限公司 2023 年的成本费用净利率为 3.03%，说明该公司每耗费 100 元可以获取 3.03 元的净利润。

5. 每股利润与每股现金流量

(1) 每股利润

每股利润也称每股收益或每股盈余，是公司普通股每股所获得的净利润，它是股份公司税后利润分析的一个重要指标。每股利润等于现金股利总额扣除优先股股利后的余额，除以发行在外的普通股平均股数，其计算公式为

$$每股利润 = \frac{现金股利总额 - 优先股股利}{发行在外的普通股平均股数} \tag{9-33}$$

每股利润是股份公司发行在外的普通股每股所取得的利润，每股利润越高，说明公司的盈利能力越强。

(2) 每股现金流量

每股现金流量是公司普通股每股所取得的经营活动的现金流量。每股现金流量等于经营活动产生的现金流量净额扣除优先股股利后的余额，除以发行在外的普通股平均股数，其计算公式为

$$每股现金流量 = \frac{经营活动产生的现金流量净额 - 优先股股利}{发行在外的普通股平均股数} \tag{9-34}$$

注重股利分配的投资者应当注意，每股利润的高低虽然与股利分配有密切关系，但它不是决定股利分配的唯一因素。如果某公司的每股利润很高，但是缺乏现金，那么也无法分配现金股利。因此，还有必要分析公司的每股现金流量。每股现金流量越高，说明公司越有能力支付现金股利。

6. 市盈率与市净率

市盈率和市净率是以企业盈利能力为基础的市场估值指标。这两个指标并不是直接用于分析企业盈利能力的，而是投资者以盈利能力分析为基础，对公司股票进行价值评估的工具。通过对市盈率和市净率的分析，可以判断股票的市场定价是否符合公司的基本面，为投资者的投资活动提供决策依据。

(1) 市盈率

市盈率也称价格盈余比率或价格与收益比率，是指普通股每股股价与每股利润的比率，其计算公式为

$$市盈率 = \frac{每股股价}{每股利润} \tag{9-35}$$

市盈率是反映公司市场价值与盈利能力之间关系的一个重要财务比率，投资者对这个比率十分重视，将它作为做出投资决策的重要参考因素之一。资本市场上并不存在一个标准市盈率，对市盈率的分析要结合行业特点和企业的盈利前景。一般来说，市盈率高，说明投资者对该公司的发展前景看好，愿意出较高的价格购买该公司股票，所以，成长性好的公司股票市盈率通常要高一些，而盈利能力差、缺乏成长性的公司的市盈率要低一些。但是，也应注意，如果某股票的市盈率过高，则也意味着这只股票具有较高的投资风险。

（2）市净率

市净率是指普通股每股股价与每股净资产的比率，其计算公式为

$$市净率 = \frac{每股股价}{每股净资产} \tag{9-36}$$

市净率反映了公司股票市场价值与账面价值之间的关系，该比率越高，说明股票的市场价值越高。一般来说，资产质量好、盈利能力强的公司，其市净率会比较高；而风险较大、发展前景较差的公司，其市净率会比较低。在一个有效的资本市场中，如果公司股票的市净率小于1，即股价低于每股净资产，则说明投资者对公司未来发展前景持悲观看法。

9.3.4 成长能力分析

成长能力也称为发展能力，是指企业在从事经营活动过程中所表现出的增长能力，如规模的扩大、盈利的持续增长、市场竞争力的增强等。反映企业发展能力的主要财务比率有销售增长率、资产增长率、股权资本增长率、利润增长率等。

1. 销售增长率

销售增长率是企业本年营业收入增长额与上年营业收入总额的比率，其计算公式为

$$销售增长率 = \frac{本年营业收入增长额}{上年营业收入总额} \times 100\% \tag{9-37}$$

式中，本年营业收入增长额是指本年营业收入总额与上年营业收入总额的差额。销售增长率反映了企业营业收入的变化情况，是评价企业成长性和市场竞争力的重要指标。该比率大于零，表示企业本年营业收入增加；反之，表示营业收入减少。该比率越高，说明企业营业收入的成长性越好，企业的发展能力越强。

根据表9-2，TJ股份有限公司2023年的销售增长率计算如下：

$$销售增长率 = \frac{11379.93 - 10963.13}{10963.13} \times 100\% = 3.80\%$$

2. 资产增长率

资产增长率是企业本年总资产增长额与年初资产总额的比率。该比率反映了企业本年度资产规模的增长情况，其计算公式为

$$资产增长率 = \frac{本年总资产增长额}{年初资产总额} \times 100\% \tag{9-38}$$

式（9-38）中本年总资产增长额是指本年资产年末余额与年初余额的差额。资产增长率是从企业资产规模扩张方面来衡量企业发展能力的。企业资产总量对企业的发展具有重要的影响，一般来说，资产增长率越高，说明企业资产规模增长的速度越快，企业的竞争力会增强。但是，在分析企业资产数量增长的同时，也要注意分析企业资产的质量变化。

根据表9-1，TJ股份有限公司2023年的资产增长率计算如下：

$$资产增长率 = \frac{16630.20 - 15239.14}{15239.14} \times 100\% = 9.12\%$$

3. 股权资本增长率

股权资本增长率也称净资产增长率或资本积累率，是指企业本年股东权益增长额与年初

股东权益总额的比率，其计算公式为

$$股权资本增长率 = \frac{本年股东权益增长额}{年初股东权益总额} \times 100\% \quad (9\text{-}39)$$

式（9-39）中本年股东权益增长额是指本年股东权益年末余额与年初余额的差额。股权资本增长率反映了企业当年股东权益的变化水平，体现了企业资本的积累能力，是评价企业发展潜力的重要财务指标。该比率越高，说明企业资本积累能力越强，企业的发展能力也越好。

根据表 9-1，TJ 股份有限公司 2023 年的股权资本增长率计算如下：

$$股权资本增长率 = \frac{4171.20 - 3859.20}{3859.20} \times 100\% = 8.08\%$$

4. 利润增长率

利润增长率是指企业本年利润总额增长额与上年利润总额的比率，其计算公式为

$$利润增长率 = \frac{本年利润总额增长额}{上年利润总额} \times 100\% \quad (9\text{-}40)$$

本年利润总额增长额是指本年利润总额与上年利润总额的差额。利润增长率反映了企业盈利能力的变化，该比率越高，说明企业的成长性越好，发展能力越强。

根据表 9-2，TJ 股份有限公司 2023 年的利润增长率计算如下：

$$利润增长率 = \frac{388.28 - 378.24}{378.24} \times 100\% = 2.65\%$$

分析者也可以根据分析的目的，计算净利润增长率，其计算方法与利润增长率相同，只需将式中的利润总额换为净利润即可。

根据表 9-2，TJ 股份有限公司 2023 年的净利润增长率计算如下：

$$净利润增长率 = \frac{323.28 - 317.94}{317.94} \times 100\% = 1.67\%$$

上述四项财务比率分别从不同的角度反映了企业的发展能力。需要说明的是，在分析企业的发展能力时，仅用一年的财务比率是不能正确评价企业的发展能力的，只有计算连续若干年的财务比率，才能正确评价企业发展能力的持续性。

9.3.5 财务能力综合分析——杜邦分析体系

前面运用不同的财务指标对企业的偿债能力、营运能力、盈利能力和成长能力进行了分析。从这几个能力分析可以看出，如果企业的资产管理水平高，营运能力强，就会提高企业的盈利能力，进而提高企业的偿债能力；反之，如果企业的资产管理水平低，营运能力弱，就会降低企业的盈利能力，进而降低企业的偿债能力。这也说明尽管各单项财务指标所起的作用不同，但企业的各项财务指标之间并不是孤立的，而是相互之间存在着密切联系。净资产收益率和总资产收益率两个指标为企业进行综合分析提供了依据。

以净资产收益率指标为分析起点，将净资产收益率和总资产收益率两个指标分解如下：

$$\begin{aligned}
\text{净资产收益率} &= \frac{\text{净利润}}{\text{平均所有者权益}} \\
&= \frac{\text{净利润}}{\text{平均总资产}} \times \frac{\text{平均总资产}}{\text{平均所有者权益}} \\
&= \text{总资产收益率} \times \text{权益乘数} \\
&= \frac{\text{净利润}}{\text{营业收入}} \times \frac{\text{营业收入}}{\text{平均总资产}} \times \frac{\text{平均总资产}}{\text{平均所有者权益}} \\
&= \text{营业净利率} \times \text{总资产周转率} \times \text{权益乘数}
\end{aligned} \quad (9\text{-}41)$$

美国杜邦公司最早发现各项指标之间的相互关系并将其用于对公司财务状况的分析，因此，这种综合分析方法称为杜邦分析法，有关指标之间构成的分析体系称为杜邦分析体系，如图 9-1 所示。

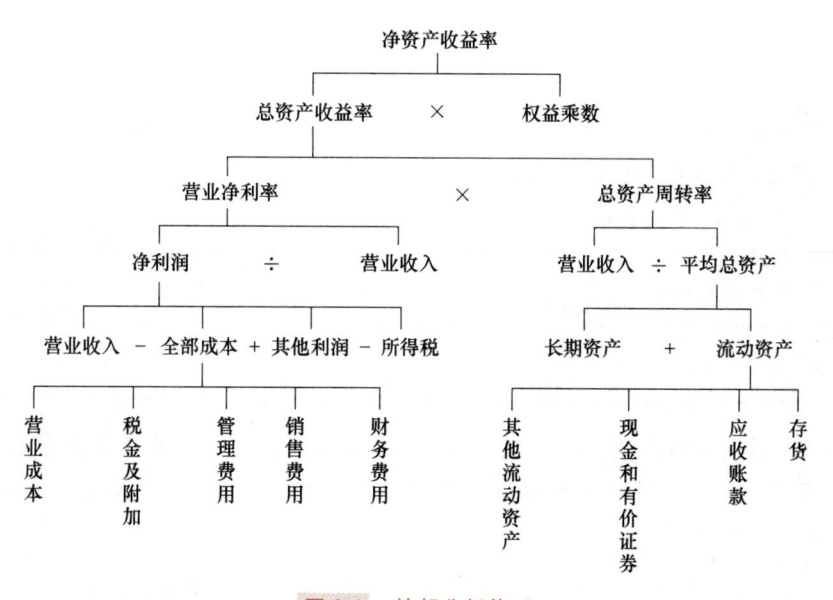

图 9-1 杜邦分析体系

净资产收益率是一个综合性极强、最有代表性的财务指标，是杜邦分析体系的核心。企业财务管理的重要目标是实现股东财富最大化，净资产收益率正反映了股东投入资金的获利能力，反映了企业筹资、投资和生产运营等各方面经营活动的效率。企业的工程结算收入、成本费用、资本结构、资产周转速度及资金占用量等各种因素都直接影响到净资产收益率的高低。

总资产收益率指标反映的信息是要提高企业资产的盈利能力，不仅要提高营业净利率，而且要提高资产的营运能力。当然，由于各种因素的影响，企业很难同时做好以上两个方面，但可以在两者之间选择其一。将总资产收益率分解为营业净利率和总资产周转率，有助于企业制定财务策略。

从图 9-1 可以得出以下结论：

1) 要提高净资产收益率，就要提高总资产收益率和权益乘数。

2) 从总资产收益率指标的分解中可以看出，要提高企业总资产的盈利能力，就要从提高总资产周转率和提高营业净利率方面下功夫。要提高总资产周转率，就要减少资产占用，包括流动资产、固定资产和其他资产的占用，加速资金周转，提高资金的使用效率。在流动资产方面主要是加强对存货和应收账款的管理；要提高营业净利率，关键是要提高企业的销售收入，降低成本、费用支出。

3）要提高权益乘数。权益乘数提供的信息是，企业应合理负债，充分发挥财务杠杆的作用。财务杠杆对提高净资产收益率有重要作用，但只有在资产息税前利润率大于债务利率时，才能通过财务杠杆提高企业的净资产收益率。

从以上分析可以看出，杜邦分析体系不但能揭示净资产收益率形成的原因，也向企业展示了提高净资产收益率的途径，这为企业以后的财务管理工作提供了重要的参考价值。

9.4 施工企业财务分析案例

9.4.1 TJ 股份有限公司的偿债能力分析

1. 流动比率和速动比率分析

TJ 股份有限公司的流动比率和速动比率见表 9-4。

表 9-4　TJ 股份有限公司 2020 年—2022 年的流动比率和速动比率

指标	年份		
	2020 年	2021 年	2022 年
流动比率	1.12	1.09	1.08
速动比率	0.82	0.86	0.76

从表 9-4 可看出，TJ 股份有限公司的流动比率仅略大于 1，而速动比率远远小于 1，显示其短期偿债能力较弱。而流动比率与速动比率相比，差距较大，说明该公司存货占用较多。同时，对比该行业同期数据，见表 9-5。

表 9-5　TJ 股份有限公司 2022 年短期偿债能力与行业数据的比较

指标	企业数据	行业均值
流动比率	1.08	1.11
速动比率	0.76	0.87

从表 9-5 中可以看到，TJ 股份有限公司的流动比率略低于行业均值；速动比率低于行业均值，显示其短期偿债能力较差。

2. 资产负债率分析

TJ 股份有限公司近 3 年的资产负债率见表 9-6。

表 9-6　TJ 股份有限公司 2020 年—2022 年的资产负债率

指标	年份		
	2020 年	2021 年	2022 年
资产负债率	74.76%	74.39%	74.67%

从表 9-6 中可以看出，TJ 股份有限公司的资产负债率一直维持在较高的水平，并保持稳

定，说明 TJ 股份有限公司持续依赖外部融资。同时对比该行业同期数据（表 9-7）可知，TJ 股份有限公司的资产负债率基本与行业均值持平，说明该公司财务杠杆使用与行业其他公司一致，具有类似风险特征。

表 9-7　TJ 股份有限公司 2022 年资产负债率与行业数据的比较

指标	企业数据	行业均值
资产负债率	74.67%	74.90%

3. 已获利息倍数分析

TJ 股份有限公司近 3 年的已获利息倍数见表 9-8。

表 9-8　TJ 股份有限公司 2020 年—2022 年的已获利息倍数

指标	年份		
	2020 年	2021 年	2022 年
已获利息倍数	10.68	10.54	11.57

本部分使用"财务费用"代替"利息费用"进行计算。TJ 股份有限公司 2020 年—2022 年的已获利息倍数持续增加，且均大于 10，说明 TJ 股份有限公司有较强的利息偿付能力。

9.4.2　TJ 股份有限公司营运能力分析

1. 总资产周转率分析

总资产周转率是综合评价企业全部资产的经营质量和利用效率的重要指标。TJ 股份有限公司的总资产周转率、流动资产周转率指标见表 9-9。

表 9-9　TJ 股份有限公司 2020 年—2022 年的总资产周转率、流动资产周转率

指标	年份		
	2020 年	2021 年	2022 年
总资产周转率	0.78	0.79	0.76
流动资产周转率	1.13	1.15	1.14
流动资产占总资产的比重	69.56%	68.16%	66.68%

从表 9-9 可看出，TJ 股份有限公司总资产周转率指标呈逐年下滑态势，2022 年 TJ 股份有限公司以 1 元的资产投入能赚取 0.76 元的收入，该数值优于行业平均值。说明公司总资产周转处于较为健康的状态。

下面用连环代替法分析 2021 年—2022 年 TJ 股份有限公司总资产周转率变动的影响因素（为便于分析，计算结果取 3 位小数）。

给出相关计算公式如下：

$$\text{总资产周转率} = \frac{\text{营业收入}}{\text{平均总资产}}$$

$$= \frac{\text{营业收入}}{\text{平均流动资产}} \times \frac{\text{平均流动资产}}{\text{平均总资产}} \quad (9\text{-}42)$$

$$= \text{流动资产周转率} \times \text{流动资产占总资产的比重}$$

代入表 9-9 数据得到：

$$2021 \text{ 年总资产周转率} = 1.15 \times 68.16\% = 0.79 \quad ①$$

$$\text{流动资产周转率变化的影响} = 1.14 \times 68.16\% = 0.777 \quad ②$$

$$\text{流动资产占总资产比重的影响} = 1.14 \times 66.68\% = 0.76 \quad ③$$

计算可得：

②-① = -0.013，③-② = -0.017。

由此可知，上述两种变化对总资产周转率的总影响是-0.03(-0.013-0.017)，流动资产周转率的降低使总资产周转率下降了 0.013，流动资产占总资产比重的下降使总资产周转率下降了 0.017，可以看出流动资产占总资产比重的变化对总资产周转率的影响略大一些，占到总影响的 56.67%(0.017÷0.030)。

2. 流动资产周转率分析

$$\text{流动资产周转率} = \frac{\text{营业收入}}{\text{平均流动资产}}$$

$$= \frac{\text{营业成本}}{\text{平均存货}} \times \frac{\text{平均存货}}{\text{平均流动资产}} \times \frac{\text{营业收入}}{\text{营业成本}} \quad (9\text{-}43)$$

$$= \text{存货周转率} \times \text{存货占流动资产的比重} \times \text{成本收入率}$$

TJ 股份有限公司 2020 年—2022 年的流动资产周转率构成见表 9-10。

表 9-10 TJ 股份有限公司 2020 年—2022 年的流动资产周转率构成

指标	年份		
	2020 年	2021 年	2022 年
存货周转率	3.87	4.30	3.97
存货占流动资产的比重	26.43%	24.23%	25.86%
成本收入率	110.21%	110.61%	111.22%
流动资产周转率	1.13	1.15	1.14

下面用连环代替法分析 2021 年—2022 年 TJ 股份有限公司流动资产周转率变动的影响因素（为便于分析，计算结果取 3 位小数）。

$$2021 \text{ 年流动资产周转率} = 4.30 \times 24.23\% \times 110.61\% = 1.152 \quad ①$$

$$\text{存货周转率变化的影响} = 3.97 \times 24.23\% \times 110.61\% = 1.064 \quad ②$$

$$\text{存货占流动资产比重的影响} = 3.97 \times 25.86\% \times 110.61\% = 1.136 \quad ③$$

$$\text{成本收入率的影响} = 3.97 \times 25.86\% \times 111.22\% = 1.142 \quad ④$$

计算可得：

②-① = -0.088，③-② = 0.072，④-③ = 0.006。

由此可知，在本年度中，TJ 股份有限公司存货周转率的下降使流动资产周转率下降了 0.088 的同时，存货占流动资产的比重又增加了 0.072，在存货占流动资产比率增大及存货周转率下降的双重影响下，TJ 股份有限公司的流动资产率受存货的影响非常大，而成本收入率对流动资产周转率的影响微乎其微。

由表 9-10 可知，TJ 股份有限公司的存货周转率在 2021 年—2022 年经历了一个较大的下滑。对比行业数据（表 9-11）可知，TJ 股份有限公司存货周转速度过慢，拖累了流动资产周转率指标，存货管理能力有待提高。

表 9-11　TJ 股份有限公司 2022 年存货周转率与行业数据的比较

指标	企业数据	行业均值
存货周转率	3.97	4.41

从应收账款的角度，对流动资产周转率指标进行分解可得：

$$流动资产周转率 = \frac{营业收入}{平均流动资产}$$
$$= \frac{营业收入}{平均应收账款} \times \frac{平均应收账款}{平均流动资产} \quad (9-44)$$
$$= 应收账款周转率 \times 应收账款占流动资产的比重$$

TJ 股份有限公司应收账款周转率与应收账款占流动资产的比重见表 9-12。

表 9-12　TJ 股份有限公司 2020 年—2022 年的应收账款周转率与应收账款占流动资产的比重

指标	年份		
	2020 年	2021 年	2022 年
应收账款周转率	7.66	7.25	7.38
应收账款占流动资产的比重	14.71%	15.90%	15.48%

下面用连环代替法分析 2021 年—2022 年 TJ 股份有限公司应收账款对流动资产周转率变动的影响（为便于分析，计算结果取 3 位小数）。

$$2021 年流动资产周转率 = 7.25 \times 15.90\% = 1.152 \quad ①$$
$$应收账款周转率变化的影响 = 7.38 \times 15.90\% = 1.173 \quad ②$$
$$应收账款占流动资产比重的影响 = 7.38 \times 15.48\% = 1.142 \quad ③$$

计算可得：

②-① = 0.021，③-② = -0.031。

由此可知，应收账款周转率的上升并没收使得 TJ 股份有限公司流动资产周转率得到相应的提升；可能是由于应收账款占流动资产比率的减少造成的。

同时，对比同行业数据（表 9-13），可知 TJ 股份有限公司应收账款收款的周转速度远高于行业均值，但是对比同行业数据（表 9-14）时，发行流动资产周转率仅略高于行业均值，说明受到应收账款规模减小的影响，应收账款周转率的显著提升并没有很好地提升企业流动资产的周转情况。结合存货情况来看，TJ 股份有限公司需要调整企业的流动资产结构，加强对存货的管理，才能更好地发挥其应收账款变现能力的优势，提升公司的营运能力。

表 9-13　TJ 股份有限公司 2022 年应收账款周转率与行业数据的比较

指标	企业数据	行业均值
应收账款周转率	7.38	5.90

表 9-14　TJ 股份有限公司 2022 年流动资产周转率与行业数据的比较

指标	企业数据	行业均值
流动资产周转率	1.14	1.11

9.4.3　TJ 股份有限公司盈利能力分析

1. 营业毛利率和营业净利率分析

TJ 股份有限公司的营业毛利率、营业净利率见表 9-15。

表 9-15　TJ 股份有限公司 2020 年—2022 年营业毛利率与营业净利率指标值

指标	年份		
	2020 年	2021 年	2022 年
营业毛利率	9.26%	9.60%	10.09%
营业净利率	2.82%	2.87%	2.90%

由表 9-15 可知，TJ 股份有限公司营业毛利率和净利率都呈逐年上升趋势，说明该公司的盈利能力逐步提升。同期该行业数据见表 9-16，可用于对比并分析。

表 9-16　TJ 股份有限公司 2022 年营业毛利率和营业净利率与行业数据的比较

指标	企业数据	行业均值
营业毛利率	10.09%	10.80%
营业净利率	2.90%	2.75%

由同行业的数据对比得知，行业平均水平是每 100 元的营业收入能产生 10.80 元的毛利；而 TJ 股份有限公司每 100 元的营业收入只产生了 10.09 元的毛利，TJ 股份有限公司 2022 年的毛利率列低于行业均值。但相较于每 100 元有 2.75 元的营业净利，TJ 股份有限公司在营业净利率方面高于行业平均水平，这意味着 TJ 股份有限公司可以在保持盈利水平的同时，还有一定空间可以通过优化成本机构或提高销售收入等方式来提升公司的营业毛利率，进而优化其盈利能力。

2. 净资产收益率分析

从 TJ 股份有限公司 2020 年—2022 年净资产收益率的变化情况（表 9-17）来看，2022 年 TJ 股份有限公司的净资产收益率较 2021 年有所上升，但与 2020 年相比，2021 年和 2022 年均呈下降趋势。

表 9-17　TJ 股份有限公司 2020 年—2022 年的净资产收益率的变化情况

指标	年份		
	2020 年	2021 年	2022 年
净资产收益率	11.04%	10.06%	10.57%

但是，将 TJ 股份有限公司的净资产收益率指标与该行业同期指标（表 9-18）进行比较可知，TJ 股份有限公司的净资产收益率远高于行业水平，其获利能力表现比较优秀。

表 9-18 TJ 股份有限公司 2022 年净资产收益率与行业数据的比较

指标	企业数据	行业均值
净资产收益率	10.57%	7.52%

9.4.4 TJ 股份有限公司成长能力分析

TJ 股份有限公司成长能力指标计算结果见表 9-19。

表 9-19 TJ 股份有限公司 2020 年—2022 年的成长能力指标计算结果

指标	2020 年	2021 年	2022 年
年股权资本增长率	19.69%	10.47%	11.40%
年总资产增长率	14.94%	8.86%	12.63%
年净利润增长率	13.63%	14.02%	8.31%
年营业收入增长率	9.61%	12.04%	7.48%

由表 9-19 可知，TJ 股份有限公司的资本积累能力虽然在 2022 年有些许改善，但总体呈减弱趋势，表明公司的资本积累减弱，企业资本保全变弱，应付风险和持续发展的能力不足。从年总资产增长率指标来看，虽然该指标值有一定程度的波动，但是已经恢复不到 2020 年时的优异表现了，说明其成长性有待提高。

但从年净利润增长率指标来看，TJ 股份有限公司的净利润增长率呈现出了较大的波动，同时 TJ 股份有限公司年营业收入增长率指标值，从 2020 年 9.61% 上升到 2021 年的 12.04%，2022 年又下降到 7.48%，也经历了一个转折。营业收入反映了企业的经营能力，是利润的主要来源，营业收入的下降显然说明 TJ 股份有限公司的经营能力减弱，年净利润增长率指标的波动主要受其他非经营项目影响，故利润增长具有不可持续性。企业的营运能力决定了获利能力，而获利能力又影响了企业的成长能力。

9.4.5 TJ 股份有限公司杜邦分析

下面用杜邦分析的方法对 TJ 股份有限公司的经营进行评价（表 9-20）。

表 9-20 TJ 股份有限公司杜邦分析数据

指标	2020 年	2021 年	2022 年
营业净利率①	2.82%	2.87%	2.90%
总资产周转率②	0.78	0.79	0.76
总资产收益率①=①×②	2.19%	2.26%	2.20%
权益乘数②③	3.96	3.90	3.94
净资产收益率=总资产收益率×③	8.67%	8.81%	8.66%

① 由于小数位数四舍五入，造成此处总资产收益率的值与前文计算略有不同。
② 因为此处权益乘数的计算采用了年初和年末的总资产和股东权益的平均数，所以此处权益乘数与前文直接采用公式计算的结果不同。

通过观察数据可以发现，TJ 股份有限公司的净资产收益率虽然有波动，但基本保持上升的趋势。下面用连环代替法分析 2021 年—2022 年 TJ 股份有限公司净资产收益率变动的影响因素（为便于分析，计算结果取 3 位小数）。

$$2021 年净资产收益率 = 2.87\% \times 0.79 \times 3.90 = 8.842\% \quad ①$$
$$营业净利率变化的影响 = 2.90\% \times 0.79 \times 3.90 = 8.934\% \quad ②$$
$$总资产周转率变化的影响 = 2.90\% \times 0.76 \times 3.90 = 8.596\% \quad ③$$
$$权益乘数变化的影响 = 2.90\% \times 0.76 \times 3.94 = 8.684\% \quad ④$$

计算可得：

②-① = 0.092%，③-② = -0.338%，④-③ = 0.088%。

由此可知，上述三种变化使净资产收益率下降了 0.158%（0.092% - 0.338% + 0.088%），其中，营业净利率使净资产收益率上升了 0.092%，权益乘数上升了 0.088%，但是，总资产周转率的下降拖累了净资产收益率指标，使该指标值下降了。

复习思考题

1. 企业的流动资产由哪些项目组成？它们的流动性有何不同？
2. 长期偿债能力分析的主要指标有哪些？如何计算与分析？
3. 企业资产负债率的高低对债权人和股东会产生什么影响？
4. 试述应收账款周转次数与应收账款周转天数的关系。
5. 为什么净资产收益率是反映企业获利能力的核心指标？
6. 为什么说股东权益报酬率是杜邦分析的核心？

习　题

1. 甲公司是一家施工企业，该企业部分财务报表数据见表 9-21 和表 9-22。

表 9-21　甲公司资产负债表项目（年末数）　　　　　（单位：万元）

流动资产合计	37500
非流动资产合计	42500
资产总计	80000
负债合计	48000
所有者权益合计	32000
负债与所有者权益总计	80000

表 9-22　甲公司利润表项目（年度数）　　　　　（单位：万元）

营业收入	30000
营业成本	20000
期间费用	6000
利润总额	4000

（续）

所得税	1000
净利润	3000

根据上述资料，计算下列指标（计算中需要使用期初与期末平均数的，以期末数替代）：
①权益乘数；②营业净利率；③总资产周转率；④净资产收益率。

2. 甲公司 2024 年部分财务数据见表 9-23。

表 9-23　甲公司 2024 年部分财务数据　　　　　　　　（单位：万元）

项目	年初数	年末数
存货	7200	9600
流动资产	12000	12000
流动负债	6000	8000
总资产	15000	17000

甲公司的权益乘数为 1.5，流动资产周转率为 4 次，净利润为 2880 万元。
（1）计算甲公司 2024 年的销售收入和总资产周转率。
（2）计算甲公司 2024 年的营业净利率和净资产收益率。

第 9 章练习题
扫码进入小程序，完成答题即可获取答案

第 10 章 施工企业财务预算

学习目标

- 了解财务预算的概念和作用，理解财务预算编制程序和方法，掌握财务预算的具体构成内容及操作技巧
- 能运用弹性预算、零基预算和滚动预算等具体方法进行现金预算、预计财务报表的编制

10.1 财务预算概述

预算是计划工作的成果，是管理层在计划中设定的对未来一个时期经营活动的数量表述。它既是决策的具体化，又是控制生产经营活动的依据，是企业在近期内如何发展的一个执行蓝图。

全面预算是通过企业内外部环境的分析，在预测与决策基础上，调配相应的资源，对企业未来一定时期的经营和财务等做出一系列具体计划。

预算以战略规划目标为导向，是计划的数字化、表格化、明细化的表达。因此，它既是决策的具体化，又是控制经营和财务活动的依据。

全面预算就是企业未来一定期间内全部经营活动各项具体目标的计划与相应措施的数量说明。

10.1.1 财务预算的概念及内容

财务预算是一系列专门反映企业未来一定预算期内预计财务状况和经营成果，以及现金收支等价值指标的各种预算总称。具体包括反映现金收支活动的现金预算，反映企业财务状况的预计资产负债表，反映企业财务成果的预计损益表和预计现金流量表等。

财务预算属于企业计划体系的组成内容，是以货币表现的企业长期发展规划和近期经济活动的计划。同时，财务预算又是企业全面预算的一个重要方面，它与企业业务预算（即产、销、存预算）相互联系、相辅相成，共同构成企业完整的全面预算体系。财务预算具有综合性和导向性特征。

1. 综合性

对于企业业务预算而言，无论是生产预算还是销售预算，无论是流量预算还是存量预算，除涉及成本、价格等价值指标外，更重要的是产、销、存的数量、结构等实物性指标的预算。由于这些实物性指标的一个重要特征就是不能加总，而必须按不同产品分别计量，因而决定了业务预算具有相对性的特征。不仅如此，就成本、价格等价值性指标来说，也是一些分项目、分品种的具体性指标，如生产成本既要按品种编制单位成本计划，又要按成本项目编制直接材料预算、直接人工预算和制造费用预算；再如产品销售价格，不仅要按品种进行计划，而且还应按不同质量等级、不同销售渠道（即内部转移还是对外销售）等分别予以制定。相比之下，财务预算中，无论是损益预算还是现金预算，均是以货币为计量单位的价值预算。

由于价值的抽象性特征，决定了不同产品、不同经营项目及不同财务事项的数量方面能够直接汇总成为综合性的财务指标。不仅如此，就财务预算指标的设置而言，为便于其与实际指标的对比分析，通常要求与财务报表项目的口径保持一致。而财务报表的每一个项目均是企业经营及财务活动某一特定方面数量状况的综合反映，这样，据此设置的财务预算指标无疑就具有综合性的特征。

2. 导向性

企业管理以财务管理为中心，而财务管理以财务目标为导向。以财务目标为导向，就是企业的一切经济活动均应从企业的财务目标出发，体现实现企业财务目标的要求。作为以财务目标为起点进行层层分解所形成的控制指标体系，企业财务预算是财务目标的具体化。其中，财务预算中的损益预算指标是财务目标之收益目标的具体化，现金流量预算及资本结构预算则是财务目标之风险控制目标的具体化。这两个方面综合起来，也就体现了收益与风险的最佳组合——企业价值最大化的目标要求。企业财务预算的这一属性决定了其对企业经济活动具有导向作用，它是财务目标导向作用的具体实现程序。如果说财务目标属于总体上的观念导向，那么财务预算则是具体层次上的行为导向。这种行为导向主要体现为，企业的一切经济活动均应以预算指标为控制依据，符合实现预算指标的要求。

10.1.2 财务预算的作用

财务预算是企业全面预算体系中的组成部分，它在全面预算体系中具有重要的作用，主要表现在：

（1）财务预算使决策目标具体化、系统化和定量化

在现代企业财务管理中，财务预算必须服从决策目标的要求，尽量做到全面、综合地协调、规划企业内部各部门、各层次的经济关系与职能，使之统一服从于未来经营总体目标的要求。同时，财务预算还能使决策目标具体化、系统化和定量化，能够明确规定企业有关生产经营人员各自职责及相应的奋斗目标，做到人人事先心中有数。

(2) 财务预算是总预算，其余预算是辅助预算

财务预算作为全面预算体系中的最后环节，可以从价值方面总括地反映经营特种决策预算与业务预算的结果，使预算执行情况一目了然。

(3) 财务预算有助于财务目标的顺利实现

通过财务预算，可以建立评价企业财务状况的标准，以预算数作为标准的依据，将实际数与预算数对比，及时发现问题和调整偏差，使企业的经济活动按预定的目标进行，从而实现企业的财务目标。

编制财务预算，并建立相应的预算管理制度，可以指导与控制企业的财务活动，提高预见性，减少盲目性，使企业的财务活动有条不紊地进行。

10.2 财务预算的编制方法

编制财务预算的方法按其业务量基础的数量特征不同，可分固定预算方法和弹性预算方法；编制成本费用预算的方法按其出发点的特征不同，可分为增量预算方法和零基预算方法；编制预算的方法按其预算期的时间特征不同，可分为定期预算方法和滚动预算方法。

10.2.1 固定预算与弹性预算

1. 固定预算

固定预算又称静态预算，是把企业预算期的业务量固定在某一预计水平上，以此为基础来确定其他项目预计数的预算方法。

也就是说，预算期内编制财务预算所依据的成本费用和利润信息都只是在一个预定的业务量水平的基础上确定的。显然，以未来固定不变的业务水平所编制的预算赖以存在的前提条件，必须是预计业务量与实际业务量相一致（或相差很小）。但是，在实际工作中，当预计业务量与实际水平相差比较大时，必然导致有关成本费用及利润的实际水平与预算水平因基础不同而失去可比性，不利于开展控制与考核。而且有时会引起人们的误解。例如，某企业预计业务量为销售100000件产品，按此业务量给销售部门的预算费用为5000元。即使该销售部门实际销售量达到120000件，超出了预算业务量，而固定预算下的费用预算仍为5000元。

固定预算法的优点是简便易行，但却具有以下缺点：

1) 过于机械呆板。因为编制预算的业务量基础是事先假定的某一个业务量，不论预算期内业务量水平可能发生哪些变动，都只按事先确定的某一个业务量水平作为编制预算的基础。

2) 可比性差。这是固定预算方法的致命弱点。当实际的业务量与编制预算所根据的预计业务量发生较大差异时，有关预算指标的实际数与预算数就会因业务量基础不同而失去可比性。因此，按照固定预算方法编制的预算不利于正确地控制、考核和评价企业预算的执行情况。

一般来说，固定预算只适用于业务量水平较为稳定的企业或非营利性组织编制预算。

2. 弹性预算

弹性预算又称变动预算、滑动预算，是在变动成本法的基础上，以未来不同业务水平为基础编制预算的方法。

弹性预算是指以预算期间可能发生的多种业务量水平为基础，分别确定与之相应的费用数额而编制的、能适应多种业务量水平的费用预算，以便反映在业务量不同的情况下所应开支（或取得）的费用（或利润）水平。正是由于这种预算可以随着业务量的变化而反映各该业务量水平下的支出控制数，具有一定的伸缩性，适用面广，因而称为弹性预算。

用弹性预算的方法编制成本预算时，其关键在于把所有的成本按其性态划分为变动成本与固定成本两大部分。在编制预算时，变动成本随业务量的变动而予以增减，固定成本则在相关的业务量范围内稳定不变。变动成本主要根据单位业务量来控制，固定成本则按总额控制。成本的弹性预算计算方式如下：

$$成本的弹性预算 = 固定成本预算数 + \sum(单位变动成本预算数 \times 预计业务量) \quad (10\text{-}1)$$

通过编制弹性预算，能提供一系列生产经营业务量的预算数据。弹性预算是为一系列业务量水平而编制的，因此，当某一预算项目的实际业务量达到任何水平（必须在选择的业务量范围之内），都有其适用的一套控制标准。另外，由于预算是按各项成本的性态分别列示的，所以可以方便地计算出在任何实际业务量水平下的预测成本，从而为管理人员在事前据以严格控制费用开支提供方便，也有利于在事后细致分析各项费用节约或超支的原因，并及时解决问题。

弹性预算一方面能够适应不同经营活动情况的变化，扩大了预算的范围，可以更好地发挥预算的控制作用，避免了实际情况发生变化时，对预算做频繁的修改；另一方面能够使实际预算执行情况的评价与考核，建立在更加客观可比的基础上。

由于未来业务量的变动会影响成本、费用和利润等各个方面，因此弹性预算从理论上来讲适用于全面预算中与业务量有关的各种预算。但从实用角度看，主要用于编制制造费用、销售及管理费用等半变动成本（费用）的预算和利润预算。

编制弹性预算的步骤如下：

1）选择和确定各种经营活动的计量单位、消耗量、人工小时、机器工时等。

2）预测和确定可能达到的各种经营活动业务量。在确定经济活动业务量时，要与各业务部门共同协调，一般可按正常经营活动水平的 70%～120% 确定，也可按过去历史资料中的最低业务量和最高业务量为上下限，然后再在其中划分若干等级，这样编出的弹性预算较为实用。

3）根据成本性态和业务量之间的依存关系，将企业生产成本划分为变动和固定两个类别，并逐项确定各项费用与业务量之间的关系。

4）计算各种业务量水平下的预测数据，并用一定的方式表示，形成某一项的弹性预算。

[例 10-1] 某公司第一车间，生产能力为 30000 机器工时，按生产能力 80%、90%、100%、110%编制 2024 年 9 月该车间制造费用的弹性预算，具体见表 10-1。

表 10-1 弹性预算

部门：第一车间
预算期：2025 年 9 月　　　　　　　　　　　　　　　　　　　　　　（单位：元）

费用项目	变动费用率/（元/h）	生产能力 80% 24000h	生产能力 90% 27000h	生产能力 100% 30000h	生产能力 110% 33000h
变动费用					
间接材料	0.5	12000	13500	15000	16500
间接人工	1.5	36000	40500	45000	49500
维修费用	2	48000	54000	60000	66000
电力	0.45	10800	12150	13500	14850
水费	0.3	7200	8100	9000	9900
电话费	0.25	6000	6750	7500	8250
小计	5	120000	135000	150000	165000
固定费用					
间接人工		5000	5000	5000	8000
维修费用		5000	5000	5000	6000
电话费		1000	1000	1000	1000
折旧		10000	10000	10000	14000
小计		21000	21000	21000	29000
合计		141000	156000	171000	194000
小时费用率/（元/h）		5.875	5.778	5.700	5.879

从表 10-1 可知，当生产能力超过 100%，达到了 110%时，固定费用中的有些费用项目将发生变化，间接人工增加了 4500 元，维修费用增加了 1000 元，折旧增加 4000 元。这就说明固定成本超过一定的业务量范围，成本总额也会发生变化，并不是一成不变的。

从弹性预算中也可以看到，当生产能力达到 100%时，小时费用率为最低 5.700 元，它说明企业充分利用生产能力，且产品销路没有问题时，应向这个目标努力，从而使成本降低，利润增加。

10.2.2 增量预算与零基预算

1. 增量预算

增量预算方法又称调整预算方法，是指以基期成本费用水平为基础，结合预算期业务量水平及有关影响成本因素的未来变动情况，通过调整有关原有费用项目而编制预算的一种方法。

增量预算以过去的费用发生水平为基础，主张不需在预算内容上做较大的调整，它的编制遵循如下假定：

第一，企业现有业务活动是合理的，不需要进行调整。

第二，企业现有各项业务的开支水平是合理的，在预算期予以保持。

第三，以现有业务活动和各项活动的开支水平，确定预算期各项活动的预算数。

这是一种传统的预算方法，这种预算方法比较简单，但它是以过去的水平为基础，实际上就是承认过去是合理的，无需改进。因此往往不加分析地保留或接受原有成本项目，或按主观臆断平均削减，或只增不减，这样容易造成预算的不足，或者是安于现状，造成预算不合理的开支。

2. 零基预算

（1）零基预算的概念

零基预算又称零底预算，其全称为以零为基础编制计划和预算的方法，简称零基预算，是指对任何一个预算期，任何一种费用项目的开支，都不是从原有的基础出发，即根本不考虑基期的费用开支水平，而是一切以零为起点，从零开始考虑各费用项目的必要性，确定预算收支，编制预算。

（2）零基预算的来源与特点

零基预算法最初是由德州仪器公司开发的，是指在编制预算时对于所有的预算支出，均以零为基底，不考虑以往情况如何，从根本上研究分析每项预算有否支出的必要和支出数额的大小。这种预算不以历史为基础进行修补，而是在年初重新审查每项活动对实现组织目标的意义和效果，并在成本—效益分析的基础上，重新排出各项管理活动的优先次序，并据此决定资金和其他资源的分配。

（3）零基预算编制程序

零基预算编制程序是：

1）划分和确定基层预算单位。企业里各基层业务单位通常被视为能独立编制预算的基层单位。

2）编制本单位的费用预算方案。由企业提出总体目标，然后各基层预算单位根据企业的总目标和自身的责任目标，编制本单位为实现上述目标的费用预算方案，在方案中必须详细说明提出项目的目的、性质、作用及需要开支的费用数额。

3）进行成本-效益分析。基层预算单位按下达的"预算年度业务活动计划"，确认预算期内需要进行的业务项目及其费用开支后，管理层要对每一个项目的所需费用和所得收益进行比较分析，权衡轻重，区分层次，划出等级，挑出先后。基层预算单位的业务项目一般分为三个层次：第一层次是必要项目，即非进行不可的项目；第二层次是需要项目，即有助于提高质量、效益的项目；第三层次是改善工作条件的项目。进行成本-效益分析的目的在于判断基层预算单位各个项目费用开支的合理程度、先后顺序及对本单位业务活动的影响。

4）审核分配资金。根据预算项目的层次、等级和次序，按照预算期可动用的资金及其来源，依据项目的轻重缓急的次序，分配资金，落实预算。

5）编制并执行预算。资金分配方案确定后，就制定零基预算正式稿，经批准后下达执行。执行中遇有偏离预算的地方要及时纠正，遇有特殊情况要及时修正，遇有预算本身问题要找出原因，总结经验加以提高。

(4) 零基预算的优点及使用问题

和传统预算编制方法相比较，零基预算具有以下优点：

1）有利于提高员工的投入—产出意识。传统的预算编制方法，主要是由专业人员完成的，但零基预算是以"零"为起点观察和分析所有业务活动，并且不考虑过去的支出水平，因此，需要动员企业的全体员工参与预算编制，这样不合理的因素就不能继续保留下去，从投入开始减少浪费。通过成本-效益分析，提高产出水平，从而能增强员工的投入产出意识。

2）有利于合理分配资金。每项业务都经过成本-效益分析，对每个业务项目是否应该存在、支出金额若干，都要进行分析计算，精打细算，量力而行，能使有限的资金流向富有成效的项目，所分配的资金能更加合理。

3）有利于发挥基层单位参与预算编制的创造性。在零基预算的编制过程中，企业内部情况得以沟通和协调，企业整体目标更趋明确，多业务项目的轻重缓急容易得到共识，有助于调动基层单位参与预算编制的主动性、积极性和创造性。

4）有利于提高预算管理水平。零基预算较大地提高了预算的透明度，预算支出中的人头经费和专项经费一目了然，可能缓解各级之间因为预算而发生争吵，预算会更加切合实际，会更好地起到调控作用，整个预算的编制和执行也能逐步规范，预算管理水平会得以提高。

尽管零基预算法和传统的预算方法相比有许多好的创新点，但在实际运用中仍存在一些"瓶颈"，具体如下：

1）由于一切工作从"零"做起，因此采用零基预算法编制工作量大、费用相对较高。

2）分层、排序和资金分配时，可能有主观影响，容易引起部门之间的矛盾。

3）任何单位工作项目的"轻重缓急"都是相对的，过分强调当前的项目，可能是有关人员只注重短期利益，忽视本单位作为一个整体的长远利益。

10.2.3 定期预算与滚动预算

1. 定期预算

定期预算也称为阶段性预算，是指在编制预算时以不变的会计期间（如日历年度）作为预算期的一种编制预算的方法。

定期预算的优点是能够使预算期间与会计年度相配合，便于考核和评价预算的执行结果。

定期预算有三大缺点：

1）盲目性。因为定期预算大多在其执行年度开始前两三个月进行，对于整个预算年度的生产经营活动很难做出准确的预算，特别是在多变的市场下，许多数据资料只能估计，数据笼统含糊，缺乏远期指导性，给预算的执行带来很多困难，不利于对生产经营活动的考核与评价，具有盲目性。

2）不变性。在定期预算执行过程中，许多不测因素会妨碍预算的指导功能，甚至使之失去作用，而预算在实施过程中又往往不能进行调整，使之成为虚假预算。

3）间断性。定期预算的连续性差，它只考虑一个会计年度的经营活动，即使年中修订的预算也只是针对剩余的预算期，很少考虑下一个会计年度，形成人为的预算间断。

2. 滚动预算

滚动预算又称连续预算或永续预算，是指按照"近细远粗"的原则，根据上一期的预算完成情况，调整和具体编制下一期预算，并将编制预算的时期逐期连续滚动向前推移，使预算总是保持一定的时间幅度。简单地说，就是指根据上一期的预算指标完成情况，调整和具体编制下一期预算，并将预算期连续滚动向前推移的一种预算编制方法。

滚动预算的编制，可采用长计划、短安排的方式进行，即在编制预算时，可先按年度分季，并将其中第一季度按月划分，编制各月的详细预算。其他三个季度的预算可以粗一些，只列各季总数，到第一季度结束前，再将第二季度的预算按月细分，第三、四季度及下年度第一季度只列各季总数，依此类推，使预算不断地滚动下去。

滚动预算可以保持预算的连续性和完整性。企业的生产经营活动是连续不断的，因此，企业的预算也应该全面地反映这一延续不断的过程，使预算方法与生产经营过程相适应。同时，企业的生产经营活动是复杂的，而滚动预算便于随时修订预算，确保企业经营管理工作秩序的稳定性，充分发挥预算的指导与控制作用。滚动预算能克服传统定期预算的盲目性、不变性和间断性，从这个意义上说，编制预算已不再仅仅是每年末才开展的工作了，而是与日常管理密切结合的一项措施。当然，滚动预算采用按月滚动的方法，预算编制工作比较繁重，所以，也可以采用按季度滚动编制。

10.3　现金预算与预计财务报表的编制

10.3.1　现金预算的编制

现金预算又称为现金收支预算，是反映预算期企业全部现金收入和全部现金支出的预算。完整的现金预算，一般包括以下四个组成部分：现金收入、现金支出、现金余缺（收支差额）、现金融通。

现金预算实际上是其他预算有关现金收支部分的汇总，以及收支差额平衡措施的具体计划。它的编制要以其他各项预算为基础，或者说其他预算在编制时要为现金预算做好数据准备。

下面分别介绍为现金预算的编制提供数据及编制依据的各项预算的编制。

1. 销售预算

销售预算是在销售预测的基础上，根据企业年度目标利润确定的预计销售量、销售单价和销售收入等参数编制的，用于规划预算期销售活动的一种业务预算。在编制过程中，应根据年度内各季度市场预测的销售量和单价，确定预计销售收入，并根据各季现销收入与收回前期的应收账款反映现金收入额，以便为编制现金收支预算提供资料。根据销售预测确定的销售量和销售单价确定各期销售收入，并根据各期销售收入和企业信用政策，确定每期的销售现金流量，是销售预算的两个核心问题。

由于企业其他预算的编制都必须以销售预算为基础，因此，销售预算是编制全面预算的起点。

[例 10-2] 大华有限公司生产和销售 A 产品，表 10-2 为根据 2024 年各季度的预测销售量及售价的有关资料编制的销售预算表。

表 10-2 大华有限公司 2024 年度销售预算

项目	第一季度	第二季度	第三季度	第四季度	合计
预计销售量/件	1000	1500	2000	1800	6300
单位售价/(元/件)	4000	4000	4000	4000	
销售收入/元	4000000	6000000	8000000	7200000	25200000

在实际工作中，产品销售往往不是现购现销的，即产生了很大数额的应收账款，所以，销售预算中通常还包括预计现金收入的计算，其目的是为编制现金预算提供必要的资料。

假设本例中，每季度销售收入在本季收到现金 60%，其余赊销在下季度收账，那么大华有限公司 2024 年度预计现金收入见表 10-3。

表 10-3 大华有限公司 2024 年度预计现金收入 （单位：元）

项目	本期应收款	现金收入			
		第一季度	第二季度	第三季度	第四季度
期初数	650000	650000			
第一季度	4000000	2400000	1600000		
第二季度	6000000		3600000	2400000	
第三季度	8000000			4800000	3200000
第四季度	7200000				4320000
期末数	2880000				
合计	22970000	3050000	5200000	7200000	7520000

注：期初数 650000 元为 2023 年第四季度赊销金额。

2. 生产预算

生产预算是规划预算期生产数量而编制的一种业务预算，它是在销售预算的基础上编制的，并可以作为编制材料采购预算和生产成本预算的依据。编制生产预算的主要依据是预算期各种产品的预计销售量及存货的期初期末资料。

生产预算的要点是确定预算期的产品生产量和期末结存产品数量，前者是编制材料预算、人工预算、制造费用预算等的基础，后者是编制期末存货预算和预计资产负债表的基础。

通常，企业的生产和销售不能做到"同步量"，生产数量除了满足销售数量外，还需要设置一定的存货，以保证能在发生意外需求时按时供货，并可均衡生产，节省赶工的额外开支。预计生产量可用下列公式计算：

$$预计生产量＝预计销售量+预计期末存货量-预计期初存货量 \quad (10-2)$$

[例 10-3] 大华有限公司希望能在每季季末保持相当于下季度销售量10%的期末存货，已知上年末产品的期末存货为100件，单位成本为2100元，共计210000元。预计下年第一季度销售量为2000件，大华有限公司2024年度生产预算见表10-4。

表 10-4　大华有限公司 2024 年度生产预算　（单位：件）

项目	第一季度	第二季度	第三季度	第四季度	全年合计
预计销售量	1000	1500	2000	1800	6300
加：期末存货	150	200	180	200	
合计	1150	1700	2180	2000	7030
减：期初存货	100	150	200	180	
预计生产量	1050	1550	1980	1820	6400

3. 直接材料预算

直接材料预算是为了规划预算期材料消耗情况及采购活动而编制的，用于反映预算期各种材料消耗量、采购量、材料消耗成本和材料采购成本等计划信息的一种业务预算。依据预计产品生产量和材料单位耗用量，确定生产需要耗用量，再根据材料的期初期末结存情况，确定材料采购量，最后根据采购材料的付款，确定现金支出情况。

在生产预算的基础上可以编制直接材料预算，但同时还要考虑期初和期末原材料存货的水平。直接材料生产上的需要量同预计采购量之间的关系可按下列公式计算：

$$预计采购量＝生产需要量+期末库存量-期初库存量 \quad (10-3)$$

期末库存量一般是按照下期生产需要量的一定百分比来计算的。

$$生产需要量＝预计生产量×单位产品材料耗用量 \quad (10-4)$$

[例 10-4] 假设A产品只耗用一种材料，大华有限公司期望每季季末材料库存量为下季度生产需要量的20%，上年年末库存材料15000kg，预计下年第一季度生产量为2000件。大华有限公司2024年度直接材料预算见表10-5。

表 10-5　大华有限公司 2024 年度直接材料预算　（单位：元）

项目	第一季度	第二季度	第三季度	第四季度	全年合计
预计生产量（件）	1050	1550	1980	1820	6400
材料用量（kg/件）	50	50	50	50	

（续）

项目	第一季度	第二季度	第三季度	第四季度	全年合计
生产需用量/kg	52500	77500	99000	91000	320000
加：预计期末存量	15500	19800	18200	20000	
合计	68000	97300	117200	111000	393500
减：预计期初存量	15000	15500	19800	18200	
预计采购量	53000	81800	97400	92800	325000
单价/(元/kg)	30	30	30	30	
预计采购金额/元	1590000	2454000	2922000	2784000	9750000

材料的采购与产品的销售有相类似处，即货款也不是马上用现金全部支付的，这样就可能存在一部分应付账款，所以，对于材料采购还需编制现金支出预算，目的是便于编制现金预算。

假设本例材料采购的货款有 50% 在本季度内付清，另外 50% 在下季度付清，则大华有限公司 2024 年度预计现金支出见表 10-6。

表 10-6　大华有限公司 2024 年度预计现金支出　　　（单位：元）

项目	本期发生额	现金支出			
		第一季度	第二季度	第三季度	第四季度
期初数	850000	850000			
第一季度	1590000	795000	795000		
第二季度	2454000		1227000	1227000	
第三季度	2922000			1461000	1461000
第四季度	2784000				1392000
期末数	1392000				
合计	9208000	1645000	2022000	2688000	2853000

注：期初数 850000 元为 2023 年第四季度赊购金额。

4. 直接人工预算

直接人工预算是一种既反映预算期内人工工时消耗水平，又规划人工成本开支的业务预算。这项预算是根据生产预算中的预计生产量及单位产品所需的直接人工小时和单位小时工资率进行编制的。在通常情况下，企业往往要雇用不同工种的人工，必须按工种类别分别计算不同工种的直接人工小时总数；然后将算得的直接人工小时总数分别乘以各工种的工资率，再予以合计，即可求得预计直接人工成本的总数。

[例 10-5]　大华有限公司 2024 年度直接人工预算见表 10-7。

表 10-7　大华有限公司 2024 年度直接人工预算　　　（单位：元）

项目	第一季度	第二季度	第三季度	第四季度	全年合计
预计生产量（件）	1050	1550	1980	1820	6400
单位产品工时/h	10	10	10	10	
人工总工时/h	10500	15500	19800	18200	64000
每小时人工成本/(元/h)	20	20	20	20	
人工总成本/元	210000	310000	396000	364000	1280000

5. 制造费用预算

制造费用预算是指除了直接材料和直接人工预算以外的其他一切生产成本的预算。制造费用按其成本性态可分为变动制造费用和固定制造费用两部分。变动制造费用以生产预算为基础来编制，即根据预计生产量和预计的变动制造费用分配率来计算；固定制造费用是期间成本直接列入损益作为当期利润的一个扣减项目，与本期的生产量无关，一般可以按照零基预算的编制方法编制。

在编制制造费用预算时，为方便现金预算编制，还需要确定预算期的制造费用预算的现金支出部分。为方便编制，一般将制造费用中扣除折旧费后的余额，作为预算期内的制造费用现金支出。

制造费用预算的要点是确定各个变动和固定制造费用项目的预算金额，并确定预计制造费用的现金支出。

[例 10-6]　大华有限公司 2024 年度制造费用预算见表 10-8。

表 10-8　大华有限公司 2024 年度制造费用预算　　　（单位：元）

项目	费用分配率（元/件）	第一季度	第二季度	第三季度	第四季度	全年合计
预计生产量（件）		1050	1550	1980	1820	6400
变动制造费用						
间接材料	120	126000	186000	237600	218400	768000
间接人工	40	42000	62000	79200	72800	256000
修理费	25	26250	38750	49500	45500	160000
水电费	15	15750	23250	29700	27300	96000
小计	200	210000	310000	396000	364000	1280000
固定制造费用						
修理费		25000	30000	25000	30000	110000

247

（续）

项目	费用分配率（元/件）	第一季度	第二季度	第三季度	第四季度	全年合计
水电费		50000	50000	50000	50000	200000
管理人员工资		80000	80000	80000	80000	320000
折旧		122500	122500	122500	122500	490000
保险费		8000	8000	8000	8000	32000
小计		285500	290500	285500	290500	1152000
合计		495500	600500	681500	654500	2432000
减：折旧		122500	122500	122500	122500	490000
现金支出费用		373000	478000	559000	532000	1942000

为了便于编制成本预算，需要计算单位工时费用率：

变动制造费用分配率 = 1280000÷6400 = 200 元/工时

固定制造费用分配率 = 1152000÷6400 = 180 元/工时

6. 单位生产成本预算

单位生产成本预算是反映预算期内各种产品生产成本水平的一种业务预算。单位生产成本预算是在生产预算、直接材料预算、直接人工预算和制造费用预算的基础上编制的，通常应反映产品单位生产成本。

单位生产成本预算 = 单位产品直接材料成本 + 单位产品直接人工成本
+ 单位产品制造费用 （10-5）

上述资料分别来自直接材料预算、直接人工预算和制造费用预算。

以单位产品成本预算为基础，还可以确定期末结存产品成本，公式如下：

期末结存产品成本 = 期初结存产品成本 + 本期产品生产成本 − 本期销售产品成本 （10-6）

式（10-6）中的期初结存产品成本和本期销售产品成本，应该根据具体的存货计价方法确定。确定期末结存产品成本后，可以与预计直接材料期末结存成本一起，一并在期末存货预算中予以反映。本章中期末存货预算略去不做介绍，期末结存产品的预计成本合并在单位产品生产成本中列示。

编制单位产品生产成本预算的要点是确定单位产品预计生产成本和期末结存产品预计成本。

[例10-7] 大华有限公司2024年度单位生产成本预算见表10-9。

表10-9 大华有限公司2024年度单位生产成本预算

成本项目	全年生产量6400（件）			
	单位产品消耗量/（kg/件）	单价/（元/kg）	单位成本/（元/件）	总成本/元
直接材料	50	30	1500	9600000
直接人工	10	20	200	1280000

248

(续)

成本项目	全年生产量 6400（件）			
	单位产品消耗量/(kg/件)	单价/(元/kg)	单位成本/(元/件)	总成本/元
变动制造费用	10	20	200	1280000
固定制造费用	10	18	180	1152000
合计			2080	13312000
产成品存货	数量/件	单位成本/（元/件)		总成本/元
年初存货	100	2100		210000
年末存货	200	2080		416000
本年销售成本	6300			13106000

7. 销售及管理费用预算

销售及管理费用（简称销管费用）预算是以价值形式反映整个预算期内为销售产品和维持一般行政管理工作而发生的各项目费用支出预算。该预算可与制造费用预算一样划分固定费用和变动费用列示，其编制方法也与制造费用预算相同。也可全部按固定费用列示。在该预算表下也应附列计划期间预计销售和管理费用的现金支出计算表，以便编制现金预算。

销售及管理费用预算的要点是确定各个变动及固定费用项目的预算数，并确定预计的现金支出。

［例 10-8］ 大华有限公司 2024 年度销售及管理费用预算见表 10-10。

表 10-10　大华有限公司 2024 年度销售及管理费用预算　　（单位：元）

项目	第一季度	第二季度	第三季度	第四季度	全年合计
销管人员薪金	200000	200000	200000	200000	800000
福利费	28000	28000	28000	28000	112000
广告费	150000	150000	150000	150000	600000
办公费	90000	90000	90000	90000	360000
保险费	20000	20000	20000	20000	80000
杂项	8000	8000	8000	8000	32000
合计	496000	496000	496000	496000	1984000

8. 专门决策预算

专门决策预算主要是长期投资预算，又称资本支出预算，通常是指与项目投资决策相关的专门预算，它往往涉及长期建设项目的资金投放与筹集，并经常跨越多个年度。编制专门决策预算的依据是项目财务可行性分析资料及企业筹资决策资料。

专门决策预算的要点是准确反映项目资金投资支出与筹资计划，它同时也是编制现金预算和预计资产负债表的依据。

[例10-9] 大华有限公司于2024年上马一条新的生产线，第三季度支付投资款，并于年末投入使用，有关投资与筹资预算见表10-11。

表10-11　大华有限公司2024年度专门决策预算　（单位：元）

项目	第一季度	第二季度	第三季度	第四季度	全年合计
投资支出预算			2000000		2000000

9. 现金预算

现金预算的编制，是以各项日常业务预算和特种决策预算为基础来反映各预算的收入款项和支出款项。现金预算的编制目的在于资金不足时如何筹措资金，资金多余时怎样运用资金，并且提供现金收支的控制限额，以便发挥现金管理的作用。

[例10-10] 根据【例10-2】~【例10-9】所编制的各种预算提供的资料，并假设大华有限公司每季度末应保持现金余额500000元。若资金长余，应优先偿还短期借款，然后用于短期投资；若现金短缺，应优先出售短期投资，然后举借短期借款。短期投资以100000元为单位购入或出售；短期借款以100000元为单位借入或偿还，借款年利率为10%，于季初借入、季末偿还，借款利息于每季度季末支付。同时，每季度预交所得税400000元，在第二季度和第四季第分别发放现金股利1000000元和2000000元。则大华有限公司2024年度现金预算见表10-12。

表10-12　大华有限公司2024年度现金预算　（单位：元）

项目	第一季度	第二季度	第三季度	第四季度
期初现金余额	525000	548500	540000	501000
加：经营现金收入	3050000	5200000	7200000	7520000
可供支配的现金合计	3575000	5748500	7740000	8021000
经营性现金支出				
直接材料	1645000	2022000	2688000	2853000
直接人工	210000	310000	396000	364000
制造费用	373000	478000	559000	532000
销售及管理费用	496000	496000	496000	496000
预交所得税	400000	400000	400000	400000
发放股利		1000000		2000000
资本性支出现金			2000000	
支出合计	3124000	4706000	6539000	6645000
现金余缺	451000	1042500	1201000	1376000

（续）

项目	第一季度	第二季度	第三季度	第四季度
资金筹措与运用				
取得长期借款				
偿还长期借款				
取得短期借款	100000			
偿还短期借款		100000		
支付利息	2500	2500		
进行短期投资		400000	700000	800000
出售短期投资				
期末现金余额	548500	540000	501000	576000

10.3.2 预计财务报表的编制

预计的财务报表是财务管理的重要工具，包括预计利润表、预计资产负债表。

1. 预计利润表

预计利润表用来综合反映企业在计划期的预计经营成果，是企业最主要的财务预算表之一。编制预计利润表的依据是各业务预算、专门决策预算和现金预算。

[例 10-11] 根据前述的各种预算，大华有限公司 2024 年度的预计利润表见表 10-13。

表 10-13 大华有限公司 2024 年度预计利润表 （单位：元）

项目	第一季度	第二季度	第三季度	第四季度	全年合计
销售收入	4000000	6000000	8000000	7200000	25200000
减：销售成本	2082000	3120000	4160000	3744000	13106000
销管费用	496000	496000	496000	496000	1984000
财务费用	2500	2500	0	0	5000
税前利润	1419500	2381500	3344000	2960000	10105000
减：所得税（25%）	354875	595375	836000	740000	2526250
税后利润	1064625	1786125	2508000	2220000	7578750

2. 预计资产负债表

预计资产负债表用来反映企业在计划期末预计的财务状况。它的编制需要以计划期开始日的资产负债表为基础，结合计划期间各项业务预算、专门决策预算、现金预算和预计利润表进行编制。预计资产负债表是编制全面预算的终点。

[例 10-12] 大华有限公司 2024 年度的预计资产负债表见表 10-14。

表 10-14　大华有限公司 2024 年度预计资产负债表　　　　　（单位：元）

资产	期初数	期末数	负债和所有者权益	期初数	期末数
流动资产			流动负债		
货币资金	525000	576000	应付账款	850000	1392000
应收账款	650000	2880000	应交税费		926250
存货	660000	1016000			
			流动负债合计	850000	2318250
以公允价值计量且其变动计入当期损益的金融资产		1900000	长期负债		
流动资产合计	1835000	6372000	长期借款		
固定资产	8285000	9795000	所有者权益		
			实收资本	8000000	8000000
非流动资产合计	8285000	9795000	留存收益	1270000	5848750
资产总计	10120000	16167000	负债和所有者权益总计	10120000	16167000

10.4　预算的执行与考核

10.4.1　预算的执行

企业预算一经批复下达，各预算执行单位就必须认真组织实施，将预算指标层层分解，从横向到纵向落实到内部各部门、各单位、各环节和各岗位，形成全方位的预算执行责任体系。

企业应当将预算作为预期内组织、协调各项经营活动的基本依据，将年度预算细分为月份和季度预算，通过分期预算控制，确保年度预算目标的实现。

企业应当强化现金流量的预算管理，按时组织预算资金的收入，严格控制预算资金的支付，调节资金收付平衡，控制支付风险。

对于预算内的资金拨付，按照授权审批程序执行。对于预算外的项目支出，应当按预算管理制度规范支付程序。对于无合同、无凭证、无手续的项目支出，不予支付。

企业应当严格执行销售、生产和成本费用预算，努力完成利润指标。在日常执行中，企业应当健全凭证记录，完善各项管理规章制度，严格执行生产经营月度计划和成本费用的定额、定率标准，加强适时监控。对预算执行中出现的异常情况，企业有关部门应及时查明原因，提出解决办法。

企业应当建立预算报告制度，要求各预算执行单位定期报告预算的执行情况。对于预算执行中发现的新情况、新问题及出现偏差较大的重大项目，企业财务管理部门以至预算委员会应当责成有关预算执行单位查找原因，提出改进经营管理的措施和建议。

企业财务管理部门应当利用财务报表监控预算的执行情况，及时向预算执行单位、企业预算委员会以至董事会或经理办公会提供财务预算的执行进度、执行差异及其对企业预算目标的影响等财务信息，促进企业完成预算目标。

10.4.2 预算的调整

企业正式下达执行的预算，一般不予调整。预算执行单位在执行中由于市场环境、经营条件、政策法规等发生重大变化，致使预算的编制基础不成立，或者将导致预算执行结果产生重大偏差的，可以调整预算。

企业应当建立内部弹性预算机制，对于不影响预算目标的业务预算、资本预算、筹资预算之间的调整，企业可以按照内部授权批准制度执行，鼓励预算执行单位及时采取有效的经营管理对策，保证预算目标的实现。

企业调整预算，应当由预算执行单位逐级向企业预算委员会提出书面报告，阐述预算执行的具体情况、客观因素变化情况及其对预算执行造成的影响程度，提出预算指标的调整幅度。

企业财务管理部门应当对预算执行单位的预算调整报告进行审核分析，集中编制企业年度预算调整方案，提交预算委员会以至企业董事会或经理办公会审议批准，然后下达执行。

对于预算执行单位提出的预算调整事项，企业进行决策时，一般应当遵循以下要求：

1）预算调整事项不能偏离企业发展战略。

2）预算调整方案应当在经济上能够实现最优化。

3）预算调整重点应当放在预算执行中出现的重要的、非正常的、不符合常规的关键性差异方面。

10.4.3 预算的分析与考核

企业应当建立预算分析制度，由预算委员会定期召开预算执行分析会议，全面掌握预算的执行情况，研究、解决预算执行中存在的问题，纠正预算的执行偏差。

开展预算执行分析，企业管理部门及各预算执行单位应当充分收集有关财务、业务、市场、技术、政策、法律等方面的信息资料，根据不同情况分别采用比率分析、比较分析、因素分析、平衡分析等方法，从定量与定性两个层面充分反映预算执行单位的现状、发展趋势及其存在的潜力。

针对预算的执行偏差，企业财务管理部门及各预算执行单位应当充分、客观地分析产生的原因，提出相应的解决措施或建议，提交董事会或经理办公会研究决定。

企业预算委员会应当定期组织预算审计，纠正预算执行中存在的问题，充分发挥内部审计的监督作用，维护预算管理的严肃性。

预算审计可以采用全面审计或者抽样审计。在特殊情况下，企业也可组织不定期的专项审计。审计工作结束后，企业内部审计机构应当形成审计报告，直接提交预算委员会以至董事会或经理办公会，作为预算调整、改进内部经营管理和财务考核的一项重要参考。

预算年度终了，预算委员会应当向董事会或者经理办公会报告预算执行情况，并依据预算完成情况和预算审计情况对预算执行单位进行考核。

企业内部预算执行单位上报的预算执行报告，应经本部门、本单位负责人按照内部议事规范审议通过，作为企业进行财务考核的基本依据。企业预算以调整后的预算执行、预算完成情况及企业年度财务会计报告为准。

企业预算执行考核是企业绩效评价的主要内容，应当结合年度内部经济责任制进行考核，与预算执行单位负责人的奖惩挂钩，并作为企业内部人力资源管理的参考。

复习思考题

1. 什么是财务预算？它有什么作用？
2. 预算的编制方法有哪些？它们各自的优缺点是什么？
3. 什么是现金预算？它包括哪些内容？如何编制现金预算？

习题

1. ABC 公司 2024 年度设定的每季末预算现金余额的额定范围为 50～60 万元，其中，年末余额已预定为 60 万元。假定当前银行约定的单笔短期借款必须为 10 万元的倍数，年利息率为 6%，借款发生在相关季度的期初，每季末计算并支付借款利息，还款发生在相关季度的期末。而且 2024 年该公司无其他融资计划。

ABC 公司编制的 2024 年度现金预算的部分数据见表 10-15。

表 10-15　2024 年度 ABC 公司现金预算　　　　　　　　（单位：万元）

项目	第一季度	第二季度	第三季度	第四季度	全年
① 期初现金余额	40				
② 经营现金收入	1010				5536.3
③ 可运用现金合计		1396.30	1549		
④ 经营现金支出	800			1302	4353.7
⑤ 资本性现金支出		300	400	300	1200
⑥ 现金支出合计	1000	1365		1602	5553.7
⑦ 现金余缺		31.3	-37.7	132.3	
⑧ 资金筹措及运用	0	19.7		-72.3	
加：短期借款	0		0	-20	0
减：支付短期借款利息	0		0.3	0.3	
购买有价证券	0	0	-90		
⑨ 期末现金余额				60	

请将上表补充完整。

2. 已知：某公司 2023 年第 1~3 月的实际销售额分别为 38000 万元、36000 万元和 41000 万元，预计 4 月的销售额为 40000 万元。每月销售收入中有 70% 能于当月收现，20% 于次月收现，10% 于第 3 个月收讫，不存在坏账。假定该公司销售的产品在流通环节只需要缴纳消费税，税率为 10%，并于当月以现金缴纳。该公司 3 月月末现金余额为 80 万元，应付账款余额为 5000 万元（需在 4 月付清），不存在其他应收应付账款。4 月有关项目预计资料如下：采购材料 8000 万元（当月付款 70%）；工资及其他支出 8400 万元（用现金支付）；制造费用 8000 万元（其中折旧费等非付现费用为 4000 万元）；营业费用和管理费用 1000 万元（用现金支付）；预交所得税 1900 万元；购买设备 12000 万元（用现金支付）。现金不足时，通过向银行借款解决。4 月月末现金余额要求不低于 100 万元。

根据上述资料，计算该公司 4 月的下列预算指标：

（1）经营性现金流入。
（2）经营性现金流出。
（3）现金余缺。
（4）应向银行借款的最低金额。
（5）4 月月末的应收账款余额。

附录

附录 A 复利终值系数表

n	1%	2%	3%	4%	5%	6%	7%	8%	9%	10%	12%	15%	20%	25%	30%
1	1.0100	1.0200	1.0300	1.0400	1.0500	1.0600	1.0700	1.0800	1.0900	1.1000	1.1200	1.1500	1.2000	1.2500	1.3000
2	1.0201	1.0404	1.0609	1.0816	1.1025	1.1236	1.1449	1.1664	1.1881	1.2100	1.2544	1.3225	1.4400	1.5625	1.6900
3	1.0303	1.0612	1.0927	1.1249	1.1576	1.1910	1.2250	1.2597	1.2950	1.3310	1.4049	1.5209	1.7280	1.9531	2.1970
4	1.0406	1.0824	1.1255	1.1699	1.2155	1.2625	1.3108	1.3605	1.4116	1.4641	1.5735	1.7490	2.0736	2.4414	2.8561
5	1.0510	1.1041	1.1593	1.2167	1.2763	1.3382	1.4026	1.4693	1.5386	1.6105	1.7623	2.0114	2.4883	3.0518	3.7129
6	1.0615	1.1262	1.1941	1.2653	1.3401	1.4185	1.5007	1.5869	1.6771	1.7716	1.9738	2.3131	2.9860	3.8147	4.8268
7	1.0721	1.1487	1.2299	1.3159	1.4071	1.5036	1.6058	1.7138	1.8280	1.9487	2.2107	2.6600	3.5832	4.7684	6.2749
8	1.0829	1.1717	1.2668	1.3686	1.4775	1.5938	1.7182	1.8509	1.9926	2.1436	2.4760	3.0590	4.2998	5.9605	8.1573
9	1.0937	1.1951	1.3048	1.4233	1.5513	1.6895	1.8385	1.9990	2.1719	2.3579	2.7731	3.5179	5.1598	7.4506	10.6045
10	1.1046	1.2190	1.3439	1.4802	1.6289	1.7908	1.9672	2.1589	2.3674	2.5937	3.1058	4.0456	6.1917	9.3132	13.7858
11	1.1157	1.2434	1.3842	1.5395	1.7103	1.8983	2.1049	2.3316	2.5804	2.8531	3.4786	4.6524	7.4301	11.6415	17.9216
12	1.1268	1.2682	1.4258	1.6010	1.7959	2.0122	2.2522	2.5182	2.8127	3.1384	3.8960	5.3503	8.9161	14.5519	23.2981
13	1.1381	1.2936	1.4685	1.6651	1.8856	2.1329	2.4098	2.7196	3.0658	3.4523	4.3635	6.1528	10.6993	18.1899	30.2875
14	1.1495	1.3195	1.5126	1.7317	1.9799	2.2609	2.5785	2.9372	3.3417	3.7975	4.8871	7.0757	12.8392	22.7374	39.3738
15	1.1610	1.3459	1.5580	1.8009	2.0789	2.3966	2.7590	3.1722	3.6425	4.1772	5.4736	8.1371	15.4070	28.4217	51.1859
16	1.1726	1.3728	1.6047	1.8730	2.1829	2.5404	2.9522	3.4259	3.9703	4.5950	6.1304	9.3576	18.4884	35.5271	66.5417
17	1.1843	1.4002	1.6528	1.9479	2.2920	2.6928	3.1588	3.7000	4.3276	5.0545	6.8660	10.7613	22.1861	44.4089	86.5042
18	1.1961	1.4282	1.7024	2.0258	2.4066	2.8543	3.3799	3.9960	4.7171	5.5599	7.6900	12.3755	26.6233	55.5112	112.4554
19	1.2081	1.4568	1.7535	2.1068	2.5270	3.0256	3.6165	4.3157	5.1417	6.1159	8.6128	14.2318	31.9480	69.3889	146.1920
20	1.2202	1.4859	1.8061	2.1911	2.6533	3.2071	3.8697	4.6610	5.6044	6.7275	9.6463	16.3665	38.3376	86.7362	190.0496
21	1.2324	1.5157	1.8603	2.2788	2.7860	3.3996	4.1406	5.0338	6.1088	7.4002	10.8038	18.8215	46.0051	108.4202	247.0645
22	1.2447	1.5460	1.9161	2.3699	2.9253	3.6035	4.4304	5.4365	6.6586	8.1403	12.1003	21.6447	55.2061	135.5253	321.1839
23	1.2572	1.5769	1.9736	2.4647	3.0715	3.8197	4.7405	5.8715	7.2579	8.9543	13.5523	24.8915	66.2474	169.4066	417.5391
24	1.2697	1.6084	2.0328	2.5633	3.2251	4.0489	5.0724	6.3412	7.9111	9.8497	15.1786	28.6252	79.4968	211.7582	542.8008
25	1.2824	1.6406	2.0938	2.6658	3.3864	4.2919	5.4274	6.8485	8.6231	10.8347	17.0001	32.9190	95.3962	264.6978	705.6410
26	1.2953	1.6734	2.1566	2.7725	3.5557	4.5494	5.8074	7.3964	9.3992	11.9182	19.0401	37.8568	114.4755	330.8722	917.3333
27	1.3082	1.7069	2.2213	2.8834	3.7335	4.8223	6.2139	7.9881	10.2451	13.1100	21.3249	43.5353	137.3706	413.5903	1192.5333
28	1.3213	1.7410	2.2879	2.9987	3.9201	5.1117	6.6488	8.6271	11.1671	14.4210	23.8839	50.0656	164.8447	516.9879	1550.2933
29	1.3345	1.7758	2.3566	3.1187	4.1161	5.4184	7.1143	9.3173	12.1722	15.8631	26.7499	57.5755	197.8136	646.2349	2015.3813
30	1.3478	1.8114	2.4273	3.2434	4.3219	5.7435	7.6123	10.0627	13.2677	17.4494	29.9599	66.2118	237.3763	807.7936	2619.9956

附录 B 复利现值系数表

n	1%	2%	3%	4%	5%	6%	7%	8%	9%	10%	12%	15%	20%	25%	30%
1	0.9901	0.9804	0.9709	0.9615	0.9524	0.9434	0.9346	0.9259	0.9174	0.9091	0.8929	0.8696	0.8333	0.8000	0.7692
2	0.9803	0.9612	0.9426	0.9246	0.9070	0.8900	0.8734	0.8573	0.8417	0.8264	0.7972	0.7561	0.6944	0.6400	0.5917
3	0.9706	0.9423	0.9151	0.8890	0.8638	0.8396	0.8163	0.7938	0.7722	0.7513	0.7118	0.6575	0.5787	0.5120	0.4552
4	0.9610	0.9238	0.8885	0.8548	0.8227	0.7921	0.7629	0.7350	0.7084	0.6830	0.6355	0.5718	0.4823	0.4096	0.3501
5	0.9515	0.9057	0.8626	0.8219	0.7835	0.7473	0.7130	0.6806	0.6499	0.6209	0.5674	0.4972	0.4019	0.3277	0.2693
6	0.9420	0.8880	0.8375	0.7903	0.7462	0.7050	0.6663	0.6302	0.5963	0.5645	0.5066	0.4323	0.3349	0.2621	0.2072
7	0.9327	0.8706	0.8131	0.7599	0.7107	0.6651	0.6227	0.5835	0.5470	0.5132	0.4523	0.3759	0.2791	0.2097	0.1594
8	0.9235	0.8535	0.7894	0.7307	0.6768	0.6274	0.5820	0.5403	0.5019	0.4665	0.4039	0.3269	0.2326	0.1678	0.1226
9	0.9143	0.8368	0.7664	0.7026	0.6446	0.5919	0.5439	0.5002	0.4604	0.4241	0.3606	0.2843	0.1938	0.1342	0.0943
10	0.9053	0.8203	0.7441	0.6756	0.6139	0.5584	0.5083	0.4632	0.4224	0.3855	0.3220	0.2472	0.1615	0.1074	0.0725
11	0.8963	0.8043	0.7224	0.6496	0.5847	0.5268	0.4751	0.4289	0.3875	0.3505	0.2875	0.2149	0.1346	0.0859	0.0558
12	0.8874	0.7885	0.7014	0.6246	0.5568	0.4970	0.4440	0.3971	0.3555	0.3186	0.2567	0.1869	0.1122	0.0687	0.0429
13	0.8787	0.7730	0.6810	0.6006	0.5303	0.4688	0.4150	0.3677	0.3262	0.2897	0.2292	0.1625	0.0935	0.0550	0.0330
14	0.8700	0.7579	0.6611	0.5775	0.5051	0.4423	0.3878	0.3405	0.2992	0.2633	0.2046	0.1413	0.0779	0.0440	0.0254
15	0.8613	0.7430	0.6419	0.5553	0.4810	0.4173	0.3624	0.3152	0.2745	0.2394	0.1827	0.1229	0.0649	0.0352	0.0195
16	0.8528	0.7284	0.6232	0.5339	0.4581	0.3936	0.3387	0.2919	0.2519	0.2176	0.1631	0.1069	0.0541	0.0281	0.0150
17	0.8444	0.7142	0.6050	0.5134	0.4363	0.3714	0.3166	0.2703	0.2311	0.1978	0.1456	0.0929	0.0451	0.0225	0.0116
18	0.8360	0.7002	0.5874	0.4936	0.4155	0.3503	0.2959	0.2502	0.2120	0.1799	0.1300	0.0808	0.0376	0.0180	0.0089
19	0.8277	0.6864	0.5703	0.4746	0.3957	0.3305	0.2765	0.2317	0.1945	0.1635	0.1161	0.0703	0.0313	0.0144	0.0068
20	0.8195	0.6730	0.5537	0.4564	0.3769	0.3118	0.2584	0.2145	0.1784	0.1486	0.1037	0.0611	0.0261	0.0115	0.0053
21	0.8114	0.6598	0.5375	0.4388	0.3589	0.2942	0.2415	0.1987	0.1637	0.1351	0.0926	0.0531	0.0217	0.0092	0.0040
22	0.8034	0.6468	0.5219	0.4220	0.3418	0.2775	0.2257	0.1839	0.1502	0.1228	0.0826	0.0462	0.0181	0.0074	0.0031
23	0.7954	0.6342	0.5067	0.4057	0.3256	0.2618	0.2109	0.1703	0.1378	0.1117	0.0738	0.0402	0.0151	0.0059	0.0024
24	0.7876	0.6217	0.4919	0.3901	0.3101	0.2470	0.1971	0.1577	0.1264	0.1015	0.0659	0.0349	0.0126	0.0047	0.0018
25	0.7798	0.6095	0.4776	0.3751	0.2953	0.2330	0.1842	0.1460	0.1160	0.0923	0.0588	0.0304	0.0105	0.0038	0.0014
26	0.7720	0.5976	0.4637	0.3607	0.2812	0.2198	0.1722	0.1352	0.1064	0.0839	0.0525	0.0264	0.0087	0.0030	0.0011
27	0.7644	0.5859	0.4502	0.3468	0.2678	0.2074	0.1609	0.1252	0.0976	0.0763	0.0469	0.0230	0.0073	0.0024	0.0008
28	0.7568	0.5744	0.4371	0.3335	0.2551	0.1956	0.1504	0.1159	0.0895	0.0693	0.0419	0.0200	0.0061	0.0019	0.0006
29	0.7493	0.5631	0.4243	0.3207	0.2429	0.1846	0.1406	0.1073	0.0822	0.0630	0.0374	0.0174	0.0051	0.0015	0.0005
30	0.7419	0.5521	0.4120	0.3083	0.2314	0.1741	0.1314	0.0994	0.0754	0.0573	0.0334	0.0151	0.0042	0.0012	0.0004

附录 C 年金终值系数表

n	1%	2%	3%	4%	5%	6%	7%	8%	9%	10%	12%	15%	20%	25%	30%
1	1.0000	1.0000	1.0000	1.0000	1.0000	1.0000	1.0000	1.0000	1.0000	1.0000	1.0000	1.0000	1.0000	1.0000	1.0000
2	2.0100	2.0200	2.0300	2.0400	2.0500	2.0600	2.0700	2.0800	2.0900	2.1000	2.1200	2.1500	2.2000	2.2500	2.3000
3	3.0301	3.0604	3.0909	3.1216	3.1525	3.1836	3.2149	3.2464	3.2781	3.3100	3.3744	3.4725	3.6400	3.8125	3.9900
4	4.0604	4.1216	4.1836	4.2465	4.3101	4.3746	4.4399	4.5061	4.5731	4.6410	4.7793	4.9934	5.3680	5.7656	6.1870
5	5.1010	5.2040	5.3091	5.4163	5.5256	5.6371	5.7507	5.8666	5.9847	6.1051	6.3528	6.7424	7.4416	8.2070	9.0431
6	6.1520	6.3081	6.4684	6.6330	6.8019	6.9753	7.1533	7.3359	7.5233	7.7156	8.1152	8.7537	9.9299	11.2588	12.7560
7	7.2135	7.4343	7.6625	7.8983	8.1420	8.3938	8.6540	8.9228	9.2004	9.4872	10.0890	11.0668	12.9159	15.0735	17.5828
8	8.2857	8.5830	8.8923	9.2142	9.5491	9.8975	10.2598	10.6366	11.0285	11.4359	12.2997	13.7268	16.4991	19.8419	23.8577
9	9.3685	9.7546	10.1591	10.5828	11.0266	11.4913	11.9780	12.4876	13.0210	13.5795	14.7757	16.7858	20.7989	25.8023	32.0150
10	10.4622	10.9497	11.4639	12.0061	12.5779	13.1808	13.8164	14.4866	15.1929	15.9374	17.5487	20.3037	25.9587	33.2529	42.6195
11	11.5668	12.1687	12.8078	13.4864	14.2068	14.9716	15.7836	16.6455	17.5603	18.5312	20.6546	24.3493	32.1504	42.5661	56.4053
12	12.6825	13.4121	14.1920	15.0258	15.9171	16.8699	17.8885	18.9771	20.1407	21.3843	24.1331	29.0017	39.5805	54.2077	74.3270
13	13.8093	14.6803	15.6178	16.6268	17.7130	18.8821	20.1406	21.4953	22.9534	24.5227	28.0291	34.3519	48.4966	68.7596	97.6250
14	14.9474	15.9739	17.0863	18.2919	19.5986	21.0151	22.5505	24.2149	26.0192	27.9750	32.3926	40.5047	59.1959	86.9495	127.9125
15	16.0969	17.2934	18.5989	20.0236	21.5786	23.2760	25.1290	27.1521	29.3609	31.7725	37.2797	47.5804	72.0351	109.6868	167.2863
16	17.2579	18.6393	20.1569	21.8245	23.6575	25.6725	27.8881	30.3243	33.0034	35.9497	42.7533	55.7175	87.4421	138.1085	218.4722
17	18.4304	20.0121	21.7616	23.6975	25.8404	28.2129	30.8402	33.7502	36.9737	40.5447	48.8837	65.0751	105.9306	173.6357	285.0139
18	19.6147	21.4123	23.4144	25.6454	28.1324	30.9057	33.9990	37.4502	41.3013	45.5992	55.7497	75.8364	128.1167	218.0446	371.5180
19	20.8109	22.8406	25.1169	27.6712	30.5390	33.7600	37.3790	41.4463	46.0185	51.1591	63.4397	88.2118	154.7400	273.5558	483.9734
20	22.0190	24.2974	26.8704	29.7781	33.0660	36.7856	40.9955	45.7620	51.1601	57.2750	72.0524	102.4436	186.6880	342.9447	630.1655
21	23.2392	25.7833	28.6765	31.9692	35.7193	39.9927	44.8652	50.4229	56.7645	64.0025	81.6987	118.8101	225.0256	429.6809	820.2151
22	24.4716	27.2990	30.5368	34.2480	38.5052	43.3923	49.0057	55.4568	62.8733	71.4027	92.5026	137.6316	271.0307	538.1011	1067.2796
23	25.7163	28.8450	32.4529	36.6179	41.4305	46.9958	53.4361	60.8933	69.5319	79.5430	104.6029	159.2764	326.2369	673.6264	1388.4635
24	26.9735	30.4219	34.4265	39.0826	44.5020	50.8156	58.1767	66.7648	76.7898	88.4973	118.1552	184.1678	392.4842	843.0329	1806.0026
25	28.2432	32.0303	36.4593	41.6459	47.7271	54.8645	63.2490	73.1059	84.7009	98.3471	133.3339	212.7930	471.9811	1054.7912	2348.8033
26	29.5256	33.6709	38.5530	44.3117	51.1135	59.1564	68.6765	79.9544	93.3240	109.1818	150.3339	245.7120	567.3773	1319.4890	3054.4443
27	30.8209	35.3443	40.7096	47.0842	54.6691	63.7058	74.4838	87.3508	102.7231	121.0999	169.3740	283.5688	681.8528	1650.3612	3971.7776
28	32.1291	37.0512	42.9309	49.9676	58.4026	68.5281	80.6977	95.3388	112.9682	134.2099	190.6989	327.1041	819.2233	2063.9515	5164.3109
29	33.4504	38.7922	45.2189	52.9663	62.3227	73.6398	87.3465	103.9659	124.1354	148.6309	214.5828	377.1697	984.0680	2580.9394	6714.6042
30	34.7849	40.5681	47.5754	56.0849	66.4388	79.0582	94.4608	113.2832	136.3075	164.4940	241.3327	434.7451	1181.8816	3227.1743	8729.9855

附录 D 年金现值系数表

n	1%	2%	3%	4%	5%	6%	7%	8%	9%	10%	12%	15%	20%	25%	30%
1	0.9901	0.9804	0.9709	0.9615	0.9524	0.9434	0.9346	0.9259	0.9174	0.9091	0.8929	0.8696	0.8333	0.8000	0.7692
2	1.9704	1.9416	1.9135	1.8861	1.8594	1.8334	1.8080	1.7833	1.7591	1.7355	1.6901	1.6257	1.5278	1.4400	1.3609
3	2.9410	2.8839	2.8286	2.7751	2.7232	2.6730	2.6243	2.5771	2.5313	2.4869	2.4018	2.2832	2.1065	1.9520	1.8161
4	3.9020	3.8077	3.7171	3.6299	3.5460	3.4651	3.3872	3.3121	3.2397	3.1699	3.0373	2.8550	2.5887	2.3616	2.1662
5	4.8534	4.7135	4.5797	4.4518	4.3295	4.2124	4.1002	3.9927	3.8897	3.7908	3.6048	3.3522	2.9906	2.6893	2.4356
6	5.7955	5.6014	5.4172	5.2421	5.0757	4.9173	4.7665	4.6229	4.4859	4.3553	4.1114	3.7845	3.3255	2.9514	2.6427
7	6.7282	6.4720	6.2303	6.0021	5.7864	5.5824	5.3893	5.2064	5.0330	4.8684	4.5638	4.1604	3.6046	3.1611	2.8021
8	7.6517	7.3255	7.0197	6.7327	6.4632	6.2098	5.9713	5.7466	5.5348	5.3349	4.9676	4.4873	3.8372	3.3289	2.9247
9	8.5660	8.1622	7.7861	7.4353	7.1078	6.8017	6.5152	6.2469	5.9952	5.7590	5.3282	4.7716	4.0310	3.4631	3.0190
10	9.4713	8.9826	8.5302	8.1109	7.7217	7.3601	7.0236	6.7101	6.4177	6.1446	5.6502	5.0188	4.1925	3.5705	3.0915
11	10.3676	9.7868	9.2526	8.7605	8.3064	7.8869	7.4987	7.1390	6.8052	6.4951	5.9377	5.2337	4.3271	3.6564	3.1473
12	11.2551	10.5753	9.9540	9.3851	8.8633	8.3838	7.9427	7.5361	7.1607	6.8137	6.1944	5.4206	4.4392	3.7251	3.1903
13	12.1337	11.3484	10.6350	9.9856	9.3936	8.8527	8.3577	7.9038	7.4869	7.1034	6.4235	5.5831	4.5327	3.7801	3.2233
14	13.0037	12.1062	11.2961	10.5631	9.8986	9.2950	8.7455	8.2442	7.7862	7.3667	6.6282	5.7245	4.6106	3.8241	3.2487
15	13.8651	12.8493	11.9379	11.1184	10.3797	9.7122	9.1079	8.5595	8.0607	7.6061	6.8109	5.8474	4.6755	3.8593	3.2682
16	14.7179	13.5777	12.5611	11.6523	10.8378	10.1059	9.4466	8.8514	8.3126	7.8237	6.9740	5.9542	4.7296	3.8874	3.2832
17	15.5623	14.2919	13.1661	12.1657	11.2741	10.4773	9.7632	9.1216	8.5436	8.0216	7.1196	6.0472	4.7746	3.9099	3.2948
18	16.3983	14.9920	13.7535	12.6593	11.6896	10.8276	10.0591	9.3719	8.7556	8.2014	7.2497	6.1280	4.8122	3.9279	3.3037
19	17.2260	15.6785	14.3238	13.1339	12.0853	11.1581	10.3356	9.6036	8.9501	8.3649	7.3658	6.1982	4.8435	3.9424	3.3105
20	18.0456	16.3514	14.8775	13.5903	12.4622	11.4699	10.5940	9.8181	9.1285	8.5136	7.4694	6.2593	4.8696	3.9539	3.3158
21	18.8570	17.0112	15.4150	14.0292	12.8212	11.7641	10.8355	10.0168	9.2922	8.6487	7.5620	6.3125	4.8913	3.9631	3.3198
22	19.6604	17.6580	15.9369	14.4511	13.1630	12.0416	11.0612	10.2007	9.4424	8.7715	7.6446	6.3587	4.9094	3.9705	3.3230
23	20.4558	18.2922	16.4436	14.8568	13.4886	12.3034	11.2722	10.3711	9.5802	8.8832	7.7184	6.3988	4.9245	3.9764	3.3254
24	21.2434	18.9139	16.9355	15.2470	13.7986	12.5504	11.4693	10.5288	9.7066	8.9847	7.7843	6.4338	4.9371	3.9811	3.3272
25	22.0232	19.5235	17.4131	15.6221	14.0939	12.7834	11.6536	10.6748	9.8226	9.0770	7.8431	6.4641	4.9476	3.9849	3.3286
26	22.7952	20.1210	17.8768	15.9828	14.3752	13.0032	11.8258	10.8100	9.9290	9.1609	7.8957	6.4906	4.9563	3.9879	3.3297
27	23.5596	20.7069	18.3270	16.3296	14.6430	13.2105	11.9867	10.9352	10.0266	9.2372	7.9426	6.5135	4.9636	3.9903	3.3305
28	24.3164	21.2813	18.7641	16.6631	14.8981	13.4062	12.1371	11.0511	10.1161	9.3066	7.9844	6.5335	4.9697	3.9923	3.3312
29	25.0658	21.8444	19.1885	16.9837	15.1411	13.5907	12.2777	11.1584	10.1983	9.3696	8.0218	6.5509	4.9747	3.9938	3.3317
30	25.8077	22.3965	19.6004	17.2920	15.3725	13.7648	12.4090	11.2578	10.2737	9.4269	8.0552	6.5660	4.9789	3.9950	3.3321

参考文献

[1] 叶晓甦. 工程财务管理［M］. 3版. 北京：中国建筑工业出版社，2022.
[2] 中国注册会计师协会. 财务成本管理［M］. 北京：中国财政经济出版社，2018.
[3] 刘绍敏，王贵春. 建筑施工企业财务管理［M］. 重庆：重庆大学出版社，2021.
[4] 俞文青. 施工企业财务管理［M］. 3版. 上海：立信会计出版社，2012.
[5] 全国一级建造师执业资格考试用书编写委员会. 建设工程经济［M］. 北京：中国建筑工业出版社，2016.
[6] 全国造价工程师执业资格考试培训教材编审组. 工程造价管理基础理论与相关法规［M］. 北京：中国计划出版社，2012.
[7] 李延喜，张悦玫，王哲兵. 财务管理：原理、案例与实践［M］. 北京：人民邮电出版社，2015.
[8] 致通振业税务师事务所. 建筑与房地产企业营改增实务操作指南［M］. 北京：中国税务出版社，2016.
[9] 财政部会计资格评价中心. 财务管理［M］. 北京：中国财政经济出版社，2016.
[10] 财政部会计资格评价中心. 经济法［M］. 北京：中国财政经济出版社，2016.
[11] 胡旭微，黄玉梅. 财务管理［M］. 2版. 杭州：浙江大学出版社，2016.
[12] 刘玉平，马海涛，李小荣. 财务管理学［M］. 6版. 北京：中国人民大学出版社，2022.
[13] 李爱华. 建筑工程财务管理［M］. 2版. 北京：化学工业出版社，2015.
[14] 杨淑芝. 工程财务［M］. 3版. 北京：中国电力出版社，2019.
[15] 项勇，卢立宇，魏瑶，等. 工程财务管理［M］. 2版. 北京：机械工业出版社，2019.
[16] 王化成，刘俊彦，荆新，等. 财务管理学［M］. 9版. 北京：中国人民大学出版社，2021.
[17] 王棣华. 财务管理案例精析［M］. 北京：中国市场出版社，2014.
[18] 张新民. 从报表看企业［M］. 北京：中国人民大学出版社，2014.
[19] 郭复初，王庆成. 财务管理学［M］. 4版. 北京：高等教育出版社，2014.
[20] 朱再英，吴文辉，李慰之，等. 工程财务与会计［M］. 长沙：中南大学出版社，2019.
[21] 李先琴. 财务报表涉税分析［M］. 上海：立信会计出版社，2019.
[22] 段世霞. 项目投资与融资［M］. 2版. 郑州：郑州大学出版社，2017.
[23] 宋永发，石磊，林婧，等. 工程项目投资与融资［M］. 北京：机械工业出版社，2023.
[24] 杨孝安. 财务报表分析［M］. 2版. 北京：北京理工大学出版社，2020.